U0921262

微推力和微冲量测量与误差分析方法

洪延姬　金　星　叶继飞　周伟静　著

科学出版社

北　京

内 容 简 介

针对航天微推力器研制和开发中，微推力和微冲量测量具有很大的挑战性，在跟踪、消化、吸收和总结国内外相关研究成果基础上，本书作者结合多年的科研和教学实践经验，研究并提出微推力和微冲量测量与误差分析方法。

本书从介绍相关基本概念和基本原理入手，通过研究环境、位移传感器、推力和冲量加载等造成的测量噪声特点和规律，提出测量噪声的分析和抑制方法；通过研究冲量作用下系统响应特点和规律，提出冲量模型误差和冲量噪声误差分析方法，以及冲量误差的合成方法，并提出冲量测量系统的基本设计要求；通过研究推力作用下系统响应特点和规律，提出推力截断误差和推力噪声误差分析方法，以及推力反向计算的平滑降噪优化方法，并提出推力测量系统的基本设计要求。

本书内容丰富、结构合理、理论和实际结合紧密、通俗易懂、实用性强，可供从事微推力器研发、微推力和微冲量测量与评估的科研和教学人员参考。

图书在版编目(CIP)数据

微推力和微冲量测量与误差分析方法 / 洪延姬等著．—北京：科学出版社，2017.5

ISBN 978-7-03-052892-6

Ⅰ.①微…　Ⅱ.①洪…　Ⅲ.①航天推进-微推力-分析方法②航天推进-冲量-分析方法　Ⅳ.①V43

中国版本图书馆 CIP 数据核字(2017)第 109439 号

责任编辑：张艳芬 / 责任校对：桂伟利

责任印制：张　伟 / 封面设计：熙　望

科学出版社 出版

北京东黄城根北街 16 号

邮政编码：100717

http://www.sciencep.com

北京教图印刷有限公司 印刷

科学出版社发行　各地新华书店经销

*

2017 年 5 月第　一　版　　开本：720×1000　B5

2017 年 5 月第一次印刷　　印张：13

字数：249 000

定价：88.00 元

(如有印装质量问题，我社负责调换)

前　　言

航天推进系统是航天器的重要组成部分，提供航天器轨道机动和姿态控制所需的力和力矩。微小卫星技术的发展和精确姿轨控的需求，要求星载推力器能够提供微推力和微冲量。

能够产生微推力和微冲量的推力器称为微推力器。为满足不同航天任务的推进需求，目前国际上已研制和开发出多种新概念微推力器，具体包括冷气、离子、霍尔、场发射电推进、胶体、脉冲等离子体、激光烧蚀等微推力器，它们的基本特点是推重比、产生的推力和冲量都很小。研究微推力和微冲量测量与误差分析方法，对微推力器推力性能进行测量和评价是微推力器研究和应用的基础性工作。

微推力和微冲量测量主要面临以下技术挑战：

(1) 推重比很小，产生的推力和冲量很小。由于推重比很小，与所产生的推力和冲量比较，推力器重量很大，如场发射电推进微推力器推重比小至 10^{-7}，激光烧蚀微推力器推重比小至 10^{-5}，因此，在微推力和微冲量作用下，测量系统仅能产生微小位移。

(2) 测量噪声强且影响复杂。环境的位移激励和外力激励、位移传感器、标定力、微推力和微冲量加载等都会造成测量噪声。例如，大气环境下或抽真空过程中空气流动、周围人员或车辆移动等干扰产生的测量噪声，都可能淹没微小位移。

(3) 强测量噪声下测量微小位移。要求采用有效的抑制测量噪声方法、高精度测量微小位移方法、高精度微小标定力标定系统参数方法，进一步通过强测量噪声下微小位移测量，计算微推力和微冲量，评估测量误差，难度更大。

(4) 真空环境下测量。为了模拟真实的空间环境，微推力器在真空舱中测量推力性能。例如，在承受高温和低温的热冲击条件下，在真空舱中完成各种操作和测量，对测量系统结构、测量方法、测量数据传递和舱外控制等提出了很高的要求。

在撰写本书过程中，得到了中国人民解放军装备学院各级领导的大力支持，在此表示衷心感谢。同时，激光推进及其应用国家重点实验室的赵文涛、文明、王广宇、李倩、吴洁、李南雷、常浩等老师和沈双晏、王大鹏等博士生也付出了大量劳动，在此一并表示感谢。

限于作者水平，书中难免存在不足之处，希望广大读者批评指正。

作　者

2017 年 1 月

目　　录

第 1 章　基本概念和基本原理

微推力和微冲量测量的基本特点是:强测量噪声下,根据测量系统的微小系统响应,分析和计算微推力和微冲量,并且评估测量误差。本书专门研究和讨论微推力和微冲量测量与误差分析方法,为了语言叙述方便,在以后章节中将微推力和微冲量简称为推力和冲量。

为了便于讨论推力和冲量测量问题,首先分析和讨论相关的基本概念和基本原理,包括推力和冲量的概念、测量系统的工作原理、离散傅里叶变换和功率谱密度分析、试验数据的平滑方法、测量误差分析方法等,为后续章节相关问题分析和讨论提供基础。

1.1　推力和总冲

推力器的推力性能测量主要涉及推力和冲量的测量,为了便于讨论推力和冲量测量问题,下面简要介绍推力曲线、推力、比冲和总冲的概念。

1.1.1　推力曲线

推力器典型的推力随着时间变化的曲线称为推力曲线,其分为点火、工作和熄火三个阶段。点火阶段推力随着时间逐渐增大,工作阶段推力随着时间变化不大,熄火阶段推力随着时间逐渐降低(图 1-1)。

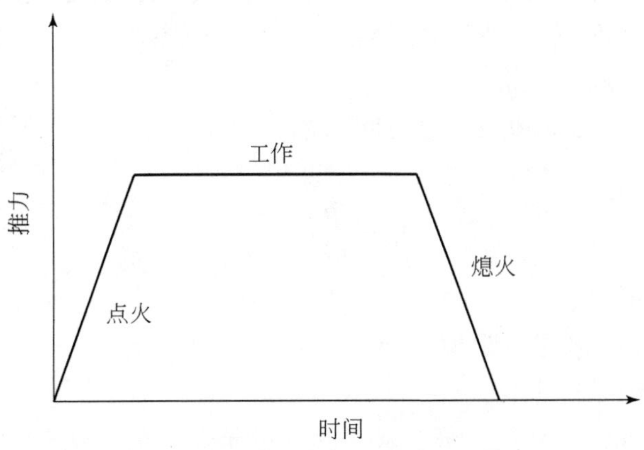

图 1-1　推力随着时间变化的曲线

通常关注的重点在于工作阶段推力随着时间变化，并且三个阶段中任何一个阶段总是可用一定的函数形式近似表示。

1.1.2 推力、比冲和总冲

描述推力器推力性能的基本参数有推力、比冲和总冲，下面以火箭发动机为例介绍推力、比冲和总冲的概念。

1. 推力

设火箭发动机推力室（包括燃烧室和喷管）喷管出口处的燃气质量流量为 $\dot{m}$（单位时间内消耗质量，单位：kg/s），喷气速度为 v_e（单位：m/s），喷管出口处的燃气压强为 p_e（单位：Pa 或 N/m^2），外界大气环境压强为 p_a，喷管出口处的截面积为 A_e（单位：m^2）。

火箭发动机推力（单位：N）为

$$P = \dot{m}v_e + (p_e - p_a)A_e \tag{1.1}$$

式中，$\dot{m}v_e$ 为动推力，表示单位时间内的动量变化量，约占推力的 90%以上，是推力的主要部分；$(p_e - p_a)A_e$ 为静推力，与喷管出口处的压强差有关。

2. 比冲

比冲是指单位时间内消耗单位质量推进剂所获得的推力，或消耗单位质量推进剂所获得的冲量。比冲（单位：m/s）表示为

$$I_e = \frac{P}{\dot{m}} \tag{1.2}$$

比冲反映了推进剂质量消耗量与所产生推力的关系或反映推进剂质量的利用效率。给定推力条件下，比冲越大，推进剂质量消耗量越小；给定推进剂质量流量条件下，比冲越大，所产生推力越大。

在工程应用中，通常利用单位时间内消耗单位重量推进剂所获得的推力表示比冲，此时重量为 $G = mg\,(\dot{G} = \dot{m}g)$，比冲（单位：s）为

$$I_{es} = \frac{P}{\dot{G}} = \frac{P}{\dot{m}g} \tag{1.3}$$

式中，g 为重力加速度。

比冲 I_e 和 I_{es} 两者之比近似为 10。

不考虑静推力条件下，有

$$I_e = \frac{\dot{m}v_e}{\dot{m}} = v_e, \quad I_{es} = \frac{\dot{m}v_e}{\dot{m}g} = \frac{v_e}{g} \tag{1.4}$$

说明燃气的喷气速度 v_e 越大，比冲越大。

3. 总冲

总冲是指火箭发动机可获得的总冲。设火箭发动机的推力为 P,发动机全部工作时间为 t_a,总冲为

$$I=\int_0^{t_a} P\mathrm{d}t \tag{1.5}$$

也可采用平均推力 $\bar{P}$ 来表示,即 $I=\bar{P}t_a$。总冲反映了推力和工作时间的综合影响。例如,给定推力条件下,总冲越大,工作时间越大(火箭射程越大);给定工作时间条件下,总冲越大,火箭推力越大(所能发射的有效载荷越大)。

火箭飞行的加速性能采用推质比表示,推质比是火箭推力与质量的比值(即推力产生的加速度),其表达式为

$$a=\frac{P}{m}=\frac{\dot{m}}{m}I_e \tag{1.6}$$

显然,火箭飞行的加速性能主要受以下两方面因素影响:

(1) 比冲越大,火箭加速性能越好;

(2) 推进剂质量流量越大,火箭加速性能越好,但是会增大燃料消耗。

推力器由于工作原理不同,产生推力的方式也不同,但是可用推力、比冲和总冲描述推力性能。

1.2　测量系统的工作原理

对于推力和冲量测量系统,尽管结构形式各不相同[1-24],但其基本工作原理类似,都是通过测量推力和冲量作用下,测量系统的位移响应而计算获得的。

1.2.1　单摆测量系统

如图 1-2 所示,设单摆系统的阻尼系数为 c,阻尼产生的力矩为 $-c\dot{\theta}$,重力产生的阻力矩为 $M=-mgl\sin\theta$(l 为质心位置),转动惯量为 J,推力的力矩为 $f(t)L_f$,L_f 为力臂,由动量矩定理可知,单摆系统振动方程为

$$J\ddot{\theta}+c\dot{\theta}+mgl\sin\theta=f(t)L_f \tag{1.7}$$

该方程是非线性方程,当转角 θ 很小时 $\sin\theta\approx\theta$,此时其可简化为线性方程

$$J\ddot{\theta}+c\dot{\theta}+mgl\theta=f(t)L_f \tag{1.8}$$

单摆测量系统的主要特点为:

(1) 单摆振动方程简单。单摆振动方程为二阶微分方程,具有单一振动频率和周期,系统响应分析容易,系统参数标定简单,便于测量精度分析和评估。

(2) 要求振动转动角很小。振动转动角较大时,振动方程为非线性微分方程,这给系统响应分析、参数标定和精度分析带来困难。

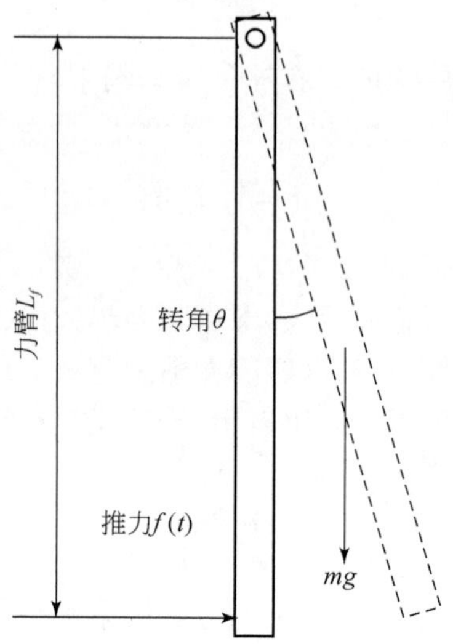

图 1-2 单摆系统的示意图

(3) 需要确定质心位置。实际测量系统的单摆,由于附加各种辅助装置,易造成单摆形状不规则,需要确定质心位置和测量转动惯量。

1.2.2 扭摆测量系统

如图 1-3 所示,设扭摆的阻尼系数为 c,阻尼产生的力矩为 $-c\dot{\theta}$,扭转角 θ 所产生的扭矩为 $M=-k\theta$(k 为扭转刚度系数),扭摆系统的转动惯量为 J,由动量矩定理可知,扭摆系统振动方程为

$$J\ddot{\theta}+c\dot{\theta}+k\theta=f(t)L_f \tag{1.9}$$

式中,L_f 为力臂。

推力 $f(t)$ 具有两种作用:一种是产生围绕扭转轴的力矩 $M(t)=f(t)L_f$,造成扭转振动,该振动是测量推力所需要的运动;另一种是对扭转轴产生垂直作用力,造成扭转轴的高频弯曲振动,产生测量的附加干扰噪声。

扭摆振动是在水平平面内,对基座的垂直方向位移和外力干扰不敏感,可减小垂直方向的振动干扰,从而提高测量精度。

扭摆测量系统的主要特点为:

(1) 扭摆振动方程简单。扭摆振动方程为二阶微分方程,具有单一振动频率和周期,系统响应分析容易,系统参数标定简单,便于分析和评估测量精度。

(2) 对垂直基座方向振动干扰不敏感。扭摆振动在平行基座的水平平面内,对垂直基座的位移或外力振动干扰不敏感。

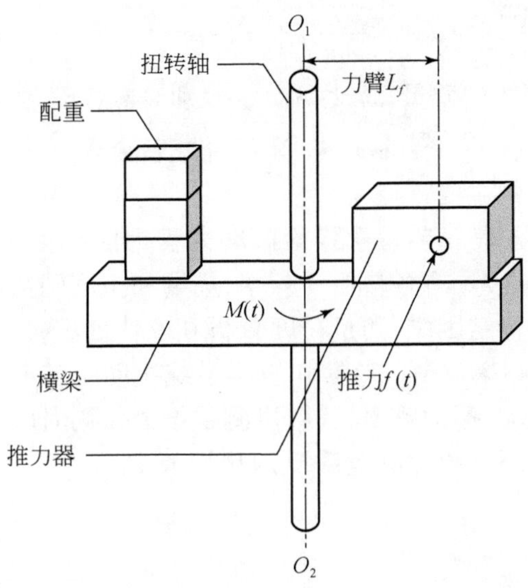

图 1-3　扭摆系统的示意图

(3) 存在扭转轴的附加弯曲振动。这是推力产生的附加干扰影响，可通过设计扭转轴的结构抑制其影响。

1.2.3　悬臂梁测量系统

如图 1-4 所示，悬臂梁截面为矩形截面，长度为 h，密度为 ρ_h，弹性模量为 E，抗弯刚度为 EI，单位长度质量为 ρ_l，c 为单位长度的阻尼系数，在单位长度的外力 $g(x,t)$ 和单位长度的外力矩 $m(x,t)$ 作用下，弯曲振动方程为

$$\mathrm{EI}\frac{\partial^4 y(x,t)}{\partial x^4}+c\frac{\partial y(x,t)}{\partial t}+\rho_l\frac{\partial^2 y(x,t)}{\partial t^2}=g(x,t)-\frac{\partial m(x,t)}{\partial x} \tag{1.10}$$

式(1.10)适用于细长悬臂梁。

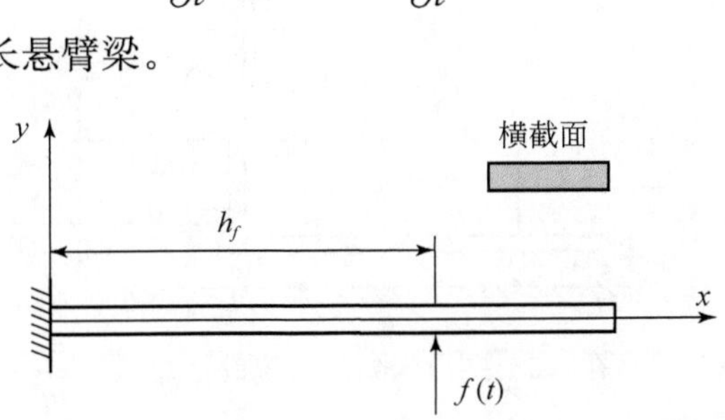

图 1-4　悬臂梁的弯曲振动

悬臂梁在 $z=h_f$（力臂）处有持续力作用 $g(x,t)=f(t)\delta(x-h_f)$，悬臂梁的系统响应（振动方程的解）为

$$y(x,t)=\frac{1}{m}\sum_{i=1}^{\infty}\phi_i(x)\ \frac{\phi_i(h_f)}{\omega_{id}}\int_0^t f(\tau)\mathrm{e}^{-\zeta_i\omega_i(t-\tau)}\sin[\omega_{id}(t-\tau)]\mathrm{d}\tau \tag{1.11}$$

式中，$m=h\rho_l$ 为悬臂梁的质量；ω_i、ζ_i 和 ω_{id} 分别对应各阶谐波的固有频率、阻尼比和振动频率，且 $\omega_{id}=\sqrt{1-\zeta_i^2}\,\omega_i$；$\varphi_i(\cdot)$ 为各阶振形函数。

悬臂梁测量系统的主要特点为：

(1) 悬臂梁振动方程复杂。悬臂梁振动方程为四阶偏微分方程，系统响应由各阶谐波构成，各阶谐波具有各自振动频率、周期和振型函数，系统参数众多，系统响应分析和系统参数标定困难，测量精度分析和评估困难。

(2) 悬臂梁振动频率较高。单摆和扭摆系统振动是转动运动，振动频率较低，悬臂梁振动是弯曲振动，振动频率较高，可测量推力作用时间较短的推力曲线。

类似的测量系统还有膜片测量系统，如图 1-5 所示。

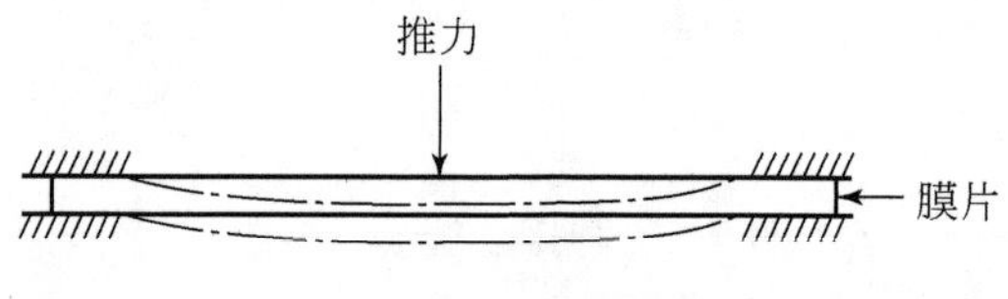

图 1-5 膜片的弯曲振动

1.2.4 推力床测量系统

如图 1-6 所示，推力器搭载在推力床上，推力器和推力床的总质量为 m，弹簧刚度系数为 k，阻尼系数为 c（包括推力床导轨的摩擦阻尼），振动方程为

$$m\ddot{x}+c\dot{x}+kx=f(t) \tag{1.12}$$

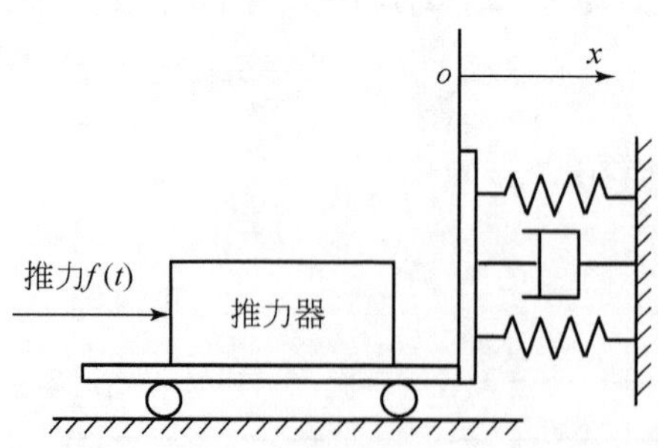

图 1-6 推力床测量系统的示意图

推力床测量系统的主要特点为：

(1) 推力床振动方程简单。振动方程为二阶微分方程，具有单一振动频率和周期，系统响应分析容易，系统参数标定简单，便于分析和评估测量精度。

(2) 对弹性器件要求较高。需要根据推力器的推力范围确定时间响应快、耐久性好的弹簧器件。

(3) 摩擦力影响大。对于产生推力和冲量很小、推重比很小的推力器，如何尽量减小推力床与基座之间的摩擦力，使其产生足够的微小位移，难度很大。

总之，测量系统振动方程尽量简单，测量系统固有频率尽量高，抗外界干扰(位移或外力激励的干扰)的能力强，是测量系统的基本要求。

1.2.5　工作原理

通过前面分析和讨论可知测量系统的工作过程(图 1-7)。

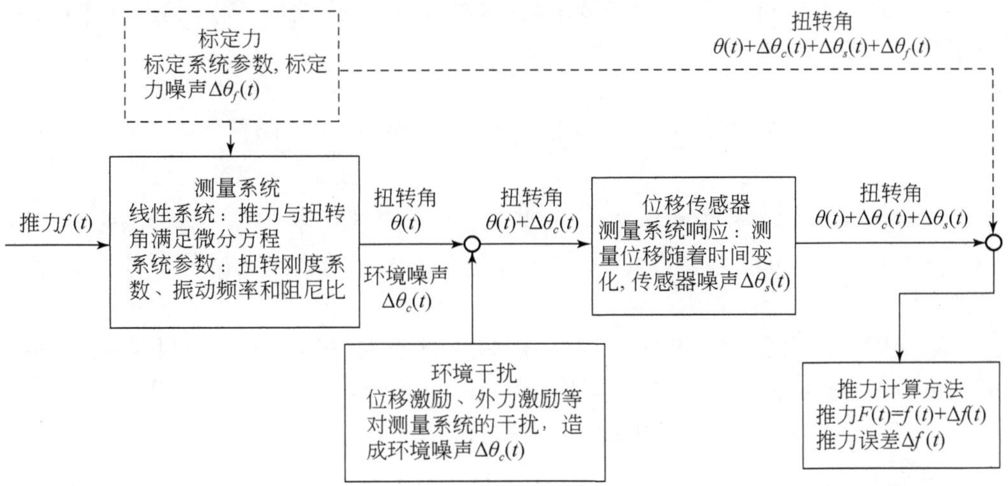

图 1-7　测量系统的工作过程

上述工作过程中需要注意以下几点：

(1) 测量系统可表示为微分方程。测量系统的输入为推力，输出为位移(线位移或角位移)，微分方程的系数可用系统参数表示，例如，扭摆测量系统为二阶微分方程，系统参数包括扭转刚度系数、振动频率和阻尼比。二阶测量系统是最典型、最简单的测量系统，具有单一的振动频率和周期，所包含的系统参数最少为 3 个，高阶测量系统具有多个振动频率、周期和振型函数，系统参数多于 3 个。

(2) 环境干扰会造成环境噪声，需要抑制。环境的位移激励、外力激励等对测量系统的干扰造成了环境噪声。环境噪声的抑制方法为采用隔振平台、防护罩、测量系统抗干扰设计等。

(3) 位移传感器会造成传感器噪声，需要抑制。测量位移的传感器总是存在分辨力限制和重复性误差，造成传感器噪声。传感器噪声的抑制方法为提高分辨力和减小重复性误差，即采用高精度位移传感器。

(4) 通过待测推力作用下系统响应，采用一定的推力计算方法，评估推力和误差。由于实际系统响应总是包含环境噪声、传感器噪声等测量噪声，因此根据实际系统响应，采用推力计算方法，计算推力时易造成推力误差。造成推力误差的根本原因是测量噪声，另外推力计算方法也会造成计算方法误差。

(5) 测量系统参数是未知的，采用标定力进行标定。标定力是恒定阶跃力，通过测量标定力作用下的系统响应，标定扭转刚度系数、振动频率和阻尼比等系统参数。标定力的随机性误差造成标定力噪声。标定力噪声抑制方法为补偿与修正标定力系统误差、减小随机误差，即采用高精度标定力。

因此，为了提高推力计算精度，对测量系统的基本要求是：①采用最简单的二阶测量系统，简化线性系统；②测量系统结构采用抗干扰设计；③抑制测量噪声，并减小推力计算的方法误差。

1.3　试验数据的功率谱密度分析

实际测量得到的系统响应数据总是存在各种测量噪声[25—39]，这种测量噪声可能是周期性的，也可能是随机性的，需要通过系统响应的试验数据分析获得测量噪声的特点。

测量噪声是否包含周期性噪声，一般采用试验数据的离散傅里叶变换和功率谱密度分析，该方法可分析出周期性噪声(频率或周期)，剩下的是随机性噪声。下面讨论离散傅里叶变换方法和功率谱密度分析方法。

1.3.1　离散傅里叶变换

已知函数 $f(t)$在区间$[0,T]$内采样值 $f_j=f(j\Delta t)(j=0,1,2,\cdots,N-1)$，采样时间步长为 $\Delta t=T/N$，采样点时间为 $t_j=j\Delta t$。

已知采样值 $f_j(j=0,1,2,\cdots,N-1)$，其离散傅里叶变换为

$$c_k=\frac{1}{N}\sum_{j=0}^{N-1}f_j\mathrm{e}^{-\mathrm{i}k\frac{2\pi}{N}j},\quad k=0,1,2,\cdots,N-1 \tag{1.13}$$

c_k 的离散傅里叶反变换为

$$f_j=\sum_{k=0}^{N-1}c_k\mathrm{e}^{\mathrm{i}j\frac{2\pi}{N}k},\quad j=0,1,2,\cdots,N-1 \tag{1.14}$$

式中，$\mathrm{i}=\sqrt{-1}$。$\{c_k\}$对应的线频率为k/T，角频率为$2\pi k/T$；$\{f_j\}$对应的时间为$j\Delta t$。

1.3.2　功率谱密度分析

已知系统响应 $\theta(t)$ 在区间 $[0,T]$ 内的采样值 $\theta_j=\theta(j\Delta t)$，采样间隔 $\Delta t=T/N$，采样点时间 $t_j=j\Delta t(j=0,1,2,\cdots,N-1)$。试验数据序列$\{\theta_j\}$ 的有限离散傅里叶变换为

$$\Theta_k = \frac{1}{N}\sum_{j=0}^{N-1}\theta_j \mathrm{e}^{-\mathrm{i}k\frac{2\pi}{N}j},\quad k=0,1,2,\cdots,N-1$$

式中，角频率 $\omega_k = 2\pi k/T$，即 $\Theta_k = \Theta(\omega_k)$。

由采样定理可知，采样间隔为 $\Delta t = T/N$ 的时间序列 $\{\theta_j\}$，所具有的最低频率为 $(\omega_k)_{\min} = 2\pi/T$，最高频率为 $(\omega_k)_{\max} \leqslant 2\pi/(2\Delta t) = (N/2)(2\pi/T)$。因此，要求采样时间区间足够大，以提高对低频周期性噪声的分辨能力；要求采样数目足够多，以提高对高频周期性噪声的分辨能力。

采样间隔为 $\Delta t = T/N$ 的时间序列 $\{\theta_j\}$，其(单边)功率谱密度估计值为

$$S(\omega_k) = 2N\Delta t\,|\Theta(\omega_k)|^2 = 2T\,|\Theta(\omega_k)|^2$$

式中，$\omega_k = 2\pi k/T(k=0,1,2,\cdots,N/2)$。快速傅里叶变换通常要求 $N=2^k$（$k \geqslant 1$ 的正整数）。如果试验数据序列长度不符合要求，那么应通过截断或补加零的办法使之成为 $N=2^k$ 的形式。

功率谱密度估计的具体步骤为：

(1) 计算试验数据 $\{\theta_j\}$ 的离散傅里叶变换

$$\Theta_k = \frac{1}{N}\sum_{j=0}^{N-1}\theta_j \mathrm{e}^{-\mathrm{i}k\frac{2\pi}{N}j},\quad k=0,1,2,\cdots,N-1 \tag{1.15}$$

功率谱密度估计值为

$$S_k = S(\omega_k) = 2T\,|\Theta_k|^2,\quad k=0,1,\cdots,N/2 \tag{1.16}$$

(2) 利用角频率 $\omega_k = 2\pi k/T$ 绘制 (ω_k, Θ_k)，分析功率谱密度随角频率的变化，确定角频率。

(3) 针对功率谱密度曲线出现的波动不平滑现象，进行平滑处理。

【例题 1】 图 1-8 为某扭摆测量系统在 1mN 阶跃力作用下的系统响应，扭摆的振动频率为 $\omega_d = 1\mathrm{rad/s}$。由图 1-8 可看出，扭摆测量系统有明显的测量噪声。

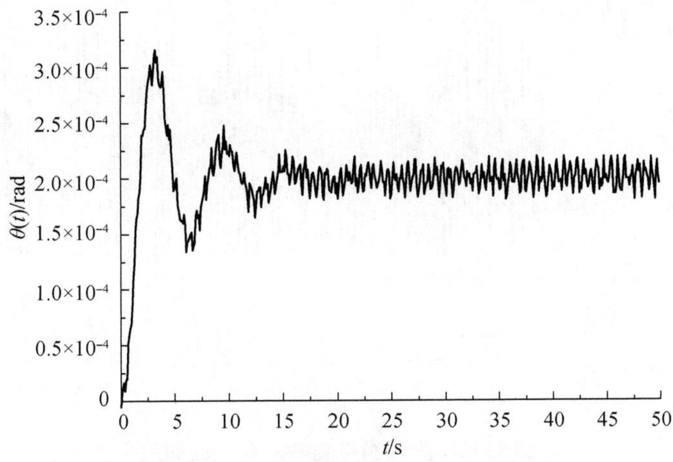

图 1-8　扭摆测量系统的系统响应曲线

取 $T=50\text{s}$，采样点数目为 $2^9=512$，计算功率谱密度，如图 1-9 所示。

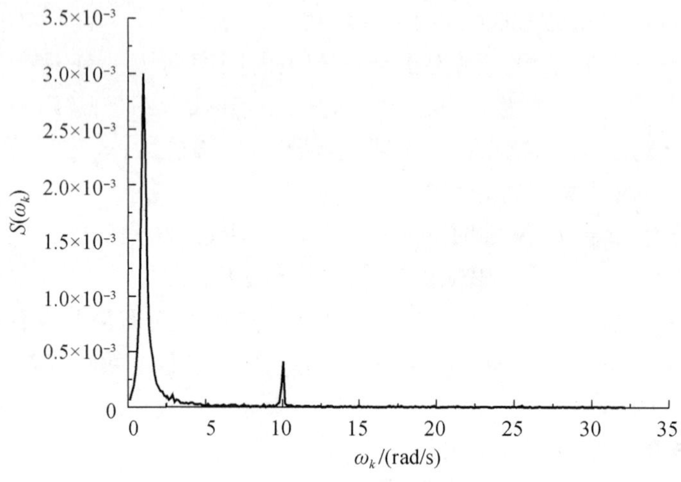

图 1-9 功率谱密度随频率变化的曲线

由图 1-9 所示的功率谱密度随频率变化的曲线可判定，试验数据包括 $\omega=1\text{rad/s}$ 和 $\omega=10\text{rad/s}$ 两个频率，频率 $\omega=1\text{rad/s}$ 对应系统响应的频率（测量系统的振动频率），频率 $\omega=10\text{rad/s}$ 对应周期性测量噪声的频率。

【例题 2】 图 1-10 为周期性噪声 $\theta_1=10^{-5}\sin(10t)$ 与随机白噪声 $\theta_2\sim(-10^{-5},10^{-5})$ 之和，从该测量噪声数据直接判定是否有周期性噪声分量比较困难。

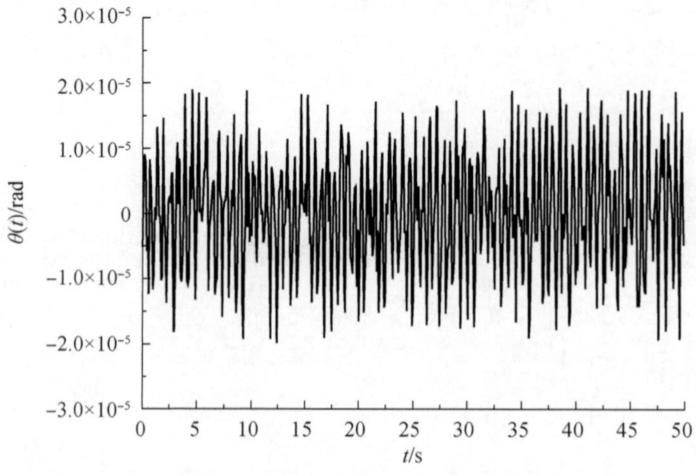

图 1-10 测量噪声随时间变化的曲线

图 1-11 为测量噪声数据的功率谱密度曲线，由功率谱密度曲线很容易判定有频率 $\omega=10\text{rad/s}$ 的周期性噪声。

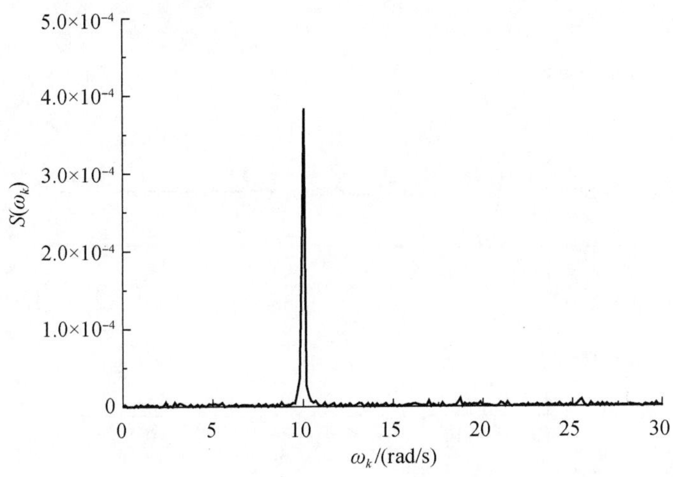

图 1-11　功率谱密度随频率变化的曲线

上述分析表明，测量噪声中是否具有周期性噪声分量，可采用功率谱密度分析方法进行判断，该方法能够方便地判定是否存在周期性噪声，并确定周期性噪声的频率。

1.4　试验数据的平滑方法

测量系统总是存在各种干扰造成的测量噪声，测量噪声对系统参数的标定，以及推力和冲量的测量，造成系统响应测量数据的上下波动，带来测量误差。

测量噪声包括周期性噪声和随机性噪声，基本特点是在平衡位置附近上下波动，需要采用数据平滑方法，减小测量噪声引起的波动，确定平均位置曲线。

1.4.1　试验数据的测量噪声

在推力和冲量测量系统中，测量环境、位移传感器、推力和冲量加载等干扰都会造成测量噪声，这是无法完全消除的，通过测量系统结构、隔振平台、防护罩、位移传感器、标定力的设计，可将其控制在一定范围内。

图 1-12 为阶跃力作用下理想系统响应(无测量噪声干扰)随时间变化的曲线。测量系统总是存在各种干扰造成的测量噪声，测量噪声随着时间变化的曲线如图 1-13 所示。实际系统响应为上述两者的叠加，如图 1-14 所示。由于试验数据采样

点较多,因此难以观察细节。将实际系统响应进行局部放大,就会看到数据点在平均位置曲线附近上下波动,如图 1-15 所示。

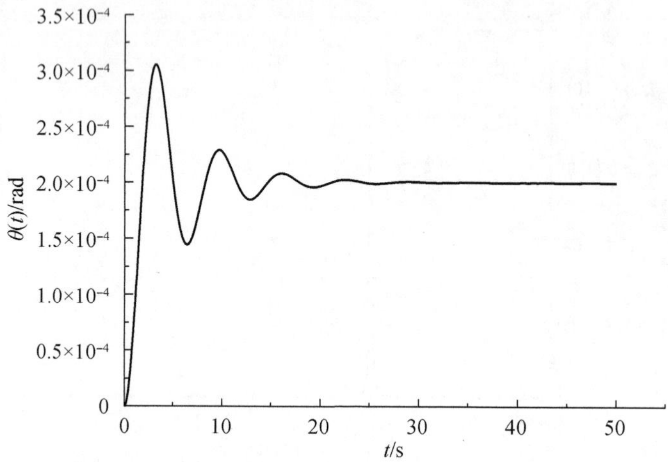

图 1-12　阶跃力作用下理想系统响应 $\theta(t)$ 随着时间变化的曲线

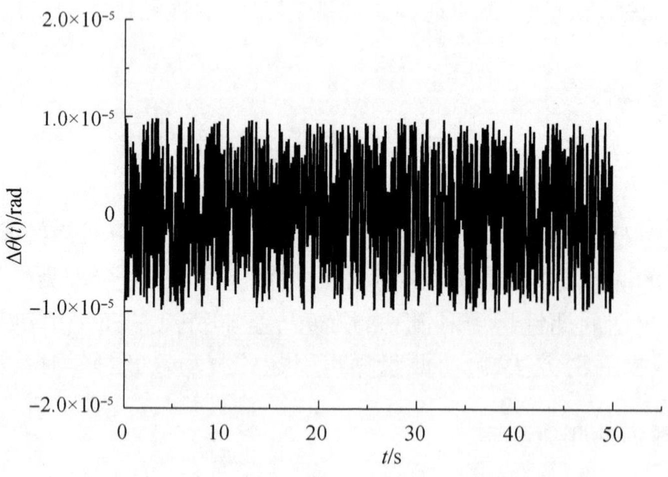

图 1-13　测量噪声 $\Delta\theta(t)$ 随着时间变化的曲线

如图 1-16 所示,实际测量噪声包括周期性噪声和随机性噪声,实际系统响应可表示为

$$\Theta(t)=\theta(t)+\Delta\theta(t) \tag{1.17}$$

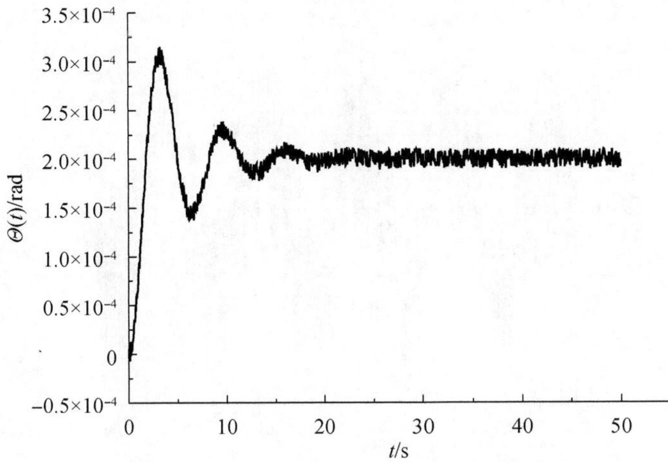

图 1-14　阶跃力作用下实际系统响应 $\Theta(t)$ 随着时间变化的曲线

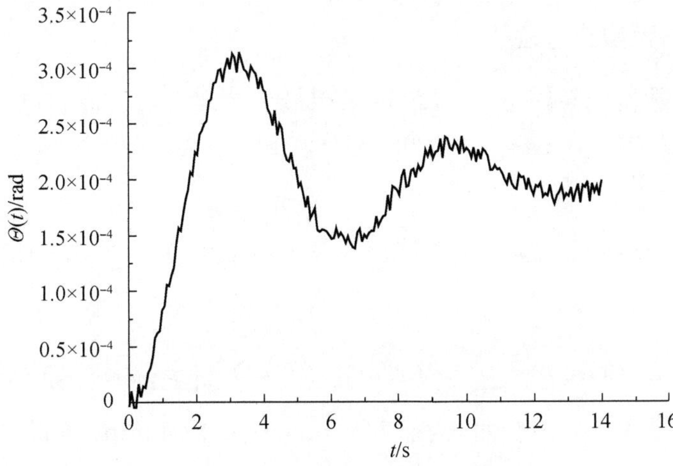

图 1-15　实际系统响应 $\Theta(t)$ 的局部放大

式中，$\theta(t)$ 为理想系统响应；$\Delta\theta(t)$ 为实际测量噪声。

由于测量噪声具有在平均位置附近上下波动的特点，因此在工程中为了方便讨论问题，采用与波动幅值等效的白噪声进行表示。测量噪声表示为零均值相互独立的正态分布随机变量 $\Delta\theta(t) \sim N(0,\sigma^2)$，$\sigma^2$ 为正态分布的方差，并且

$$E[\Delta\theta(t)]=0\ ,\quad E[\Delta\theta(t)\Delta\theta(\tau)]=\begin{cases}\sigma^2, & t=\tau\\ 0, & t\neq\tau\end{cases} \tag{1.18}$$

式中，$E(\cdot)$ 表示求均值运算。

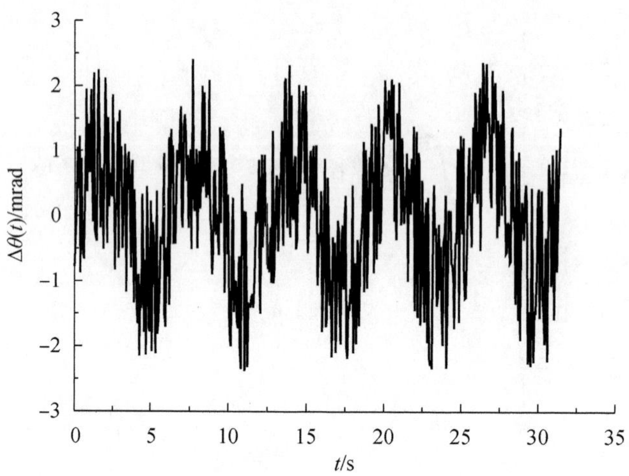

图 1-16　实际测量噪声 $\Delta\theta(t)$ 随着时间变化

1.4.2　最小二乘拟合方法

寻找试验数据的平均位置曲线，可采用最小二乘拟合方法。已知数据点采样值为 $(x_i, y_i)(i=0,1,\cdots,m)$，由已知线性无关函数 $\varphi_j(x)(j=0,1,\cdots,n;n\leqslant m)$ 构造多项式 $P(x)$ 进行拟合，为

$$P(x)=a_0\varphi_0(x)+a_1\varphi_1(x)+\cdots+a_n\varphi_n(x)=\sum_{j=0}^{n}a_j\varphi_j(x) \tag{1.19}$$

设

$$J(a_0,a_1,\cdots,a_n)=\sum_{i=0}^{m}\left[P(x_i)-y_i\right]^2=\sum_{i=0}^{m}\left[\sum_{j=0}^{n}a_j\varphi_j(x_i)-y_i\right]^2$$

为了寻找最佳平均位置拟合曲线，令 $J(a_0,a_1,\cdots,a_n)\rightarrow \min$，可得

$$\frac{\partial J(a_0,a_1,\cdots,a_n)}{\partial a_k}=2\sum_{i=0}^{m}\left[\sum_{j=0}^{n}a_j\varphi_j(x_i)-y_i\right]\varphi_k(x_i)=0$$

$$\sum_{i=0}^{m}\sum_{j=0}^{n}a_j\varphi_j(x_i)\varphi_k(x_i)=\sum_{j=0}^{n}\left[\sum_{i=0}^{m}\varphi_k(x_i)\varphi_j(x_i)\right]a_j=\sum_{i=0}^{m}y_i\varphi_k(x_i)$$

对任意给定的 $k=0,1,2,\cdots,n$ 成立。

引入

$$(\varphi_k,\varphi_j)=\sum_{i=0}^{m}\varphi_k(x_i)\varphi_j(x_i),\quad (y,\varphi_k)=\sum_{i=0}^{m}y_i\varphi_k(x_i) \tag{1.20}$$

可得

$$\sum_{j=0}^{n}(\varphi_k,\varphi_j)a_j=(y,\varphi_k),\quad k=0,1,\cdots,n \tag{1.21}$$

或

$$\boldsymbol{\Phi A}=\boldsymbol{Y} \tag{1.22}$$

其中

$$\boldsymbol{\Phi}=\begin{bmatrix}(\varphi_0,\varphi_0) & (\varphi_0,\varphi_1) & \cdots & (\varphi_0,\varphi_n)\\ (\varphi_1,\varphi_0) & (\varphi_1,\varphi_1) & \cdots & (\varphi_1,\varphi_n)\\ \vdots & \vdots & & \vdots\\ (\varphi_n,\varphi_0) & (\varphi_n,\varphi_1) & \cdots & (\varphi_n,\varphi_n)\end{bmatrix},\quad \boldsymbol{A}=\begin{bmatrix}a_0\\ a_1\\ \vdots\\ a_n\end{bmatrix},\quad \boldsymbol{Y}=\begin{bmatrix}(y,\varphi_0)\\ (y,\varphi_1)\\ \vdots\\ (y,\varphi_n)\end{bmatrix} \tag{1.23}$$

是关于 $a_j(j=0,1,\cdots,n)$ 的线性方程组,可解得系数 a_j。

对于已知线性无关函数 $\varphi_j(x)=x^j(j=0,1,\cdots,n)$,上述方程存在唯一解,但是系数矩阵 $\boldsymbol{\Phi}$ 往往会出现病态,导致解的计算误差较大,因此,选取正交函数进行拟合。

如果函数满足

$$(\varphi_k,\varphi_j)=\sum_{i=0}^{m}\varphi_k(x_i)\varphi_j(x_i)=\begin{cases}0, & k\neq j\\ >0, & k=j\end{cases} \tag{1.24}$$

那么称 $\varphi_j(x)(j=0,1,\cdots,n)$ 关于点集 $x_i(i=0,1,\cdots,m)$ 正交。此时有

$$a_k=\frac{(y,\varphi_k)}{(\varphi_k,\varphi_k)},\quad k=0,1,\cdots,n \tag{1.25}$$

可方便地求得系数。

常用的构造正交多项式 $p_k(x)(k=0,1,\cdots,n)$ 的递推公式为

$$\begin{cases}p_0(x)=1\\ p_1(x)=(x-\alpha_1)p_0(x)\\ p_2(x)=(x-\alpha_2)p_1(x)-\beta_1 p_0(x)\\ \vdots\\ p_{k+1}(x)=(x-\alpha_{k+1})p_k(x)-\beta_k p_{k-1}(x)\end{cases},\quad k=1,\cdots,n-1 \tag{1.26}$$

其中

$$\alpha_{k+1}=\frac{(xp_k,p_k)}{(p_k,p_k)},\quad \beta_k=\frac{(p_k,p_k)}{(p_{k-1},p_{k-1})},\quad k=0,1,\cdots,n-1 \tag{1.27}$$

最后,采用最小二乘法,利用正交多项式拟合曲线为

$$P(x)=a_0p_0(x)+a_1p_1(x)+\cdots+a_np_n(x) \tag{1.28}$$

根据已知数据点采样值 $(x_i,y_i)(i=0,1,\cdots,m)$ 进行上述多项式运算,运算过程中出现反复乘法运算,有时造成计算溢出。为了防止计算溢出,进行以下变换:

$$x_i'=x_i-\bar{x},\quad \bar{x}=\frac{1}{m+1}\sum_{i=0}^{m}x_i \tag{1.29}$$

利用正交多项式拟合曲线为

$$P(x_i')=a_0p_0(x_i')+a_1p_1(x_i')+\cdots+a_np_n(x_i') \tag{1.30}$$

1.4.3　正交多项式局部滑动拟合方法

在推力和冲量测量中，实际系统响应曲线出现各种复杂曲线形式，如果在整个时间区间内拟合，那么不能反映局部数据取值特点，因此，采用滑动数据窗，在每个数据点附近选取若干个数据点，再采用正交多项式拟合。采用正交多项式局部滑动拟合方法寻找平均位置曲线，具体方法为：

(1) 采用正交多项式拟合方法，防止系数矩阵出现病态，提高了系数计算精度，进而提高了拟合精度。

(2) 采用局部滑动拟合方法，以适应试验数据点的局部取值特性，避免了全程数据点拟合的误差。

(3) 采用最小二乘拟合方法，根据试验数据点在平均位置附近上下波动的特点，寻找最佳平均位置曲线。

对于试验数据点 $(x_i, y_i)(i=0,1,\cdots,m)$，以拟合点 x_i 为中心，取

$(x_{i-p}, y_{i-p}), (x_{i-p+1}, y_{i-p+1}), \cdots, (x_i, y_i), \cdots, (x_{i+p-1}, y_{i+p-1}), (x_{i+p}, y_{i+p})$

$2p+1$ 点进行正交多项式局部滑动拟合。

例如，当拟合函数形式为 $P(x)=a_0$ 时$[\varphi_0(x)=1]$，有

$$J(a_0)=\sum_{i=0}^{m}(a_0-y_i)^2$$

令 $J(a_0)\rightarrow \min$，可得

$$\frac{\partial J(a_0)}{\partial a_0}=2\sum_{i=0}^{m}(a_0-y_i)=0$$

$$a_0=\frac{1}{m+1}\sum_{i=0}^{m}y_i$$

这就是常用的局部滑动平均拟合方法。该方法计算分析方便，在曲线的曲率较小处拟合效果较好，但是在曲线的曲率较大处(极大值点或极小值点等)易出现拟合值偏小或偏大现象。

当拟合函数形式为 $P(x)=a_0+a_1x$ 时，为局部滑动线性拟合；当拟合函数形式为 $P(x)=a_0+a_1x+a_2x^2$ 时，为局部滑动抛物线拟合，抛物线拟合对各种曲线具有很好的局部拟合能力。由于采用局部滑动拟合方法，因此拟合函数阶数不必过高，否则易出现曲线振荡并降低拟合效果。

1.4.4　应用举例

某一扭摆测量系统的振动频率为 $\omega_n=1.0\mathrm{rad/s}$，阻尼比为 $\zeta=0.2$，扭转刚度系数为 $k=2.5\mathrm{N\cdot m/rad}$，力臂为 $L_f=0.5\mathrm{m}$，施加标定力为 $f_0=1\mathrm{mN}$，时间步长为 $\Delta t=0.02\mathrm{s}$。

扭摆的系统响应曲线如图 1-17 所示。试验数据分析表明，稳态扭转角为

$\theta(\infty) \approx 200\mu\text{rad}$，测量噪声为 $3\sigma \approx 60\mu\text{rad}$，测量噪声波动幅度比为 $3\sigma/\theta(\infty) = 30\%$。显然，由于测量噪声较大，因此试验数据的波动较大，给数据判读带来困难。需要采样正交多项式局部滑动拟合方法，确定平均位置曲线。由于局部滑动平均拟合方法是普遍采用的方法，因此这里以局部滑动平均拟合方法为比较对象进行讨论。

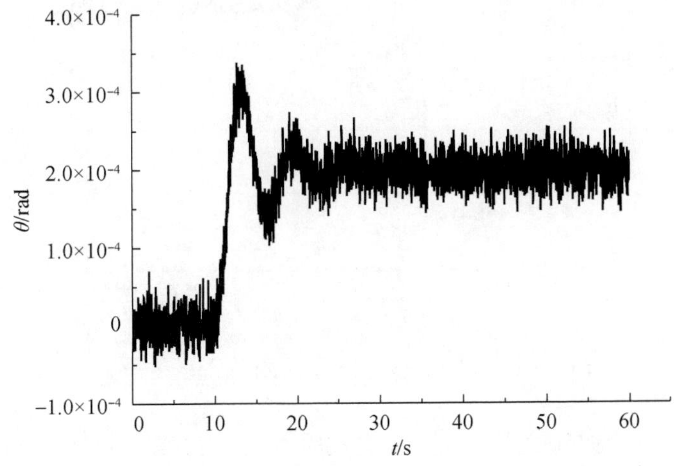

图 1-17　标定力作用下系统响应曲线

图 1-18 为抛物线(2 阶多项式)拟合与平均拟合结果比较，灰实线为抛物线拟合结果，黑实线为平均拟合结果，显然正交多项式局部滑动拟合方法具有很好的平滑作用，平均拟合方法会改变峰值大小。

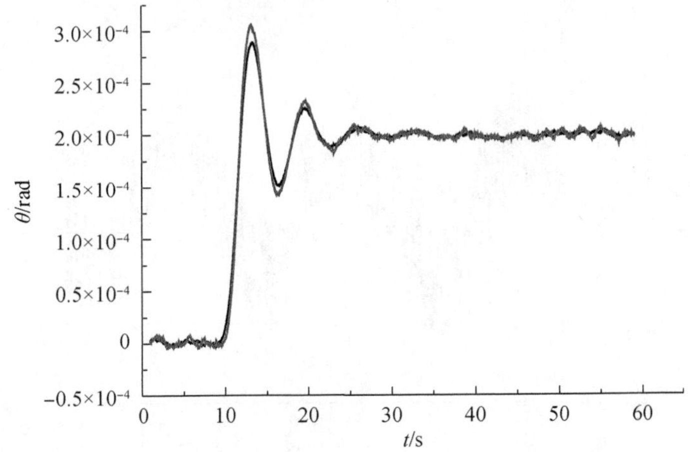

图 1-18　抛物线拟合与平均拟合结果比较

图 1-19 为 10 阶多项式拟合与平均拟合结果比较，灰实线为 10 阶多项式拟合结果，黑实线为平均拟合结果，10 阶多项式由于多项式阶数过高，易产生数据振荡现象。

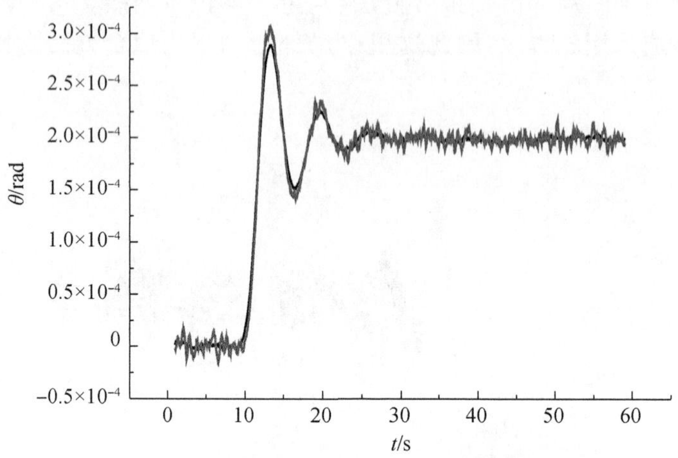

图 1-19　10 阶多项式拟合与平均拟合结果比较

因此，采用正交多项式拟合时，多项式阶数不易过高。由于是局部滑动拟合，因此采用抛物线拟合具有良好效果，滑动窗口内数据点数目应根据拟合平滑效果确定。

图 1-20 为扭摆测量系统的测量噪声，显然测量噪声包括周期性变化分量和随机性变化分量。图 1-21 为抛物线局部滑动拟合结果，可确定最佳平均位置曲线，该曲线代表周期性变化分量的变化规律。

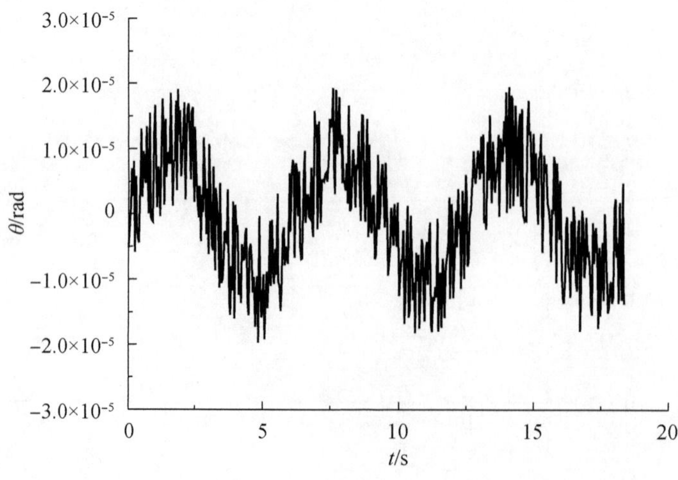

图 1-20　测量噪声

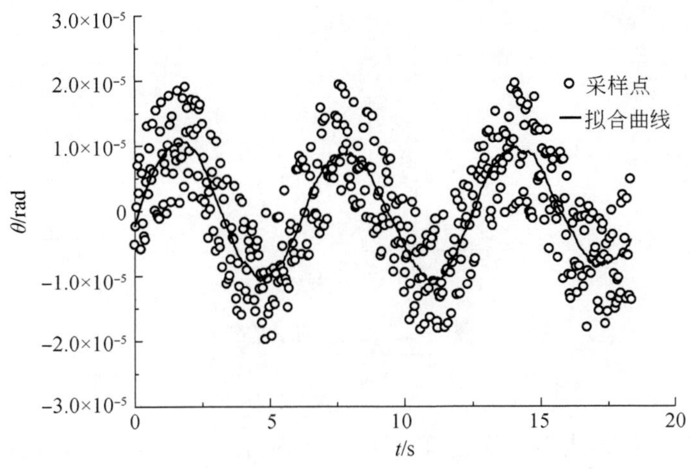

图 1-21　抛物线局部滑动拟合结果

1.5　测量误差分析方法

受各种干扰影响,测量系统存在测量噪声,造成测量数据的上下波动,引起各种测量误差。下面分析和讨论测量误差的表示方法、测量误差的估计方法以及测量误差传递和合成方法。

1.5.1　系统误差和随机误差

设 x 为被测量,总体服从正态分布 $x \sim N(\mu,\sigma^2)$,其概率密度函数为

$$f(x)=\frac{1}{\sigma\sqrt{2\pi}}\exp\left[-\frac{(x-\mu)^2}{2\sigma^2}\right] \tag{1.31}$$

式中,μ 为均值;σ^2 为方差。这意味着随机变量 x 以均值 μ 为中心随机取值(取均值附近概率最大),x 值相对均值 μ 的分散程度用方差 σ^2 表示(方差越大,其分散程度越大),并且 x 值落入区间 $[\mu-3\sigma,\mu+3\sigma]$ 的概率为 99.73%。

如图 1-22 所示,设 x_0 为被测量的真值,绝对误差为

$$\Delta=x-x_0=\underbrace{(x-\mu)}_{\Delta_R}+\underbrace{(\mu-x_0)}_{\Delta_S} \tag{1.32}$$

式中,$\Delta_S=\mu-x_0$ 为系统误差(均值相对真值的偏离程度);$\Delta_R=x-\mu$ 为随机误差(每个测量值相对均值的偏离程度,即随机变化部分)。随机误差服从零均值正态分布 $\Delta_R=x-\mu\sim N(0,\sigma^2)$。

对于被测量,通过误差分析确定系统误差的大小,采用系统误差补偿或修正方法可消除系统误差,但是随机误差总是存在的,随机误差大小取决于测量噪声

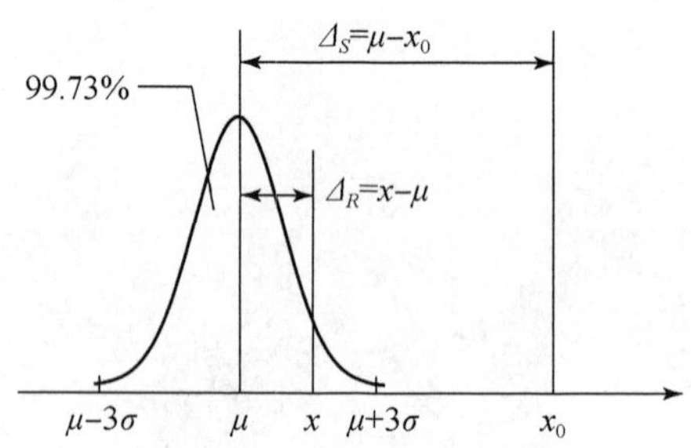

图 1-22 误差的示意图

大小。

由于随机误差服从零均值正态分布 $\Delta_R=x-\mu\sim N(0,\sigma^2)$，因此随机误差大小可用方差表示。

1.5.2 参数估计和区间估计

对于正态分布随机变量 $x\sim N(\mu,\sigma^2)$，其均值和方差是未知的，需要通过有限样本的测量值，采用参数估计方法估计均值和方差。

对于正态分布随机变量 $x\sim N(\mu,\sigma^2)$，已知随机变量的测量值 $x_i(i=1,2,\cdots,n)$，样本均值和样本方差分别为

$$\overline{X}=\frac{1}{n}\sum_{i=1}^{n}x_i\ ,\quad S^2=\frac{1}{n-1}\sum_{i=1}^{n}(x_i-\overline{X})^2 \tag{1.33}$$

样本均值和样本方差可作为总体分布均值 μ 和方差 σ^2 的估计值。

以样本均值和样本方差作为总体分布均值和方差的估计值，估计值与总体分布的均值和方差总是存在一定偏差，利用给定概率的置信区间表示比较方便。

给定置信水平 $1-\alpha$，均值 μ 的双侧置信区间为

$$\left[\overline{X}-t_{1-\alpha/2}(n-1)\frac{S}{\sqrt{n}},\overline{X}+t_{1-\alpha/2}(n-1)\frac{S}{\sqrt{n}}\right] \tag{1.34}$$

式中，$t_{1-\alpha/2}(n-1)$ 是自由度为 $n-1$ 的 t 分布函数的概率为 $1-\alpha/2$ 的下侧分位数。

令

$$T=t_{1-\alpha/2}(n-1)\frac{S}{\sqrt{n}}$$

该表达式用于衡量置信区间的大小。

图 1-23 为 $1-\alpha=0.9$ 时 T/S 随着样本量变化的关系曲线，样本量越大，置信区间越小，对均值的估计越准确，也就是样本均值 $\overline{X}$ 表示总体均值 μ 的误差越小。并且如果要求 $T/S<1$，那么样本量应不少于 5 个。

对于系统误差 $\Delta_S=\mu-x_0$，以样本均值 $\overline{X}$ 作为总体均值 μ，系统误差估计值为

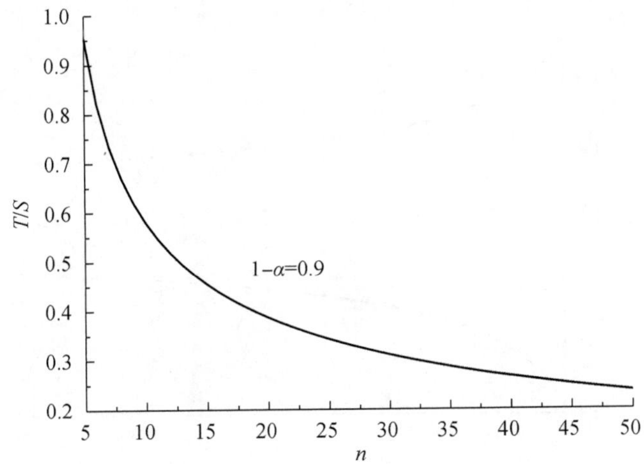

图 1-23　均值置信区间与样本量之间的关系

$\hat{\Delta}_S = \overline{X} - x_0$，与系统误差 $\Delta_S = \mu - x_0$ 比较有误差，由于

$$\Delta_S = (\mu - \overline{X}) + (\overline{X} - x_0) = (\mu - \overline{X}) + \hat{\Delta}_S$$

因此系统误差的置信区间为

$$|\Delta_S - \hat{\Delta}_S| = |\mu - \overline{X}| \leqslant t_{1-\alpha/2}(n-1)\frac{S}{\sqrt{n}}$$

即有

$$\hat{\Delta}_S - T \leqslant \Delta_S \leqslant \hat{\Delta}_S + T$$

这说明系统误差估计的准确程度取决于样本量和样本标准差。

给定置信水平 $1-\alpha$，方差 σ^2 的双侧置信区间为

$$\left[\frac{(n-1)S^2}{\chi^2_{1-\alpha/2}(n-1)}, \frac{(n-1)S^2}{\chi^2_{\alpha/2}(n-1)}\right] \tag{1.35}$$

式中，$\chi^2_{1-\alpha/2}(n-1)$ 是自由度为 $n-1$ 的 χ^2 分布函数的概率为 $1-\alpha/2$ 的下侧分位数，即有

$$\sqrt{\frac{\chi^2_{\alpha/2}(n-1)}{n-1}} \leqslant \frac{S}{\sigma} \leqslant \sqrt{\frac{\chi^2_{1-\alpha/2}(n-1)}{n-1}}$$

总体的标准差 σ 是一定的，标准差 σ 的估计值为样本标准差 S，取决于样本量 n。图 1-24 为 $1-\alpha=0.9$ 时 S/σ 随着样本量变化的关系曲线。由该图可看出，样本量越大，样本标准差 S 越接近标准差 σ，对标准差 σ 估计越准确。并且样本量为 5 个时，有 $0.421522 \leqslant S/\sigma \leqslant 1.540108$。

因此，在条件允许的情况下，增大样本量，可同时提高样本均值和样本方差的估计值准确程度。

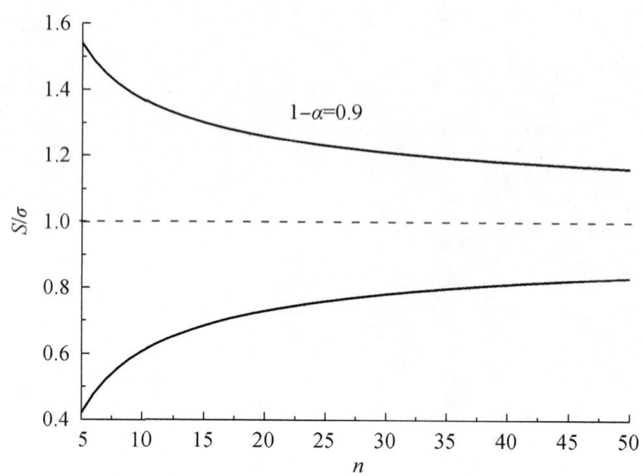

图 1-24 样本标准差与样本量之间的关系

对于正态分布随机变量 $x \sim N(\mu,\sigma^2)$，系统误差的修正方法为：

(1) 采用标准器具进行测量，确定被测量的真值 x_0。

(2) 被测量的测量值为 $x_i(i=1,2,\cdots,n)$，为了提高测量精度，选取样本量 n 在允许范围内尽量大。

(3) 计算样本均值和样本方差，分别为

$$\overline{X}=\frac{1}{n}\sum_{i=1}^{n}x_i,\quad S^2=\frac{1}{n-1}\sum_{i=1}^{n}(x_i-\overline{X})^2$$

(4) 以样本均值 $\overline{X}$ 近似表示均值 μ，计算系统误差的估计值 $\hat{\Delta}_S=\overline{X}-x_0$。

(5) 修正系统误差，修正后测量值为

$$x_i'=x_i-\hat{\Delta}_S$$

上述修正系统误差方法适用于系统误差恒定(不变)的情况，称为恒定系统误差修正方法。

系统误差修正后 $x_i'=x_i-\hat{\Delta}_S$，剩下的为随机误差，由于

$$x_i'=x_i-(\overline{X}-x_0)=x_0+x_i-\overline{X}$$

并且每个 x_i 相互独立，均值为 $E(x_i)=\mu$，方差为 $D(x_i)=\sigma^2$，因此系统误差修正后 $x_i'=x_i-\hat{\Delta}_S$ 的均值和方差分别为

$$E(x_i')=x_0+E(x_i)-E(\overline{X})=x_0$$

$$D(x_i')=D(x_i)+D(\overline{X})+2\mathrm{cov}(x_i,-\overline{X})=\sigma^2-\frac{\sigma^2}{n}=\frac{n-1}{n}\sigma^2$$

系统误差修正后 $x_i'=x_i-\hat{\Delta}_S$ 方差的无偏估计值为

$$\hat{\sigma}'^2=\frac{n-1}{n}S^2=\frac{1}{n}\sum_{i=1}^{n}(x_i-\overline{X})^2$$

因此有

$$E(\hat{\sigma}'^2)=\frac{n-1}{n}E(S^2)=\frac{n-1}{n}\sigma^2$$

实际应用中，测量值是时间序列采样值，通常要要求实时计算样本均值和样本方差，这就需要递推计算样本均值和样本方差。

设测量值为 $x_i(i=1,2,\cdots,n)$，令初值为 $\overline{X}_0=0$，样本均值的递推计算公式为

$$\overline{X}_i=\overline{X}_{i-1}+\frac{1}{i}(x_i-\overline{X}_{i-1}),\quad i=1,2,\cdots,n \tag{1.36}$$

设测量值为 $x_i(i=1,2,\cdots,n)$，样本方差的递推计算公式为

$$S_i^2=\frac{i-2}{i-1}S_{i-1}^2+\frac{1}{i}(x_i-\overline{X}_{i-1})^2,\quad i=3,4,\cdots,n \tag{1.37}$$

其中

$$S_2^2=\frac{1}{2-1}\sum_{i=1}^{2}(x_i-\overline{X}_2)^2=\frac{(x_1-x_2)^2}{2}$$

【例题 1】 试证明样本均值和样本方差的递推计算公式。

证明：(1) 证明样本均值的递推计算公式。

由于初值为 $\overline{X}_0=0$，因此当 $i=1$ 时有

$$\overline{X}_1=\overline{X}_0+\frac{1}{1}(x_1-\overline{X}_0)=x_1$$

当 $i=2$ 时有

$$\overline{X}_2=\overline{X}_1+\frac{1}{2}(x_2-\overline{X}_1)=x_1+\frac{1}{2}(x_2-x_1)=\frac{x_1+x_2}{2}$$

样本均值的一般计算公式为

$$\overline{X}_n=\frac{1}{n}\sum_{i=1}^{n}x_i$$

可知

$$\sum_{i=1}^{n}x_i=n\overline{X}_n$$

因此，当 $i=n+1$ 时有

$$\begin{aligned}\overline{X}_{n+1}&=\frac{1}{n+1}\sum_{i=1}^{n+1}x_i=\frac{1}{n+1}\left(\sum_{i=1}^{n}x_i+x_{n+1}\right)\\&=\frac{1}{n+1}(n\overline{X}_n+x_{n+1})=\overline{X}_n+\frac{1}{n+1}(x_{n+1}-\overline{X}_n)\end{aligned}$$

从而证明了样本均值递推计算公式成立。

(2) 证明样本方差的递推计算公式。

根据样本均值的一般计算公式有

$$\sum_{i=1}^{n}x_i=n\overline{X}_n,\quad \sum_{i=1}^{n+1}x_i=(n+1)\overline{X}_{n+1}$$

可知

$$x_{n+1}-\overline{X}_n=(n+1)(\overline{X}_{n+1}-\overline{X}_n)$$

当 $i=3$ 时,根据样本方差的一般计算公式有

$$\begin{aligned}S_3^2&=\frac{1}{3-1}\sum_{i=1}^{3}(x_i-\overline{X}_3)^2=\frac{1}{2}\sum_{i=1}^{3}[(x_i-\overline{X}_2)+(\overline{X}_2-\overline{X}_3)]^2\\&=\frac{1}{2}\sum_{i=1}^{3}(x_i-\overline{X}_2)^2+\frac{2(\overline{X}_2-\overline{X}_3)}{2}\sum_{i=1}^{3}(x_i-\overline{X}_2)+\frac{1}{2}\sum_{i=1}^{3}(\overline{X}_2-\overline{X}_3)^2\\&=\frac{1}{2}\sum_{i=1}^{2}(x_i-\overline{X}_2)^2+\frac{1}{2}(x_3-\overline{X}_2)^2+(\overline{X}_2-\overline{X}_3)\sum_{i=1}^{2}(x_i-\overline{X}_2)\\&\quad+(\overline{X}_2-\overline{X}_3)(x_3-\overline{X}_2)+\frac{3}{2}(\overline{X}_2-\overline{X}_3)^2\end{aligned}$$

由于

$$\sum_{i=1}^{2}x_i=2\overline{X}_2,\quad x_3-\overline{X}_2=3(\overline{X}_3-\overline{X}_2)$$

因此

$$\begin{aligned}S_3^2&=\frac{1}{2}\sum_{i=1}^{2}(x_i-\overline{X}_2)^2+\frac{1}{2}(x_3-\overline{X}_2)^2-\frac{1}{3}(x_3-\overline{X}_2)^2+\frac{3}{2}\times\frac{1}{3^2}(x_3-\overline{X}_2)^2\\&=\frac{1}{2}\sum_{i=1}^{2}(x_i-\overline{X}_2)^2+\frac{1}{3}(x_3-\overline{X}_2)^2\end{aligned}$$

也就证明了

$$S_3^2=\frac{1}{2}S_2^2+\frac{1}{3}(x_3-\overline{X}_2)^2$$

当 $i=n+1$ 时有

$$\begin{aligned}S_{n+1}^2&=\frac{1}{n}\sum_{i=1}^{n+1}(x_i-\overline{X}_{n+1})^2=\frac{1}{n}\sum_{i=1}^{n+1}(x_i-\overline{X}_n+\overline{X}_n-\overline{X}_{n+1})^2\\&=\frac{1}{n}\sum_{i=1}^{n+1}(x_i-\overline{X}_n)^2+\frac{2(\overline{X}_n-\overline{X}_{n+1})}{n}\sum_{i=1}^{n+1}(x_i-\overline{X}_n)\\&\quad+\frac{1}{n}\sum_{i=1}^{n+1}(\overline{X}_n-\overline{X}_{n+1})^2\\&=\frac{1}{n}\sum_{i=1}^{n}(x_i-\overline{X}_n)^2+\frac{1}{n}(x_{n+1}-\overline{X}_n)^2+\frac{2(\overline{X}_n-\overline{X}_{n+1})}{n}\sum_{i=1}^{n}(x_i-\overline{X}_n)\\&\quad+\frac{2(\overline{X}_n-\overline{X}_{n+1})}{n}(x_{n+1}-\overline{X}_n)+\frac{n+1}{n}(\overline{X}_n-\overline{X}_{n+1})^2\end{aligned}$$

由于

$$\sum_{i=1}^{n}x_i=n\overline{X}_n,\quad x_{n+1}-\overline{X}_n=(n+1)(\overline{X}_{n+1}-\overline{X}_n)$$

因此进一步简化可得

$$S_{n+1}^2=\frac{1}{n}\sum_{i=1}^{n}(x_i-\overline{X}_n)^2+\frac{1}{n}(x_{n+1}-\overline{X}_n)^2-\frac{2}{n(n+1)}(x_{n+1}-\overline{X}_n)^2$$
$$+\frac{n+1}{n}\frac{1}{(n+1)^2}(x_{n+1}-\overline{X}_n)^2$$
$$=\frac{1}{n}\sum_{i=1}^{n}(x_i-\overline{X}_n)^2+\frac{1}{n+1}(x_{n+1}-\overline{X}_n)^2$$

也就证明了

$$S_{n+1}^2=\frac{n-1}{n}S_n^2+\frac{1}{n+1}(x_{n+1}-\overline{X}_n)^2$$

从而证明了样本方差的递推计算公式成立。

1.5.3　误差传递和随机误差合成

对于可直接测量的物理量，可采用基于单个随机变量的参数估计和区间估计方法，来确定单个随机变量的系统误差和随机误差，并且补偿和修正系统误差。

对于可间接测量的物理量，如随机变量的函数，其误差分析需要采用随机变量函数的误差传递和随机误差的合成方法。

1. 误差传递和敏感性分析

对于单个随机变量，可采用参数估计和区间估计方法，来确定单个随机变量的系统误差和随机误差。下面讨论随机变量函数的系统误差和随机误差的传递过程。

设变量 $x_i(i=1,2,\cdots,n)$ 可直接测量，函数

$$y=f(x_1,x_2,\cdots,x_n)$$

只能间接测量，当变量 $x_i(i=1,2,\cdots,n)$ 有较小测量误差 Δx_i 时，函数 y 的测量误差近似为

$$\Delta y=\frac{\partial f}{\partial x_1}\Delta x_1+\frac{\partial f}{\partial x_2}\Delta x_2+\cdots+\frac{\partial f}{\partial x_n}\Delta x_n \tag{1.38}$$

这就是误差传递公式，对系统误差和随机误差都适用。上述公式的物理意义为：每个变量 x_i 的绝对误差 Δx_i，对函数 y 的绝对误差 Δy 的影响程度(或贡献大小)。

误差传递公式可改写为

$$\frac{\Delta y}{y}=\frac{\partial f}{\partial x_1}\frac{x_1}{y}\frac{\Delta x_1}{x_1}+\frac{\partial f}{\partial x_2}\frac{x_2}{y}\frac{\Delta x_2}{x_2}+\cdots+\frac{\partial f}{\partial x_n}\frac{x_n}{y}\frac{\Delta x_n}{x_n}=\sum_{i=1}^{n}\left(\frac{\partial f}{\partial x_i}\frac{x_i}{y}\right)\frac{\Delta x_i}{x_i} \tag{1.39}$$

上述公式的物理意义为：每个变量 x_i 的相对误差 $\Delta x_i/x_i$，对函数 y 的相对误差 $\Delta y/y$ 的影响程度(或贡献大小)，可用于相对误差的敏感性分析。

【例题2】 已知函数 $y=x_1^3x_2$，变量 $x_i(i=1,2)$ 可直接测量，存在测量误差，试

分析每个变量误差对函数误差的影响。

解:由于

$$\frac{\partial y}{\partial x_1}=3x_1^2x_2,\quad \frac{\partial y}{\partial x_1}\frac{x_1}{y}=3$$

$$\frac{\partial y}{\partial x_2}=x_1^3,\quad \frac{\partial y}{\partial x_2}\frac{x_2}{y}=1$$

因此,说明变量 x_1 的相对误差对函数相对误差的影响更大。

2. 随机误差合成

设变量 $x_i(i=1,2,\cdots,n)$ 可直接测量,函数

$$y=f(x_1,x_2,\cdots,x_n)$$

的方差为

$$\sigma_y^2=\left(\frac{\partial f}{\partial x_1}\right)^2\sigma_{x_1}^2+\left(\frac{\partial f}{\partial x_2}\right)^2\sigma_{x_2}^2+\cdots+\left(\frac{\partial f}{\partial x_n}\right)^2\sigma_{x_n}^2 \tag{1.40}$$

标准差为

$$\sigma_y=\sqrt{\left(\frac{\partial f}{\partial x_1}\right)^2\sigma_{x_1}^2+\left(\frac{\partial f}{\partial x_2}\right)^2\sigma_{x_2}^2+\cdots+\left(\frac{\partial f}{\partial x_n}\right)^2\sigma_{x_n}^2}$$

如果所有随机误差相互独立,且服从零均值正态分布,那么给定概率 $1-\alpha$ 的极限随机误差可表示为

$$|(\Delta_{R,1-\alpha})_{x_i}|\leqslant u_{1-\alpha/2}\sigma_{x_i},\quad |(\Delta_{R,1-\alpha})_y|\leqslant u_{1-\alpha/2}\sigma_y$$

式中,$u_{1-\alpha/2}\sigma_{x_i}$ 为 x_i 的随机误差限;$u_{1-\alpha/2}\sigma_y$ 为 y 的随机误差限。此时,函数的极限随机误差为

$$|(\Delta_{R,1-\alpha})_y|=\sqrt{\left(\frac{\partial f}{\partial x_1}\right)^2(\Delta_{R,1-\alpha})_{x_1}^2+\left(\frac{\partial f}{\partial x_2}\right)^2(\Delta_{R,1-\alpha})_{x_2}^2+\cdots+\left(\frac{\partial f}{\partial x_n}\right)^2(\Delta_{R,1-\alpha})_{x_n}^2} \tag{1.41}$$

上述随机误差合成公式是便于应用的近似公式。因为,即使所有自变量服从正态分布,其函数也不见得服从正态分布。例如,对于函数 $y=x^2$,自变量服从标准正态分布 $x\sim N(0,1)$,$y=x^2$ 服从 $y\sim\chi^2(1)$。

在误差传递关系中,需要区别绝对误差传递关系、相对误差传递关系、方差传递关系和极限误差传递关系。

【例题 3】 设变量 x 的真值为 x_0,系统误差为 Δx_{0S},随机误差为 Δx_{0R},试分析系统误差特点。

解:变量 x 的测量值为

$$x=x_0+\Delta x_{0S}+\Delta x_{0R}$$

设随机误差为零均值正态分布随机变量 $\Delta x_{0R}\sim N(0,\sigma_R^2)$,极限随机误差为 $|\Delta x_{0R}|\leqslant(\Delta x_{0R})_{\max}$,为了讨论方便,令 $k_{S/R}=\Delta x_{0S}/(\Delta x_{0R})_{\max}$,可得

$$x_{\max} - x_0 = \Delta x_{0S} + (\Delta x_{0R})_{\max} = (\Delta x_{0R})_{\max}(k_{S/R} + 1)$$

$$x_{\min} - x_0 = \Delta x_{0S} - (\Delta x_{0R})_{\max} = (\Delta x_{0R})_{\max}(k_{S/R} - 1)$$

变量 x 的相对误差和相对随机误差分别为

$$\varepsilon_{\max} = \frac{x_{\max} - x_0}{x_0}, \quad \varepsilon_{\min} = \frac{x_{\min} - x_0}{x_0}, \quad \varepsilon_{0R} = \frac{(\Delta x_{0R})_{\max}}{x_0}$$

可得

$$\frac{\varepsilon_{\max}}{\varepsilon_{0R}} = k_{S/R} + 1, \quad \frac{\varepsilon_{\min}}{\varepsilon_{0R}} = k_{S/R} - 1$$

如图 1-25 所示，当 $k_{S/R}=0$ 时，$\varepsilon_{\max}/\varepsilon_{0R}=1$ 和 $\varepsilon_{\min}/\varepsilon_{0R}=-1$，此时表明系统误差为零，误差由随机误差构成，误差的特点是关于零值对称，误差取正值和取负值的可能性相同。当 $k_{S/R}>0$ 时，$|\varepsilon_{\max}/\varepsilon_{0R}|>|\varepsilon_{\min}/\varepsilon_{0R}|$，此时表明系统误差大于零，误差由正值系统误差和随机误差构成，误差取正值可能性大于取负值可能性。当 $k_{S/R}<0$ 时，$|\varepsilon_{\max}/\varepsilon_{0R}|<|\varepsilon_{\min}/\varepsilon_{0R}|$，此时表明系统误差小于零，误差由负值系统误差和随机误差构成，误差取负值可能性大于取正值可能性。

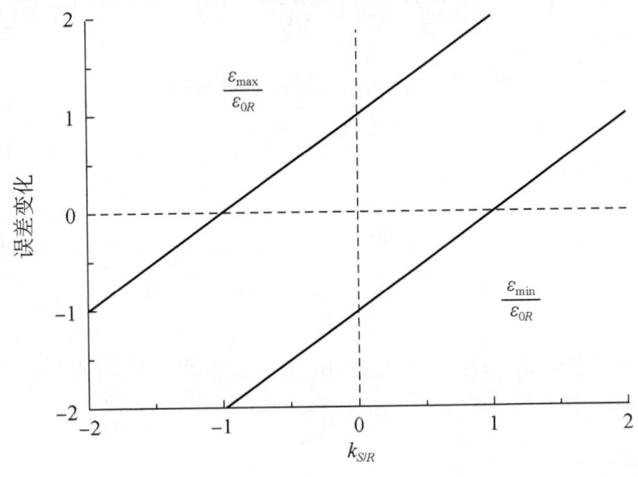

图 1-25　误差变化关系

由上述分析可知，系统误差得到较好修正时，随机误差是误差的主要部分，数据取正值和负值的可能性应接近，否则说明系统误差需要进一步修正。

1.6　小　　结

为了更好地理解和把握相关的基本概念和基本原理，下面进行归纳和总结。

1. 推力和冲量的测量

(1) 推力测量：根据测量系统在推力作用下的系统响应，分析和计算推力随着时间变化的关系(或曲线),称为推力测量。

(2) 冲量测量:如果推力作用时间很短,那么无法测量推力随着时间变化,只能分析和计算推力的冲量,称为冲量测量。图 1-26 为瞬间作用脉冲力的冲量测量。

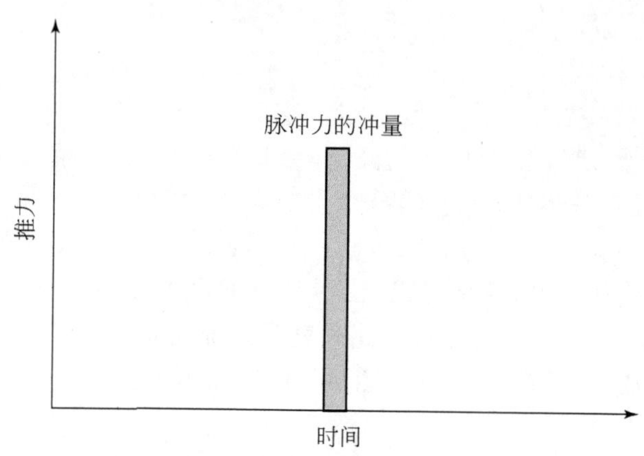

图 1-26 瞬间作用脉冲力的冲量测量

2. 推力和冲量的测量系统

一般推力和冲量的测量系统是推力作用下的振动系统,振动位移随着时间变化称为系统响应。推力与系统响应之间的关系(振动方程)可用线性微分方程表示。

测量系统的基本要求为振动方程尽量简单、测量系统固有频率尽量高、对外界干扰的抗干扰能力强。

3. 系统响应试验数据的处理

在推力和冲量的测量过程中,总是存在各种干扰引起的测量噪声,受测量噪声影响,测量得到的实际系统响应数据在平均位置曲线(真实系统响应)附近上下波动,需要通过平滑处理来寻找平均位置曲线。

正交多项式局部滑动拟合方法是针对各种不同类型系统响应曲线,寻找平均位置曲线的有效方法,具有拟合精度高、反映数据局部变化规律等优点。

4. 测量误差分析

测量误差包括系统误差和随机误差,所谓精度高是指系统误差和随机误差都小。系统误差是有规律的误差,通过理论和试验分析,采用修正或补偿等方法,可减小或消除系统误差;随机误差服从统计分布规律,是无法消除的。

能够直接测量的物理量，可通过测量数据统计分析，给出样本均值和样本标准差，确定系统误差和随机误差。

不能直接测量的物理量，可通过建立该物理量与直接测量物理量之间的函数关系，采用误差传递公式，给出样本均值和样本标准差，确定系统误差和随机误差。

参考文献

[1]Wright W P，Ferrer P. A magnetic coupling thrust stand for microthrust measurements[J]. Measurement Science & Technology，2016，27(1):015901.

[2]Cheah K H，Low K S. Torsional thrust stand for characterization of microthrusters[J]. Innovation in Aerospace Engineering and Technology，2016，152(1):012019.

[3]Zhu H，Du F，Zhao S，et al. Design of a new type thrust measuring system for micro-turbojet engine [C]//International Conference on Artificial Intelligence and Industrial Engineering，Guilin,2016.

[4]Montag C，Herdrich G，Schönherr T. From development to measurements：A high sensitive vertical thrust balance for pulsed plasma thrusters[C]//International Conference on Space Propulsion,Rome,2016.

[5] Kakami A，Kashihara K，Takeshida S，et al. A new thrust measurement method for evaluating higher frequency variation by applying acceleration measurement to null-balance method[C]//Joint Conference of 30th ISTS and 6th NSAT,Kobe,2016,14(30):123-130.

[6] Fabris A L，Knoll A，Potterton T，et al. An interlaboratory comparison of thrust measurements for a 200W quad confinement thruster[C]//International Conference on Space Propulsion,Rome,2016.

[7]Hey F G，Keller A，Braxmaier C，et al. Development of a highly precise micronewton thrust balance[J]. IEEE Transactions on Plasma Science，2015，43(1):234-239.

[8]Chakraborty S，Courtney D G，Shea H. A 10nN resolution thrust-stand for micro-propulsion devices[J]. Review of Scientific Instruments，2015，86(11):279-285.

[9]Mier-Hicks F. Thrust measurements of ion electrospray thrusters using a cubeSat compatible magnetically levitated thrust balance[C]//Joint Conference of International Symposium on Space Technology and Science，International Electric Propulsion Conference and Nano-Satellite Symposium,Kobe,2015.

[10]Hey F G，Altmann C，Berger M，et al. Development of a highly sensitive micro-newton thrust balance：Current status and latest results[C]//Joint Conference of ISTS IEPC and NSAT,Kobe,2015.

[11]Knoll A，Lamprou D，Lappas V，et al. Thrust balance characterization of a 200W quad confinement thruster for high thrust regimes[J]. IEEE Transactions on Plasma Science，2015，43(1):185-189.

[12] Hathaway G. Sub-micro-Newton resolution thrust balance[J]. Review of Scientific Instruments，2015，86(10):105116.

[13]Frollani D, Coletti M, Gabriel S B. A thrust balance for low power hollow cathode thrusters [J]. Measurement Science & Technology, 2014, 25(6):065902.

[14]Trezzolani F, Romero I P, Bosi F, et al. Design of a thrust balance for RF plasma thruster characterization[C]//Metrology for Aerospace, Benevento, 2014:462-467.

[15]Jarrige J, Thobois P, Blanchard C, et al. Thrust measurements of the gaia mission flight-model cold gas thrusters[J]. Journal of Propulsion & Power, 2014, 30(4):934-943.

[16]Ciaralli S, Coletti M, Gabriel S B. An impulsive thrust balance for applications of micro-pulsed plasma thrusters[J]. Measurement Science & Technology, 2013, 24(11):5003.

[17]Marhold K, Tajmar M. Micronewton thrust balance for indium FEEP thrusters[C]//AIAA/ASME/SAE/ASEE Joint Propulsion Conference & Exhibit, California, 2013.

[18]Acosta-Zamora A, Flores J R, Choudhuri A. Torsional thrust balance measurement system development for testing reaction control thrusters[J]. Measurement, 2013, 46(9): 3414-3428.

[19]Seifert B, Reissner A, Buldrini N, et al. Development and verification of a μN thrust balance for high voltage electric propulsion systems[C]//International Electric Propulsion Conference, Washington, 2013.

[20]Cofer A G, Heister S D, Alexeenko A. Improved design and characterization of micro-Newton torsional balance thrust stand[C]//AIAA/ASME/SAE/ASEE Joint Propulsion Conference, California, 2013.

[21]杨涓，刘宪闯，王与权，等. 微波推力器独立系统的三丝扭摆推力测量[J]. 推进技术，2016，37(2):362-371.

[22]边星，邵明学，杨福全，等. 双单摆式微推力测量系统的研究[J]. 真空与低温，2014，(3): 136-139.

[23]栾希亭，张晰哲，韩先伟，等. FMMR微推进系统推力测量装置研究[J]. 固体火箭技术，2011，34(4):525-528.

[24]汤海滨，刘畅，向民，等. 微推力全弹性测量装置[J]. 推进技术，2007，28(6):703-706.

[25]Frollani D, Coletti M, Gabriel S. Development of a direct thrust balance for low power hollow cathode thruster[C]//AIAA/ASME/SAE/ASEE Joint Propulsion Conference, California, 2013.

[26]Neumann A, Sinske J, Harmann H P. The 250mN thrust balance for the DLR goettingen EP test facility[C]//International Electric Propulsion Conference, Washington, 2013:1-10.

[27]Demiyanenko Y, Dmitrenko A, Pershin V, et al. Investigation of the performance of a thrust balance device for a centrifugal pump rotor[C]//AIAA/ASME/SAE/ASEE Joint Propulsion Conference and Exhibit, California, 2013.

[28]Biagioni L, Falorni R. A simple and accurate thrust balance for electric propulsion systems [C]//AIAA/ASME/SAE/ASEE Joint Propulsion Conference and Exhibit, California, 2013.

[29]Moeller T, Polzin K A. Thrust stand for vertically oriented electric propulsion performance evaluation[J]. Review of Scientific Instruments, 2013, 81(11):115108.

[30]Boccaletto L, D'Agostino L. Design and testing of a micro-Newton thrust stand for FEEP [C]//AIAA/ASME/SAE/ASEE Joint Propulsion Conference and Exhibit, California, 2013.

[31]Horisawa H, Sumida S, Yonamine H, et al. Thrust generation through low-power laser-metal interaction for space propulsion applications[J]. Vacuum, 2013, 88:75-78.

[32] Hughes B, Perez Luna J. The NPL/ESA micro-Newton thrust balance[C]//12th European Conference on Spacecraft Structures, Materials and Environmental Testing, Amsterdam, 2012.

[33] Yang Y X, Tu L C, Yang S Q, et al. A torsion balance for impulse and thrust measurements of micro-Newton thrusters[J]. Review of Scientific Instruments, 2012, 83(1):015105.

[34]Rocca S. ONERA micronewton thrust balance: Analytical modelling and parametric analysis [J]. Aerospace Science & Technology, 2011, 15(2):148-154.

[35]Flores J, Ingle M, Robinson N, et al. Development of a torsional thrust balance for the the performance evaluation of 100mN-5N class thrusters[C]//AIAA/ASME/SAE/ASEE Joint Propulsion Conference & Exhibit, California, 2011:159-166.

[36] Robinson N. Development of a torsional thrust balance for the performance of 5N class thrusters[J]. International Journal of Testing, 2011, 32:159-166.

[37]Wei H E, Tong Z R, Li H B. Investigation of thrust balance for the single module scramjet [J]. Journal of Aerospace Power, 2010, 25(10):2285-2289.

[38]施陈波，汤海滨，张莘艾，等．mN 级推力架静态特性及推力测量不确定度分析[J]. 固体火箭技术，2011(3):398-402.

[39]宁中喜，范金蕤．三丝扭摆微推力在线测量方法及不确定度分析[J]. 测控技术，2012，31(5):45-48.

第 2 章　环境干扰造成的测量噪声

在推力和冲量测量过程中，环境的位移激励和外力激励等干扰造成测量噪声。环境的位移激励和外力激励等可能是周期性干扰，也可能是随机性干扰。环境干扰造成的测量噪声对推力和冲量测量精度产生重要影响[1-6]。

本章分析和讨论环境的周期性干扰和随机性干扰等造成的测量噪声的特点，为环境噪声抑制、测量系统的抗干扰设计，以及测量系统的误差分析提供理论和技术基础。

2.1　测量系统的环境干扰

在推力和冲量测量过程中，为了尽量减小环境干扰造成的测量噪声，测量系统通过隔振物体被固定在隔振平台上，如图 2-1 所示。隔振平台一般由巨大基座和隔振填充物组成，目的是减小和消除环境干扰影响。

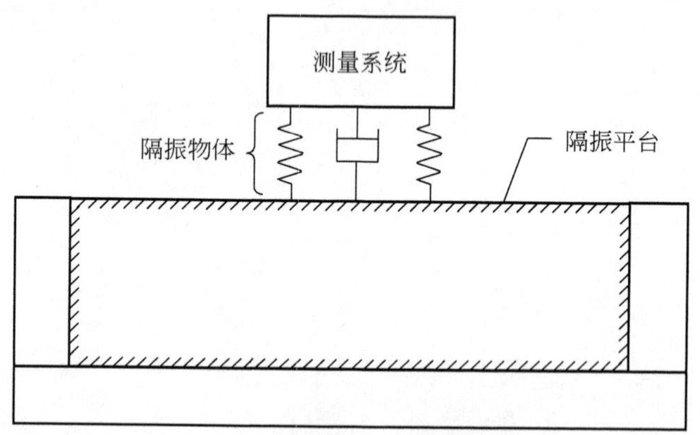

图 2-1　测量系统与隔振平台

测量系统周围的环境对测量系统的干扰具有以下典型形式：

(1) 隔振平台对测量系统的位移激励干扰。由于隔振平台不可能完全抑制环境干扰影响，总是传递一定的位移激励，因此造成测量系统的测量噪声。

位移激励干扰方式复杂，隔振平台对测量系统的位移激励可能是周期性激励，也可能是随机性激励；干扰方向不同，可能是上下波动，也可能是前后左右晃动。

(2) 环境气体流动对测量系统的外力激励干扰。由于大气环境的气体流动或抽真空过程的气体流动，都会产生一定的外力激励，因此造成测量系统的测量噪声。

外力激励干扰方式复杂,可能是周期性激励,也可能是随机性激励;干扰方向不同,可能是上下波动,也可能是前后左右晃动。

(3) 残留周期性振动对测量系统的干扰。测量系统的阻尼部件不能完全抑制各种环境干扰造成的周期性振动(如前一次测量加载产生的振动),使得测量系统的测量部件在平衡位置附近往复周期性摆动,这种干扰造成周期性的测量噪声。

通过上述分析可知,环境对测量系统的干扰作用形式十分复杂,但是造成的测量噪声具有一定特点和规律性。下面着重分析周期性位移激励和周期性外力激励、随机性位移激励和随机性外力激励、残留往复运动等干扰的影响,并且总结环境干扰造成的测量噪声的特点。

2.2　函数的傅里叶级数展开

在研究周期性激励对推力和冲量测量系统影响时,通常将周期性位移激励或外力激励等展开成傅里叶级数形式,讨论其对测量系统的影响。下面简单介绍函数的傅里叶级数展开方法。

2.2.1　傅里叶级数

在区间 $[0, T_0]$ 内的函数 $f(t)$ 可以展开为傅里叶级数。在区间 $[0, T_0]$ 内的函数 $f(t)$ 表示为

$$f(t) = \frac{a_0}{2} + \sum_{n=1}^{\infty}\left(a_n \cos\frac{n\pi t}{T_0} + b_n \sin\frac{n\pi t}{T_0}\right) \tag{2.1}$$

式中

$$a_n = \frac{1}{T_0}\int_{-T_0}^{T_0} f(t)\cos\frac{n\pi t}{T_0}\mathrm{d}t, \quad n = 0, 1, 2, \cdots$$

$$b_n = \frac{1}{T_0}\int_{-T_0}^{T_0} f(t)\sin\frac{n\pi t}{T_0}\mathrm{d}t, \quad n = 1, 2, \cdots$$

令 $\omega = \pi / T_0$,函数 $f(t)$ 又可表示为

$$f(t) = \frac{a_0}{2} + \sum_{n=1}^{\infty}\left[a_n \cos(n\omega t) + b_n \sin(n\omega t)\right] \tag{2.2}$$

式中,频率为 ω 的项称为 $f(t)$ 的基波;频率为 2ω、3ω、… 的项称为 $f(t)$ 的二次谐波、三次谐波等。

令

$$c_0 = \frac{a_0}{2}, \quad c_n = \sqrt{a_n^2 + b_n^2}, \quad \tan\varphi_n = \frac{b_n}{a_n}$$

函数 $f(t)$ 又可表示为

$$f(t)=c_0+\sum_{n=1}^{\infty}c_n\cos(n\omega t-\varphi_n) \tag{2.3}$$

式中，$c_n=\sqrt{a_n^2+b_n^2}$ 反映基波和各阶谐波对 $f(t)$ 取值大小的影响；c_n-$n\omega$ 曲线称为 $f(t)$ 的幅频曲线（c_0 对应 $n=0$）。

如图 2-2 所示，将函数 $f(t)$ 在区间$[-T_0,T_0]$内偶延拓，则函数 $f(t)$ 可表示为余弦函数，将函数 $f(t)$ 在区间$[-T_0,T_0]$内奇延拓，则函数 $f(t)$ 可表示为正弦函数。

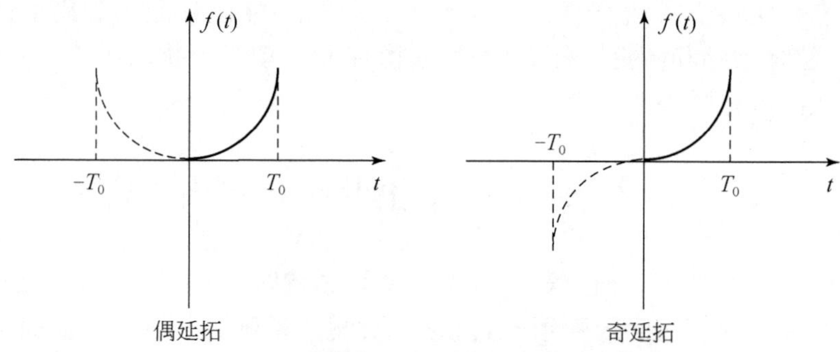

图 2-2 函数偶延拓和奇延拓的示意图

2.2.2 应用举例

【例题 1】 已知函数随着时间变化为 $f(t)=f_0(0\leqslant t\leqslant T_0)$，其中 f_0 和 T_0 均为常数，试将函数按照傅里叶级数展开。

解：(1) 将函数 $f(t)=f_0(0\leqslant t\leqslant T_0)$ 偶延拓为

$$f(t)=\begin{cases}f_0, & 0\leqslant t\leqslant T_0\\ f_0, & -T_0\leqslant t<0\end{cases}$$

则有

$$a_0=\frac{2}{T_0}\int_0^{T_0}f_0\,\mathrm{d}t=2f_0$$

$$a_n=\frac{2}{T_0}\int_0^{T_0}f_0\cos\frac{n\pi t}{T_0}\mathrm{d}t=\frac{2f_0}{T_0}\int_0^{T_0}\cos\frac{n\pi t}{T_0}\mathrm{d}t=0$$

$$b_n=\frac{1}{T_0}\int_{-T_0}^{T_0}f(t)\sin\frac{n\pi t}{T_0}\mathrm{d}t=0$$

函数的余弦函数展开为

$$f(t)=f_0,\quad 0\leqslant t\leqslant T_0$$

显然，余弦函数展开就是原函数。

(2) 将函数 $f(t)=f_0(0\leqslant t\leqslant T_0)$ 奇延拓为

$$f(t)=\begin{cases}f_0, & 0\leqslant t\leqslant T_0\\ -f_0, & -T_0\leqslant t<0\end{cases}$$

则有

$$a_n = 0$$

$$b_n = -\frac{f_0}{T_0}\int_{-T_0}^{0}\sin\frac{n\pi t}{T_0}\mathrm{d}t + \frac{f_0}{T_0}\int_{0}^{T_0}\sin\frac{n\pi t}{T_0}\mathrm{d}t = \frac{2f_0}{n\pi}[1-\cos(n\pi)]$$

函数的正弦函数展开为

$$f(t) = \frac{4f_0}{\pi}\sum_{k=1}^{\infty}\frac{1}{(2k-1)}\sin\frac{(2k-1)\pi t}{T_0},\quad 0 \leqslant t \leqslant T_0$$

其幅频特性如图 2-3 所示($n=2k-1$)。由该图可见,谐波的阶数越高,其幅值越小,对展开式的取值贡献越小。

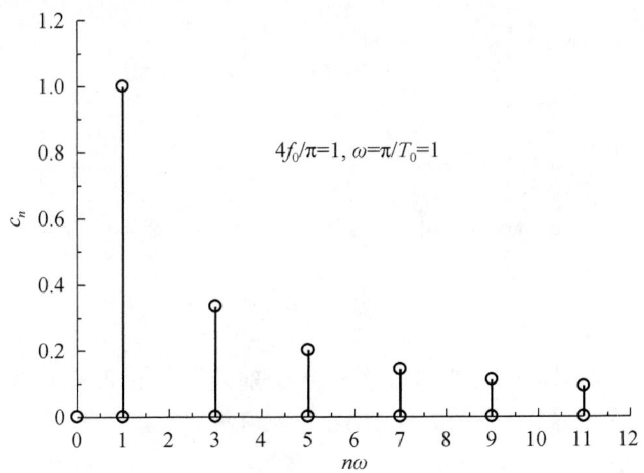

图 2-3　奇延拓的幅频特性

此例说明,偶延拓中采用余弦函数表示原函数,由于存在常数项,因此对原函数接近程度很好;奇延拓中采用正弦函数表示原函数,由于不存在常数项,因此对原函数接近程度较差。

【例题 2】　已知函数随着时间变化为 $f(t)=A_0 t(0\leqslant t\leqslant T_0)$,其中 A_0 和 T_0 均为常数,试将函数按照傅里叶级数展开。

解:(1) 将函数 $f(t)=A_0 t(0\leqslant t\leqslant T_0)$ 偶延拓为

$$f(t) = \begin{cases} A_0 t, & 0 \leqslant t \leqslant T_0 \\ -A_0 t, & -T_0 \leqslant t < 0 \end{cases}$$

则有

$$a_0 = \frac{2}{T_0}\int_0^{T_0} A_0 t\mathrm{d}t = A_0 T_0$$

$$a_n = \frac{2}{T_0}\int_0^{T_0} A_0 t\cos\frac{n\pi t}{T_0}\mathrm{d}t = \frac{2A_0}{T_0}\left(\frac{T_0}{n\pi}\right)^2[\cos(n\pi)-1]$$

$$b_n = 0$$

函数的余弦函数展开为

$$f(t)=\frac{A_0T_0}{2}-4A_0T_0\sum_{k=1}^{\infty}\frac{1}{(2k-1)^2\pi^2}\cos\frac{(2k-1)\pi t}{T_0},\quad 0\leqslant t\leqslant T_0$$

其幅频特性如图 2-4 所示($n=2k-1$)。由该图可见,随着谐波的阶数增大,幅值迅速减小。

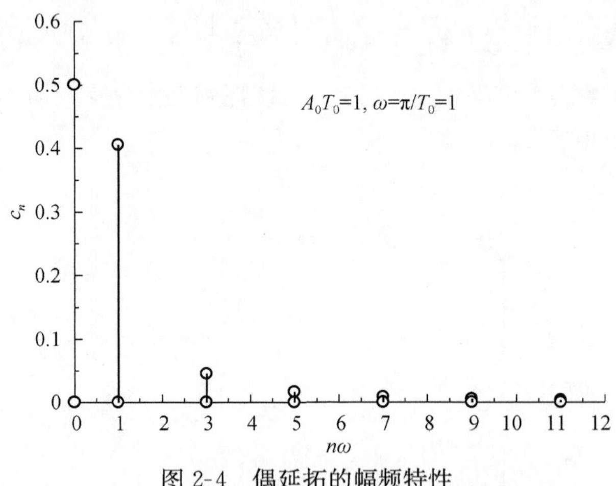

图 2-4　偶延拓的幅频特性

谐波幅值迅速减小表明,傅里叶展开式中前若干个谐波对取值贡献最大,进一步取傅里叶展开式的前 3 个谐波项,由图 2-5 可见,傅里叶展开式分前 3 个谐波项已十分接近原函数。

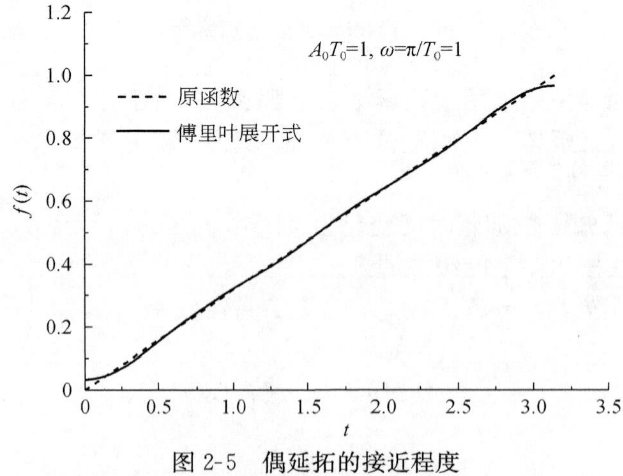

图 2-5　偶延拓的接近程度

(2) 将函数 $f(t)=A_0t(0\leqslant t\leqslant T_0)$ 奇延拓为

$$f(t)=\begin{cases}A_0t, & 0\leqslant t\leqslant T_0\\ A_0t, & -T_0\leqslant t<0\end{cases}$$

则有

$$a_n = 0$$

$$b_n = \frac{2}{T_0}\int_0^{T_0} A_0 t \sin\frac{n\pi t}{T_0}\mathrm{d}t = -\frac{2A_0T_0}{n\pi}\cos(n\pi)$$

函数的正弦函数展开为

$$f(t) = \frac{2A_0T_0}{\pi}\sum_{n=1}^{\infty}\frac{(-1)^{n+1}}{n}\sin\frac{n\pi t}{T_0},\quad 0 \leqslant t \leqslant T_0$$

其幅频特性如图 2-6 所示。由该图可见，随着谐波的阶数增大，幅值逐渐减小，但是幅值减小程度不如偶延拓情况。进一步取傅里叶展开式的前 3 个谐波项，其接近原函数程度不如偶延拓情况，如图 2-7 所示。

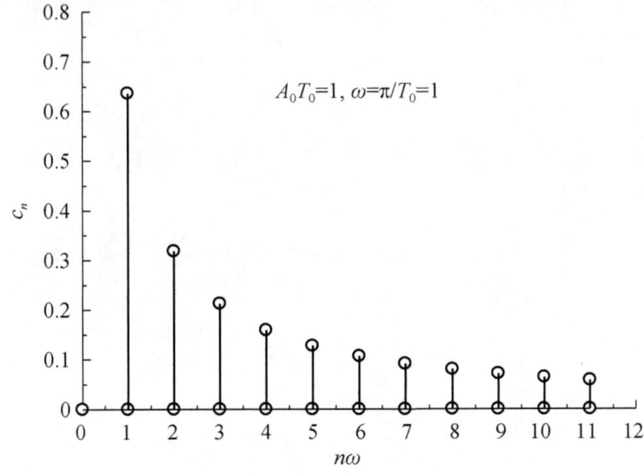

图 2-6　奇延拓的幅频特性

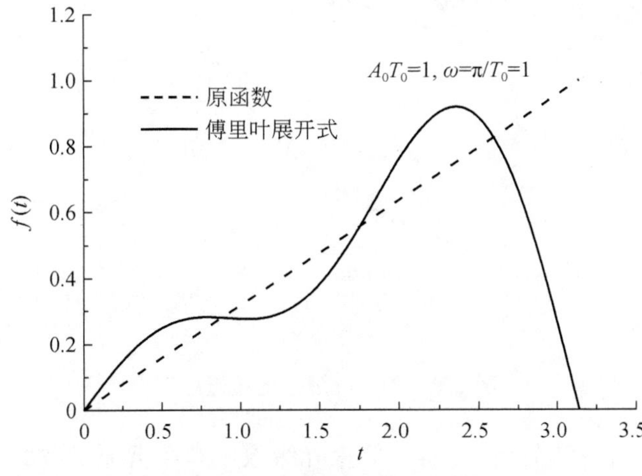

图 2-7　奇延拓的接近程度

【例题 3】 已知函数随着时间变化为 $f(t)=t^2(0\leqslant t\leqslant T_0)$，其中 T_0 为常数，将函数偶延拓为 $f(t)=t^2(-T_0\leqslant t\leqslant T_0)$，按照傅里叶级数展开为余弦函数

$$f(t)=\frac{T_0^2}{3}+\frac{4T_0^2}{\pi^2}\sum_{n=1}^{\infty}\frac{(-1)^n}{n^2}\cos\frac{n\pi t}{T_0},\quad 0\leqslant t\leqslant T_0$$

其幅频特性如图 2-8 所示。由该图可见，随着谐波的阶数增大，幅值迅速减小，进一步取傅里叶展开式的前 3 个谐波项，其接近原函数程度如图 2-9 所示。

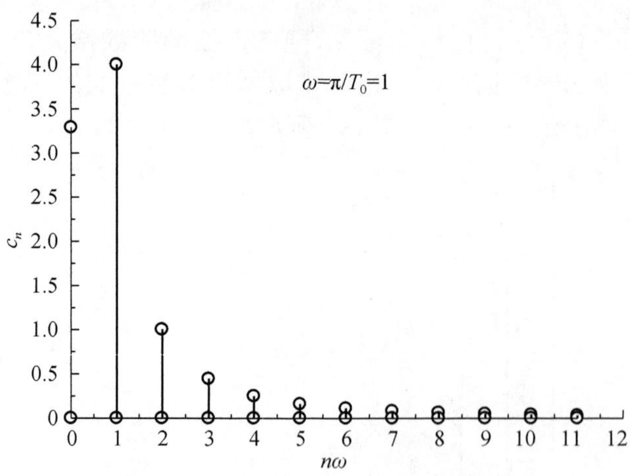

图 2-8 偶延拓的幅频特性

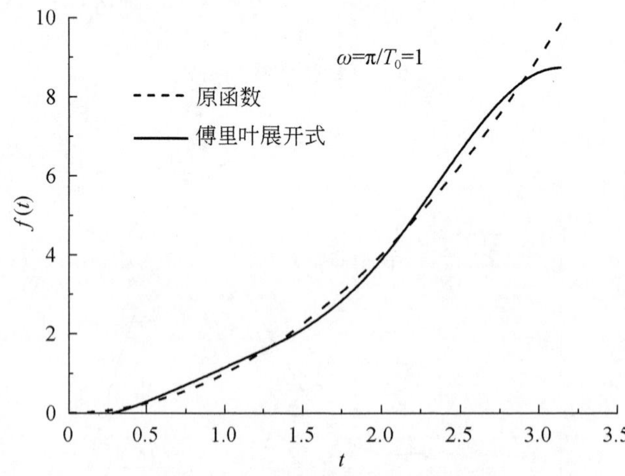

图 2-9 傅里叶展开的接近程度

通过上述的讨论和分析可知：从傅里叶级数展开接近原函数的程度来讲，一般偶延拓优于奇延拓，这是因为有常数项的存在；由幅频特性可看出，一般通过偶延

拓将函数展开为余弦函数，收敛也比较快。

2.3　周期性位移激励和外力激励的影响

在推力和冲量测量中，测量环境的位移激励和外力激励等干扰都会造成测量噪声，典型情况之一是外部的周期性位移激励和外力激励。因此，有必要讨论和分析周期性位移激励和外力激励等干扰的影响，以及产生的测量噪声的特点。

周期性位移激励和外力激励可以用傅里叶级数表示为

$$f(t)=c_0+\sum_{n=1}^{\infty}c_n\cos(n\omega t-\varphi_n)$$

由于周期性位移激励和外力激励具有在平均位置附近上下波动特点，因此可设 $c_0=0$，可得

$$f(t)=\sum_{n=1}^{\infty}c_n\cos(n\omega t-\varphi_n)=c_1\cos(\omega t-\varphi_1)+c_2\cos(2\omega t-\varphi_2)+\cdots$$

测量系统的振动方程都是定常线性微分方程，在多个输入项条件下，方程的解为单个输入项条件下方程的解之和，即方程的解具有可加性。

因此，在以下讨论中只取单个输入项进行研究，其研究结果可根据方程解的可加性，推广到多个输入项情况。

2.3.1　周期性位移激励的影响

1. 周期性位移激励下系统振动方程

如图 2-10 所示，测量系统质量为 m，通过隔振物体安装在隔振平台的基座上，隔振物体可看做刚度系数为 k、阻尼系数为 c 的弹性体，开始都处于静止状态。

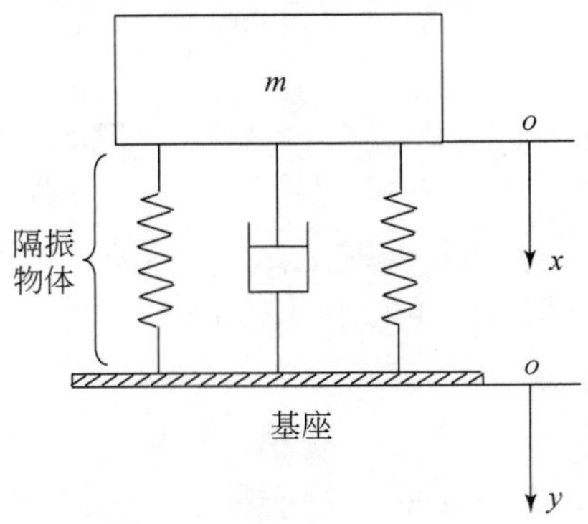

图 2-10　测量系统与隔振物体

由于基座的位移激励 y，测量系统 m 产生振动，位移为 x，测量系统 m 相对基座的位移为 $z=x-y$。

由牛顿第二定律可知

$$m\ddot{x}=-k(x-y)-c(\dot{x}-\dot{y}) \tag{2.4}$$

基座的位移激励是某平均位置附近的周期性往复运动，为了讨论方便，设基座的位移激励为

$$y=A_y\cos(pt) \tag{2.5}$$

式中，p 为基座的振动频率；A_y 为基座的位移幅值。

测量系统 m 的振动方程为

$$m\ddot{x}+c\dot{x}+kx=ky+c\dot{y}=kA_y\cos(pt)-cpA_y\sin(pt)$$

引入振动固有频率 $\omega_n=\sqrt{k/m}$ 和阻尼比 $\zeta=c/(2\sqrt{km})$，可得

$$\ddot{x}+2\zeta\omega_n\dot{x}+\omega_n^2x=\omega_n^2A_y\cos(pt)-2\zeta\omega_n pA_y\sin(pt) \tag{2.6}$$

对应的齐次方程为

$$\ddot{x}+2\zeta\omega_n\dot{x}+\omega_n^2x=0$$

特征根为 $r=-\zeta\omega_n\pm \mathrm{i}\omega_d$，振动频率 $\omega_d=\sqrt{1-\zeta^2}\,\omega_n$，齐次方程的通解为

$$x=\mathrm{e}^{-\zeta\omega_n t}[C_1\cos(\omega_d t)+C_2\sin(\omega_d t)]$$

实际的振动系统总是存在阻尼，即 $\zeta\neq 0$，此时特解为

$$x=C_3\cos(pt)+C_4\sin(pt)$$

因此，测量系统振动方程的通解为

$$x=\mathrm{e}^{-\zeta\omega_n t}[C_1\cos(\omega_d t)+C_2\sin(\omega_d t)]+C_3\cos(pt)+C_4\sin(pt) \tag{2.7}$$

式中，通解由两部分组成，即 $x=x_1+x_2$，其中$\lim\limits_{t\to\infty}x_1=0$，$\lim\limits_{t\to\infty}x=x_2$。

为了确定振动方程解的系数，将通解代入振动方程可得

$$\begin{aligned}\ddot{x}+2\zeta\omega_n\dot{x}+\omega_n^2x=&(-p^2C_3+\omega_n^2C_3+2\zeta\omega_n pC_4)\cos(pt)\\&+(-2\zeta\omega_n pC_3-p^2C_4+\omega_n^2C_4)\sin(pt)\end{aligned}$$

与振动方程

$$\ddot{x}+2\zeta\omega_n\dot{x}+\omega_n^2x=\omega_n^2A_y\cos(pt)-2\zeta\omega_n pA_y\sin(pt)$$

比较可得

$$\begin{cases}(\omega_n^2-p^2)C_3+2\zeta\omega_n pC_4=A_y\omega_n^2\\-2\zeta\omega_n pC_3+(\omega_n^2-p^2)C_4=-2A_y\zeta\omega_n p\end{cases}$$

定义频率比 $\gamma=p/\omega_n$，可得

$$\begin{cases}(1-\gamma^2)C_3+2\zeta\gamma C_4=A_y\\-2\zeta\gamma C_3+(1-\gamma^2)C_4=-2A_y\zeta\gamma\end{cases}$$

从而，解得系数 C_3 和 C_4 为

$$C_3=A_y\frac{(1-\gamma^2)+4\zeta^2\gamma^2}{(1-\gamma^2)^2+4\zeta^2\gamma^2},\quad C_4=A_y\frac{2\zeta\gamma^3}{(1-\gamma^2)^2+4\zeta^2\gamma^2} \tag{2.8}$$

再根据初始条件

$$x(0)=0,\quad \dot{x}(0)=0$$

可得

$$C_1+C_3=0,\quad -\zeta\omega_n C_1+\omega_d C_2+pC_4=0$$

解得系数 C_1 和 C_2 为

$$C_1=-C_3=-A_y\frac{(1-\gamma^2)+4\zeta^2\gamma^2}{(1-\gamma^2)^2+4\zeta^2\gamma^2} \tag{2.9}$$

$$C_2=\frac{1}{\sqrt{1-\zeta^2}}(\zeta C_1-\gamma C_4)=-A_y\frac{\zeta}{\sqrt{1-\zeta^2}}\frac{(1-\gamma^2)+4\zeta^2\gamma^2+2\gamma^4}{(1-\gamma^2)^2+4\zeta^2\gamma^2} \tag{2.10}$$

引入相位角

$$\cos\varphi_1=\frac{C_1}{\sqrt{C_1^2+C_2^2}},\quad \sin\varphi_1=\pm\frac{|C_2|}{\sqrt{C_1^2+C_2^2}},\quad C_1\geqslant\frac{\gamma}{\zeta}C_4\ \text{时取正号}$$

$$\cos\varphi_2=\frac{C_3}{\sqrt{C_3^2+C_4^2}},\quad \sin\varphi_2=\frac{C_4}{\sqrt{C_3^2+C_4^2}},\quad C_4\geqslant 0$$

振动方程的解可改写为

$$\begin{aligned}x&=\mathrm{e}^{-\zeta\omega_n t}[C_1\cos(\omega_d t)+C_2\sin(\omega_d t)]+C_3\cos(pt)+C_4\sin(pt)\\&=\sqrt{C_1^2+C_2^2}\,\mathrm{e}^{-\zeta\omega_n t}\cos(\omega_d t-\varphi_1)+\sqrt{C_3^2+C_4^2}\cos(pt-\varphi_2)\end{aligned} \tag{2.11}$$

基座的位移激励 $y=A_y\cos(pt)$ 是引起测量系统强迫振动的原因，基座的振动幅值 A_y 可代表位移激励的强弱。测量系统振动幅值（系统输出幅值）与位移激励幅值（系统输入幅值）之间的比值称为系统幅值比，其表达式为

$$\beta_1=\frac{\sqrt{C_1^2+C_2^2}}{A_y},\quad \beta_2=\frac{\sqrt{C_3^2+C_4^2}}{A_y} \tag{2.12}$$

系统幅值比表示输入幅值放大倍数（放大程度），振动方程的解可改写为

$$\frac{x}{A_y}=\beta_1\mathrm{e}^{-\zeta\omega_n t}\cos(\omega_d t-\varphi_1)+\beta_2\cos(pt-\varphi_2) \tag{2.13}$$

式中，x/A_y 表示无量纲化的系统响应。

系统响应包括以下两项：①按照测量系统振动频率 ω_d 振动项，随着时间增大逐渐趋于零；②按照位移激励频率 p 振动项，随着时间周期性变化。系统进入稳态后，仅剩下第二项影响，因此第二项影响是讨论的重点。

2. 周期性位移激励下系统振动特点

图 2-11 为幅值比 β_2 随着频率比 $\gamma=p/\omega_n$ 和阻尼比 ζ 的变化曲线。当频率比 $\gamma\geqslant\sqrt{2}$ 时，幅值比 $\beta_2\leqslant 1$，随着频率比增大，幅值比 β_2 逐渐减小，并且阻尼比越小，幅值比 β_2 减小程度越大。当频率比 $\gamma=5$ 和阻尼比 $\zeta=0.4$ 时，幅值比减小至 17%以

下。当频率比 $\gamma < \sqrt{2}$ 时，幅值比 $\beta_2 \geqslant 1$，并且在频率比 $\gamma = 1$ 附近，幅值比 β_2 急剧增大。

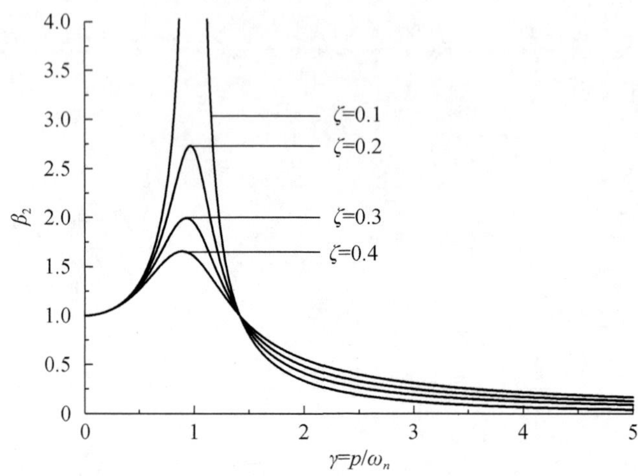

图 2-11　幅值比 β_2 随着频率比 γ 和阻尼比 ζ 的变化曲线

图 2-12 为相位角 φ_2 随着频率比 $\gamma = p/\omega_n$ 和阻尼比 ζ 的变化曲线。随着频率比增大，相位角出现增大趋势，并且阻尼比越小，相位角越大。

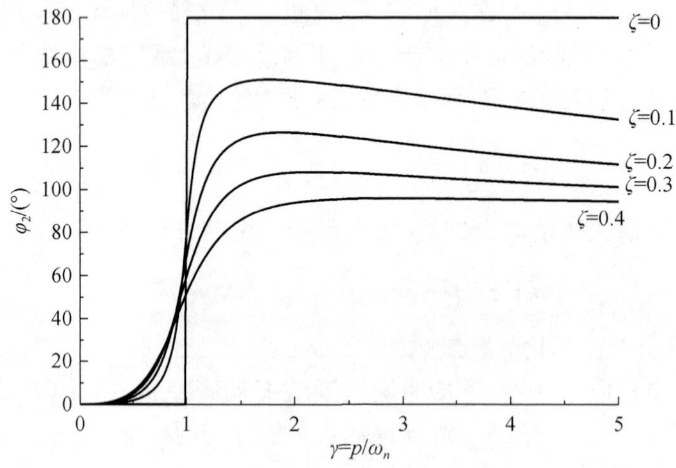

图 2-12　相位角 φ_2 随着频率比 γ 和阻尼比 ζ 的变化曲线

图 2-13 为比值 β_1/β_2 随着频率比 $\gamma = p/\omega_n$ 和阻尼比 ζ 的变化曲线。随着频率比增大，比值 β_1/β_2 逐渐增大，阻尼比越大，比值 β_1/β_2 越大，并且 $\beta_1/\beta_2 \geqslant 1$。

虽然 $\beta_1 \geqslant \beta_2$，但是 $\beta_1 \mathrm{e}^{-\zeta\omega_n t}$ 逐渐减小。因此，足够长时间以后，系统幅值特性主要取决于 β_2。

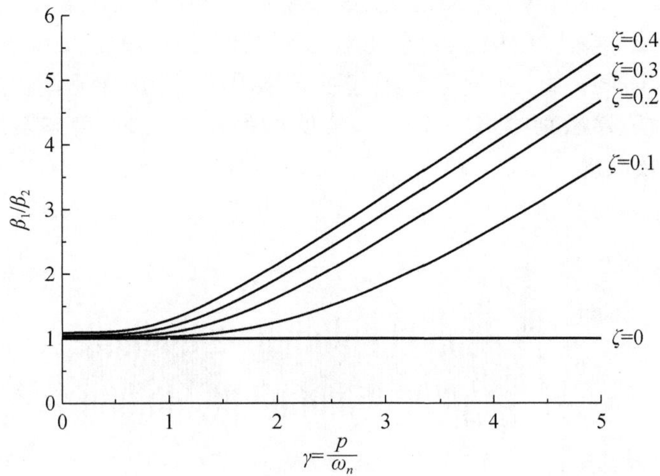

图 2-13　比值 β_1/β_2 随着频率比 γ 和阻尼比 ζ 的变化曲线

如图 2-14 所示，当阻尼比 $\zeta=0$ 和频率比 $\gamma=1$ 时，随着时间增大，振动位移越来越大，出现共振现象。结合幅频特性可知，在频率比 $\gamma=1$ 附近，振动位移总是出现最大值，这种共振现象可通过调整系统振动频率避免出现。

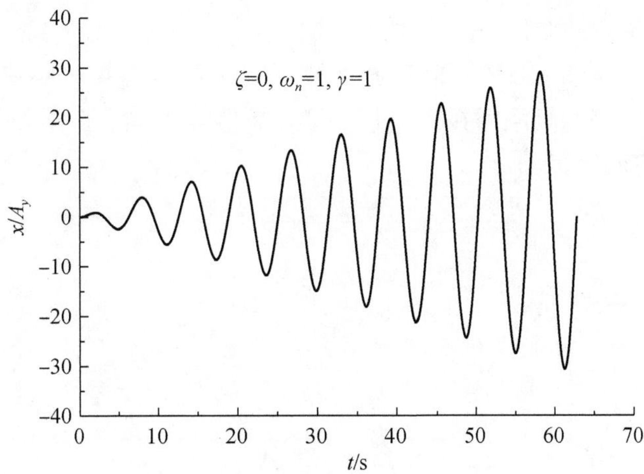

图 2-14　发生共振时的系统响应

在基座位移激励 $y=A_y\cos(pt)$ 的作用下，系统振动位移由两部分组成，为

$$\frac{x}{A_y}=\beta_1 \mathrm{e}^{-\zeta\omega_n t}\cos(\omega_d t-\varphi_1)+\beta_2\cos(pt-\varphi_2)=\frac{x_1}{A_y}+\frac{x_2}{A_y} \tag{2.14}$$

式中，第一项 x_1/A_y 按照频率 ω_d 振动，并且振幅 $\beta_1\mathrm{e}^{-\zeta\omega_n t}$ 随着时间逐渐衰减，因此第一项在振动初期产生影响；第二项 x_2/A_y 按照频率 p 振动，并且振动幅值随着时间

保持不变，因此第二项在振动后期产生主要影响。

如图 2-15 所示，当频率比 $\gamma=5$ 和阻尼比 $\zeta=0.2$ 时，时间 $t<20\text{s}$ 时能够观察到第一项影响，时间 $t\geqslant 20\text{s}$ 时第二项起主导作用，并且由于频率比较大，振动幅值降低较大(约为位移激励幅值的 10%)，说明频率比较大时，稳态系统响应是幅值急剧降低的高频振动。

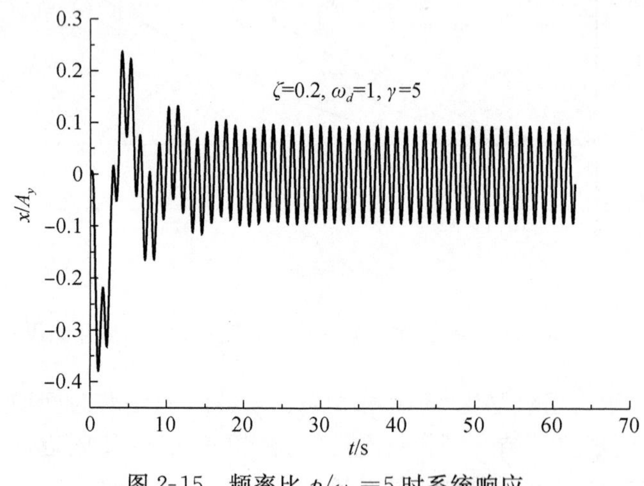

图 2-15 频率比 $p/\omega_n=5$ 时系统响应

如图 2-16 所示，当频率比 $\gamma=0.2$ 和阻尼比 $\zeta=0.2$ 时，时间 $t<20\text{s}$ 时能够观察到第一项影响，时间 $t\geqslant 20\text{s}$ 时第二项起主导作用，并且由于频率比较小，振动幅值基本不变(与位移激励幅值接近)，说明频率比较小时，稳态系统响应是幅值近似位移激励幅值的低频振动。

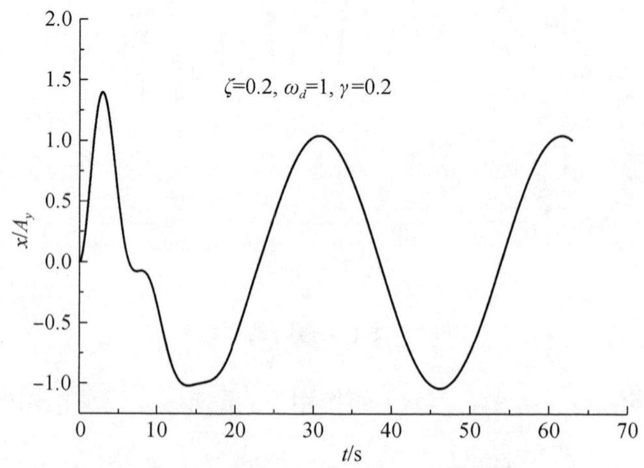

图 2-16 频率比 $p/\omega_n=0.2$ 时的系统响应

由上述分析可知，周期性位移激励下的强迫振动具有以下特点：

(1) 对于给定固有频率的测量系统（指位移激励方向上的振动），高频位移激励和低频位移激励下，系统响应特点不同。

高频位移激励下强迫振动，由于频率比较大，因此振动幅值降低较大（当频率比 $\gamma=5$ 时降低至位移激励幅值的 17%以下），说明频率比较大时，稳态系统响应是幅值急剧降低的高频振动，表现为测量系统的小幅值高频干扰噪声。

低频位移激励下强迫振动，由于频率比较小，因此振动幅值与位移激励幅值接近（除了共振频率附近之外），说明频率比较小时，稳态系统响应是幅值近似位移激励幅值的低频振动，表现为测量系统的大幅值低频干扰噪声。

(2) 对于不同频率的位移激励，需要减小位移激励引起的噪声干扰，可采用增大频率比 $\gamma=p/\omega_n$ 的方法，意味着减小频率 $\omega_n=\sqrt{k/m}$。具体要求是：① 减小隔振物体的刚度系数 k；② 增大测量系统的质量 m。

(3) 增大阻尼比，可在一定程度上减弱共振现象。

综上所述，周期性位移激励将产生小幅值高频噪声或大幅值低频噪声。抑制位移激励方向上产生的测量噪声，可采用刚度系数小和阻尼比大的隔振物体，并且增大测量系统质量。

2.3.2　周期性外力激励的影响

1. 周期性外力激励下系统振动方程

如图 2-17 所示，测量系统质量为 m，基座固定不动，隔振物体可看做刚度系数为 k、阻尼系数为 c 的弹性体，开始都处于静止状态。受外力 $f(t)=A_f\cos(pt)$ 的作用，测量系统 m 产生振动，位移为 x。

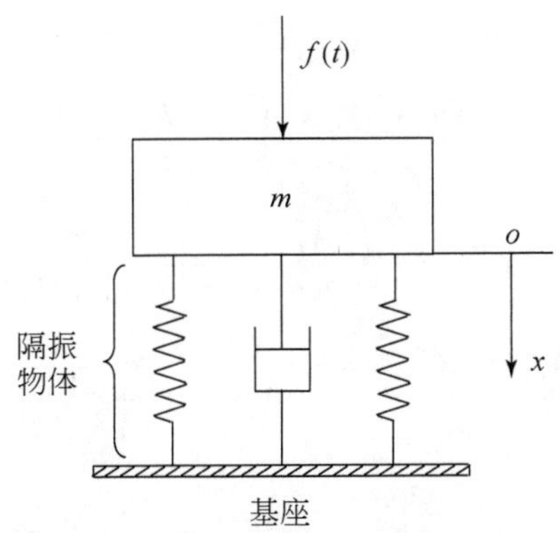

图 2-17　测量系统与隔振物体

根据牛顿第二定律，可得测量系统 m 的振动方程为

$$m\ddot{x}+c\dot{x}+kx=f(t)=A_f\cos(pt) \tag{2.15}$$

引入振动固有频率 $\omega_n=\sqrt{k/m}$ 和阻尼比 $\zeta=c/(2\sqrt{km})$，可得

$$\ddot{x}+2\zeta\omega_n\dot{x}+\omega_n^2x=(A_f/m)\cos(pt) \tag{2.16}$$

实际的振动系统总是存在阻尼，即 $\zeta\neq0$，测量系统振动方程的通解为

$$x=\mathrm{e}^{-\zeta\omega_n t}[C_1\cos(\omega_d t)+C_2\sin(\omega_d t)]+C_3\cos(pt)+C_4\sin(pt) \tag{2.17}$$

式中，通解由两部分组成，即 $x=x_1+x_2$，其中 $\lim\limits_{t\to\infty}x_1=0$，$\lim\limits_{t\to\infty}x=x_2$。将其代入振动方程可得

$$\begin{cases}(\omega_n^2-p^2)C_3+2\zeta\omega_n pC_4=\dfrac{A_f}{m}\\ -2\zeta\omega_n pC_3+(\omega_n^2-p^2)C_4=0\end{cases}$$

定义频率比 $\gamma=p/\omega_n$，可得

$$\begin{cases}(1-\gamma^2)C_3+2\zeta\gamma C_4=\dfrac{A_f}{m\omega_n^2}\\ -2\zeta\gamma C_3+(1-\gamma^2)C_4=0\end{cases}$$

解得系数 C_3 和 C_4 为

$$\begin{cases}C_3=\dfrac{A_f}{m\omega_n^2}\dfrac{1-\gamma^2}{(1-\gamma^2)^2+4\zeta^2\gamma^2}\\ C_4=\dfrac{A_f}{m\omega_n^2}\dfrac{2\zeta\gamma}{(1-\gamma^2)^2+4\zeta^2\gamma^2}\end{cases} \tag{2.18}$$

再根据初始条件

$$\begin{cases}x(0)=0\\ \dot{x}(0)=0\end{cases}$$

可得

$$\begin{cases}C_1+C_3=0\\ -\zeta\omega_nC_1+\omega_dC_2+pC_4=0\end{cases}$$

解得系数 C_1 和 C_2 为

$$C_1=-C_3=-\frac{A_f}{m\omega_n^2}\frac{1-\gamma^2}{(1-\gamma^2)^2+4\zeta^2\gamma^2} \tag{2.19}$$

$$C_2=\frac{1}{\sqrt{1-\zeta^2}}(\zeta C_1-\gamma C_4)=-\frac{A_f}{m\omega_n^2}\frac{\zeta}{\sqrt{1-\zeta^2}}\frac{1+\gamma^2}{(1-\gamma^2)^2+4\zeta^2\gamma^2} \tag{2.20}$$

引入相位角

$$\begin{cases}\cos\varphi_1=\dfrac{C_1}{\sqrt{C_1^2+C_2^2}},\quad \sin\varphi_1=\dfrac{C_2}{\sqrt{C_1^2+C_2^2}}\\ \cos\varphi_2=\dfrac{C_3}{\sqrt{C_3^2+C_4^2}},\quad \sin\varphi_2=\dfrac{C_4}{\sqrt{C_3^2+C_4^2}}\end{cases}$$

振动方程的解可改写为

$$
\begin{aligned}
x &= \mathrm{e}^{-\zeta\omega_n t}[C_1\cos(\omega_d t) + C_2\sin(\omega_d t)] + C_3\cos(pt) + C_4\sin(pt) \\
&= \sqrt{C_1^2 + C_2^2}\,\mathrm{e}^{-\zeta\omega_n t}\cos(\omega_d t - \varphi_1) + \sqrt{C_3^2 + C_4^2}\cos(pt - \varphi_2)
\end{aligned} \tag{2.21}
$$

外力 $f(t) = A_f\cos(pt)$，是引起强迫振动的原因，外力的幅值为 A_f，外力幅值作用下的静态位移为 $A_f/(m\omega_n^2) = A_f/k$，以此为参考基准，构造测量系统振动幅值比，描述幅值的放大比例，为

$$
\begin{cases}
\beta_1 = \dfrac{\sqrt{C_1^2 + C_2^2}}{\dfrac{A_f}{m\omega_n^2}} \\
\beta_2 = \dfrac{\sqrt{C_3^2 + C_4^2}}{\dfrac{A_f}{m\omega_n^2}}
\end{cases} \tag{2.22}
$$

振动方程的解可改写为

$$
\begin{aligned}
\frac{x}{\dfrac{A_f}{m\omega_n^2}} &= \frac{x_1}{\dfrac{A_f}{m\omega_n^2}} + \frac{x_2}{\dfrac{A_f}{m\omega_n^2}} \\
&= \beta_1\mathrm{e}^{-\zeta\omega_n t}\cos(\omega_d t - \varphi_1) + \beta_2\cos(pt - \varphi_2)
\end{aligned} \tag{2.23}
$$

式中，第一项 $x_1/(A_f/m\omega_n^2)$ 按照频率 ω_d 振动，并且振幅 $\beta_1\mathrm{e}^{-\zeta\omega_n t}$ 随着时间逐渐衰减，因此第一项在振动初期产生影响；第二项 $x_2/(A_f/m\omega_n^2)$ 按照频率 p 振动，并且幅值随着时间保持不变，因此第二项在振动后期产生主要影响。

可推导得

$$
\begin{cases}
\sqrt{C_1^2 + C_2^2} = \dfrac{1}{\sqrt{1-\zeta^2}}\sqrt{C_3^2 + C_4^2} \\
\beta_1 = \dfrac{1}{\sqrt{1-\zeta^2}}\beta_2
\end{cases} \tag{2.24}
$$

2. 周期性外力激励下系统振动特点

图 2-18 为幅值比 β_2 随着频率比 $\gamma = p/\omega_n$ 和阻尼比 ζ 的变化曲线。当频率比 $\gamma \geqslant \sqrt{2-4\zeta^2}$ 时（$2-4\zeta^2 \geqslant 0$），幅值比 $\beta_2 \leqslant 1$（$2-4\zeta^2 < 0$ 时自然满足 $\beta_2 \leqslant 1$），随着频率比增大，幅值比 β_2 逐渐减小，并且阻尼比越大，幅值比 β_2 减小程度越大。当频率比 $\gamma = 5$ 和阻尼比 $\zeta = 0$ 时，幅值比减小至 4.2% 以下。当频率比 $\gamma < \sqrt{2-4\zeta^2}$ 时，幅值比 $\beta_2 \geqslant 1$，并且在频率比 $\gamma = 1$ 附近，幅值比 β_2 急剧增大，出现共振现象。

图 2-19 为相位角 φ_2 随着频率比 $\gamma = p/\omega_n$ 和阻尼比 ζ 的变化曲线。随着频率比增大，相位角出现增大趋势，并且阻尼比越小，相位角越大。

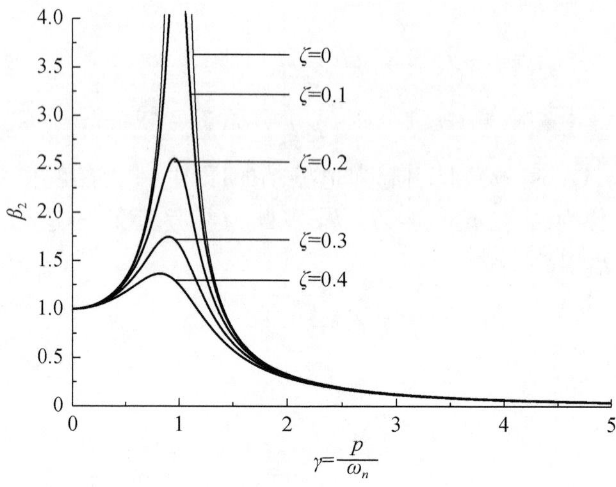

图 2-18　幅值比 β_2 随着频率比 γ 和阻尼比 ζ 的变化曲线

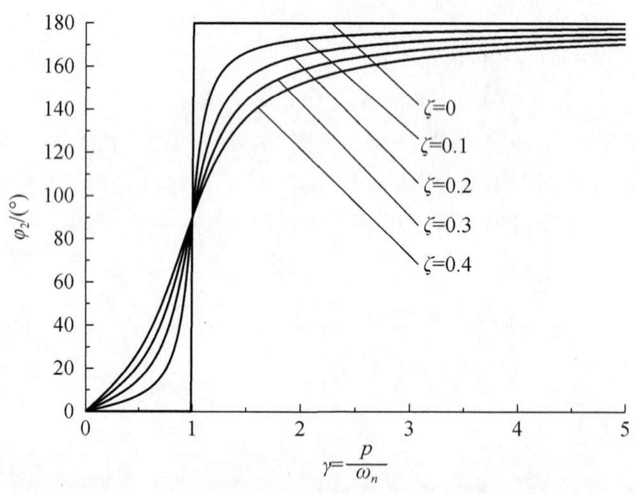

图 2-19　相位角 φ_2 随着频率比 γ 和阻尼比 ζ 的变化曲线

如图 2-20 所示，当阻尼比 $\zeta=0$ 和频率比 $\gamma=1$ 时，随着时间增大，振动位移越来越大，出现共振现象。结合幅频特性可知，在频率比 $\gamma=1$ 附近，振动位移总是出现最大值。

如图 2-21 所示，当频率比 $\gamma=5$ 和阻尼比 $\zeta=0.2$ 时，时间 $t<15\text{s}$ 时能够观察到第一项影响，时间 $t\geqslant 15\text{s}$ 时第二项起主导作用，并且由于频率比较大，振动幅值降低较大[约为静态位移 $A_f/(m\omega_n^2)=A_f/k$ 的 4%]，说明频率比较大时，稳态系统响应是幅值急剧降低的高频振动。

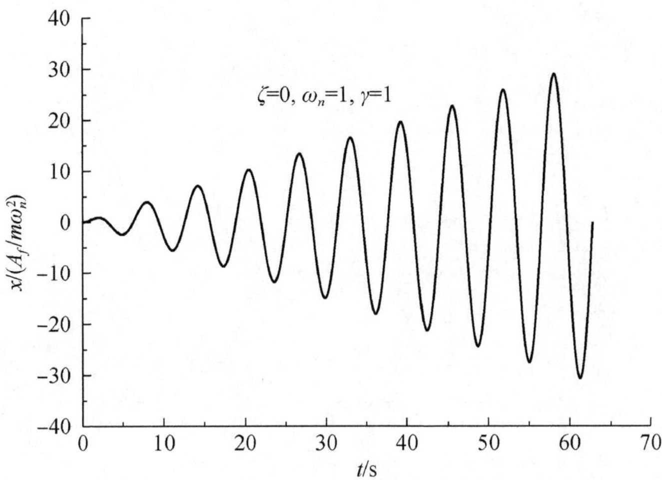

图 2-20　发生共振时的系统响应

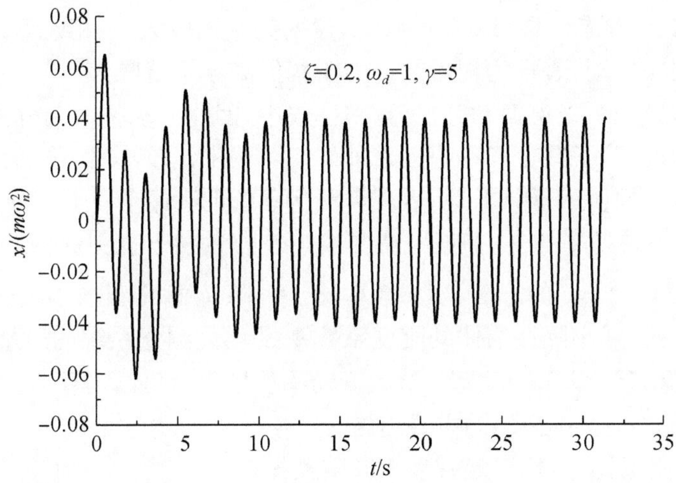

图 2-21　频率比 $p/\omega_n=5$ 时的系统响应

如图 2-22 所示，当频率比 $\gamma=0.2$ 和阻尼比 $\zeta=0.2$ 时，时间 $t<15\text{s}$ 时能够观察到第一项影响，时间 $t>15\text{s}$ 时第二项起主导作用，并且由于频率比较小，振动幅值基本不变（接近静态位移），说明频率比较小时，稳态系统响应是幅值近似静态位移幅值的低频振动。

由上述分析可知，周期性外力激励下的强迫振动具有以下特点：

(1) 对于给定固有频率的测量系统（指外力激励方向上的振动），在高频外力激励和低频外力激励下，系统响应特点不同。

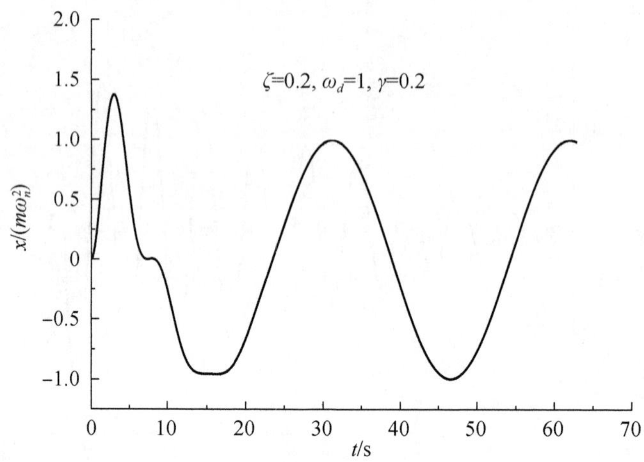

图 2-22　频率比 $p/\omega_n=0.2$ 时的系统响应

高频外力激励下强迫振动，由于频率比较大，因此振动幅值降低较大（当频率比 $\gamma=5$ 时降低至静态位移 A_f/k 的 4%），说明频率比较大时，稳态系统响应是幅值急剧降低的高频振动，表现为测量系统的小幅值高频干扰噪声。

低频外力激励下强迫振动，由于频率比较小，因此振动幅值与外力幅值作用下的静态位移接近（除了共振频率附近之外），说明频率比较小时，稳态系统响应是幅值接近静态位移幅值的低频振动，表现为测量系统的大幅值低频干扰噪声。

（2）对于不同频率的外力激励，需要减小外力激励干扰引起的测量噪声，可采用增大频率比 $\gamma=p/\omega_n$ 的方法，增大频率比 $\gamma=p/\omega_n$，意味着减小频率 $\omega_n=\sqrt{k/m}$。具体要求如下：①减小隔振物体的刚度系数 k；②增大测量系统的质量 m。但是，减小刚度系数，静态位移 A_f/k 增大，造成振动幅值增大，因此，对于外力激励，增大测量系统的质量 m 是减小振动的主要措施。

（3）增大阻尼比，可在一定程度上减弱共振现象。

综上所述，周期性外力激励将产生小幅值高频噪声或大幅值低频噪声。抑制外力激励方向上产生的测量噪声，可采用阻尼比大的隔振物体，并且增大测量系统质量。

2.4　随机性位移激励和外力激励的影响

在推力和冲量测量中，测量环境的位移激励和外力激励等干扰都会造成测量噪声，典型情况之二是外部的随机性位移激励和外力激励。因此，有必要讨论和分析随机性位移激励和外力激励的影响。

2.4.1　线性系统与平稳随机过程

研究随机性位移激励和外力激励等干扰造成的测量噪声，需要线性系统与平稳随机过程相关知识。

对于定常的线性系统，系统输入 $y(t)$ 与系统响应 $z(t)$ 之间的关系可利用线性微分方程表示为

$$
\begin{aligned}
&a_n\frac{\mathrm{d}^n z(t)}{\mathrm{d}t^n}+a_{n-1}\frac{\mathrm{d}^{n-1} z(t)}{\mathrm{d}t^{n-1}}+\cdots+a_1\frac{\mathrm{d}z(t)}{\mathrm{d}t}+a_0 z(t)\\
&=b_m\frac{\mathrm{d}^m y(t)}{\mathrm{d}t^m}+b_{m-1}\frac{\mathrm{d}^{m-1} y(t)}{\mathrm{d}t^{m-1}}+\cdots+b_1\frac{\mathrm{d}y(t)}{\mathrm{d}t}+b_0 y(t)
\end{aligned}
\tag{2.25}
$$

式中，$a_i(i=0,1,\cdots,n)$ 和 $b_i(i=0,1,\cdots,m)$ 为常数，是与系统参数相关的常数，并且 $n>m$。

设系统输入 $y(t)$ 的拉普拉斯变换为 $Y(s)=L[y(t)]$，系统响应 $z(t)$ 的拉普拉斯变换为 $Z(s)=L[z(t)]$，在初始条件全部为零的情况下，两边取拉普拉斯变换，可得

$$
\begin{aligned}
&(a_n s^n+a_{n-1}s^{n-1}+\cdots+a_1 s+a_0)Z(s)\\
&=(b_m s^m+b_{m-1}s^{m-1}+\cdots+b_1 s+b_0)Y(s)
\end{aligned}
\tag{2.26}
$$

在初始条件为零的情况下，系统输出量和输入量的拉普拉斯变换之比称为传递函数。线性系统的传递函数为

$$
H(s)=\frac{Z(s)}{Y(s)}=\frac{b_m s^m+b_{m-1}s^{m-1}+\cdots+b_1 s+b_0}{a_n s^n+a_{n-1}s^{n-1}+\cdots+a_1 s+a_0}
\tag{2.27}
$$

由于

$$
Z(s)=H(s)Y(s)
\tag{2.28}
$$

设系统输入为单位脉冲函数 $y(t)=\delta(t)$ 时，系统输出为单位脉冲响应函数 $h(t)$，此时有 $Y(s)=L[\delta(t)]=1$ 和 $Z(s)=H(s)=L[h(t)]$，因此有

$$
\begin{cases}
H(s)=L[h(t)]\\
h(t)=L^{-1}[H(s)]
\end{cases}
\tag{2.29}
$$

如果已知系统传递函数，那么就可求得系统的单位脉冲响应。

设系统输入为 $y(t)$，系统的单位脉冲响应为 $h(t)$，则系统输出 $z(t)$ 满足

$$
z(t)=\int_0^t y(t-\lambda)h(\lambda)\mathrm{d}\lambda=\int_0^t y(\lambda)h(t-\lambda)\mathrm{d}\lambda
\tag{2.30}
$$

定理 2.1　设定常线性系统的单位脉冲响应为 $h(t)$，系统输入为平稳过程 $y(t)\ (-\infty<t<\infty)$，其均值和相关函数分别为

$$
\begin{cases}
\mu_y=E[y(t)]\\
R_y(\tau)=E[y(t)y(t+\tau)]
\end{cases}
$$

则系统输出也是平稳过程 $z(t)$，其均值和相关函数分别为

$$\mu_z = E[z(t)] = \mu_y \int_0^{\infty} h(\lambda)\mathrm{d}\lambda \tag{2.31}$$

$$R_z(\tau) = E[z(t)z(t+\tau)] = \int_0^{\infty}\int_0^{\infty} R_y(\lambda_2 - \lambda_1 - \tau)h(\lambda_1)h(\lambda_2)\mathrm{d}\lambda_1\mathrm{d}\lambda_2 \tag{2.32}$$

采用上述公式计算系统输出的相关函数,计算过程一般比较复杂。

平稳过程 $y(t)(-\infty < t < \infty)$ 的相关函数为 $R_y(\tau)$,其傅里叶变换为

$$F[R_y(\tau)] = S_y(\omega) = \int_{-\infty}^{\infty} R_y(\tau)\mathrm{e}^{-\mathrm{i}\omega\tau}\mathrm{d}\tau$$

称为功率谱密度,功率谱密度 $S_y(\omega)$ 的反傅里叶变换为相关函数 $R_y(\tau)$,可表示为

$$R_y(\tau) = F^{-1}[S_y(\omega)] = \frac{1}{2\pi}\int_{-\infty}^{\infty} S_y(\omega)\mathrm{e}^{\mathrm{i}\tau\omega}\mathrm{d}\omega$$

例如,平稳过程 $y(t)$ 为白噪声,功率谱密度为 $S_y(\omega) = S_0$(常数),由于

$$\int_{-\infty}^{\infty} \delta(\tau)\mathrm{e}^{-\mathrm{i}\omega\tau}\mathrm{d}\tau = 1$$

因此其相关函数为

$$R_y(\tau) = \frac{1}{2\pi}\int_{-\infty}^{\infty} S_0\mathrm{e}^{\mathrm{i}\tau\omega}\mathrm{d}\omega = S_0\frac{1}{2\pi}\int_{-\infty}^{\infty}\mathrm{e}^{\mathrm{i}\tau\omega}\mathrm{d}\omega = S_0\delta(\tau)$$

定理 2.2　设定常线性系统,系统输入为平稳过程 $y(t)(-\infty < t < \infty)$,功率谱密度为 $S_y(\omega)$,系统输出 $z(t)$ 的功率谱密度 $S_z(\omega)$ 为

$$S_z(\omega) = H(-\mathrm{i}\omega)H(\mathrm{i}\omega)S_y(\omega) \tag{2.33}$$

采用功率谱密度计算系统输出的相关函数,计算过程一般相对比较简单。

2.4.2　随机性位移激励的影响

如图 2-10 所示,测量系统质量为 m,通过隔振物体安装在隔振平台的基座上,隔振物体可看做刚度系数为 k、阻尼系数为 c 的弹性体,开始都处于静止状态。由于基座的位移激励 y,测量系统 m 产生振动,位移为 x,测量系统 m 的振动方程为

$$m\ddot{x} + c\dot{x} + kx = ky + c\dot{y}$$

引入振动固有频率 $\omega_n = \sqrt{k/m}$ 和阻尼比 $\zeta = c/(2\sqrt{km})$,可得

$$\ddot{x} + 2\zeta\omega_n\dot{x} + \omega_n^2 x = \omega_n^2 y + 2\zeta\omega_n\dot{y}$$

设初始条件为零的条件下,位移激励 y 的拉普拉斯变换为 $L(y)=Y(s)$,位移 x 的拉普拉斯变换为 $L(x) = X(s)$,振动方程两边取拉普拉斯变换,可得

$$(s^2 + 2\zeta\omega_n s + \omega_n^2)X(s) = (\omega_n^2 + 2\zeta\omega_n s)Y(s)$$

传递函数为

$$H(s) = \frac{\omega_n^2 + 2\zeta\omega_n s}{s^2 + 2\zeta\omega_n s + \omega_n^2} \tag{2.34}$$

由传递函数取拉普拉斯反变换,可求得单位脉冲响应。将传递函数改写为

$$H(s)=2\zeta\omega_n\frac{(s+\zeta\omega_n)}{(s+\zeta\omega_n)^2+\omega_d^2}+\frac{\omega_n^2-2\zeta^2\omega_n^2}{\omega_d}\frac{\omega_d}{(s+\zeta\omega_n)^2+\omega_d^2}$$

取拉普拉斯反变换,可得系统的单位脉冲响应为

$$h(t)=2\zeta\omega_n e^{-\zeta\omega_n t}\cos(\omega_d t)+\frac{\omega_n^2-2\zeta^2\omega_n^2}{\omega_d}e^{-\zeta\omega_n t}\sin(\omega_d t)$$

一般采用单位脉冲响应计算系统输出的相关函数,计算过程较为复杂,采用功率谱密度计算比较方便。

为了讨论方便,设系统输入 $y(t)$ 是均值为零的白噪声,功率谱密度 $S_y(\omega)=S_0$(常数),则相关函数 $R_y(\tau)=S_0\delta(\tau)$,即有

$$\begin{cases}\mu_y=0\\ R_y(\tau)=S_0\delta(\tau)\end{cases}$$

此时系统输出也是平稳过程 $x(t)$,其均值为零。系统输出的功率谱密度为

$$S_x(\omega)=H(-i\omega)H(i\omega)S_y(\omega)$$

其中

$$\begin{aligned}H(-i\omega)H(i\omega)&=\frac{(\omega_n^2-2i\zeta\omega_n\omega)(\omega_n^2+2i\zeta\omega_n\omega)}{(\omega^2+2i\zeta\omega_n\omega-\omega_n^2)(\omega^2-2i\zeta\omega_n\omega-\omega_n^2)}\\&=\frac{(\omega_n^2-2i\zeta\omega_n\omega)(\omega_n^2+2i\zeta\omega_n\omega)}{[(\omega+i\zeta\omega_n)^2-\omega_d^2][(\omega-i\zeta\omega_n)^2-\omega_d^2]}\end{aligned}$$

令 $(\omega+i\zeta\omega_n)^2-\omega_d^2=0$,可得

$$\omega_{1,2}=\pm\omega_d-i\zeta\omega_n$$

令 $(\omega-i\zeta\omega_n)^2-\omega_d^2=0$,可得

$$\omega_{3,4}=\pm\omega_d+i\zeta\omega_n$$

系统输出的相关函数为

$$R_x(\tau)=\frac{1}{2\pi}\int_{-\infty}^{\infty}S_x(\omega)e^{i\tau\omega}\,d\omega=\frac{S_0}{2\pi}\int_{-\infty}^{\infty}H(-i\omega)H(i\omega)e^{i\tau\omega}\,d\omega$$

由于被积分函数是有理函数,分母阶数高于分子,在实轴上没有极点,因此采用留数定理,$R_x(\tau)$可表示为

$$\begin{aligned}R_x(\tau)&=\frac{S_0}{2\pi}\int_{-\infty}^{\infty}H(-i\omega)H(i\omega)e^{i\tau\omega}\,d\omega\\&=\frac{S_0}{2\pi}2\pi i\sum_{k=1}^{4}\mathrm{Res}[H(-i\omega_k)H(i\omega_k)e^{i\tau\omega_k},\omega_k]\end{aligned}$$

式中,$\tau>0$ 的情况取上半复平面的极点,即 $\omega_{3,4}=\pm\omega_d+i\zeta\omega_n$,可得

$$R_x(\tau)=iS_0\sum_{k=3}^{4}\mathrm{Res}[H(-i\omega_k)H(i\omega_k)e^{i\tau\omega_k},\omega_k]$$

其中

$$\sum_{k=3}^{4}\mathrm{Res}[H(-i\omega_k)H(i\omega_k)e^{i\tau\omega_k},\omega_k]$$

$$=\sum_{k=3}^{4}\mathrm{Res}\left\{\frac{(\omega_n^2-2\mathrm{i}\zeta\omega_n\omega_k)(\omega_n^2+2\mathrm{i}\zeta\omega_n\omega_k)\mathrm{e}^{\mathrm{i}\tau\omega_k}}{[(\omega_k+\mathrm{i}\zeta\omega_n)^2-\omega_d^2][(\omega_k-\mathrm{i}\zeta\omega_n)^2-\omega_d^2]},\omega_k\right\}$$

当 $\omega_{3,4}=\pm\omega_d+\mathrm{i}\zeta\omega_n$ 时，分母为零但分母导数不为零，上述公式可简化为

$$\sum_{k=3}^{4}\mathrm{Res}[H(-\mathrm{i}\omega_k)H(\mathrm{i}\omega_k)\mathrm{e}^{\mathrm{i}\tau\omega_k},\omega_k]=\sum_{k=3}^{4}\frac{(\omega_n^2-2\mathrm{i}\zeta\omega_n\omega_k)(\omega_n^2+2\mathrm{i}\zeta\omega_n\omega_k)\mathrm{e}^{\mathrm{i}\tau\omega_k}}{2(\omega_k-\mathrm{i}\zeta\omega_n)[(\omega_k+\mathrm{i}\zeta\omega_n)^2-\omega_d^2]}$$

并且有

$$\frac{(\omega_n^2-2\mathrm{i}\zeta\omega_n\omega_3)(\omega_n^2+2\mathrm{i}\zeta\omega_n\omega_3)\mathrm{e}^{\mathrm{i}\tau\omega_3}}{2(\omega_3-\mathrm{i}\zeta\omega_n)[(\omega_3+\mathrm{i}\zeta\omega_n)^2-\omega_d^2]}$$
$$=\frac{[\omega_n^2+2(\zeta\omega_n)^2-2\mathrm{i}\zeta\omega_n\omega_d][\omega_n^2-2(\zeta\omega_n)^2+2\mathrm{i}\zeta\omega_n\omega_d]\mathrm{e}^{\mathrm{i}\omega_d\tau}\mathrm{e}^{-\zeta\omega_n\tau}}{2\omega_d[-4(\zeta\omega_n)^2+4\mathrm{i}\zeta\omega_n\omega_d]}$$

$$\frac{(\omega_n^2-2\mathrm{i}\zeta\omega_n\omega_4)(\omega_n^2+2\mathrm{i}\zeta\omega_n\omega_4)\mathrm{e}^{\mathrm{i}\tau\omega_4}}{2(\omega_4-\mathrm{i}\zeta\omega_n)[(\omega_4+\mathrm{i}\zeta\omega_n)^2-\omega_d^2]}$$
$$=\frac{[\omega_n^2+2(\zeta\omega_n)^2+2\mathrm{i}\zeta\omega_n\omega_d][\omega_n^2-2(\zeta\omega_n)^2-2\mathrm{i}\zeta\omega_n\omega_d]\mathrm{e}^{-\mathrm{i}\omega_d\tau}\mathrm{e}^{-\zeta\omega_n\tau}}{-2\omega_d[-4(\zeta\omega_n)^2-4\mathrm{i}\zeta\omega_n\omega_d]}$$

为了简化方便，令

$$z=(\zeta\omega_n)^2+\mathrm{i}\zeta\omega_n\omega_d,\quad \bar{z}=(\zeta\omega_n)^2-\mathrm{i}\zeta\omega_n\omega_d$$

即有

$$(\zeta\omega_n)^2=\frac{1}{2}(z+\bar{z}),\quad \zeta\omega_n\omega_d=\frac{1}{2\mathrm{i}}(z-\bar{z}),\quad z\bar{z}=(\zeta\omega_n)^4+(\zeta\omega_n\omega_d)^2=\zeta^2\omega_n^4$$

则

$$\frac{(\omega_n^2-2\mathrm{i}\zeta\omega_n\omega_3)(\omega_n^2+2\mathrm{i}\zeta\omega_n\omega_3)\mathrm{e}^{\mathrm{i}\tau\omega_3}}{2(\omega_3-\mathrm{i}\zeta\omega_n)[(\omega_3+\mathrm{i}\zeta\omega_n)^2-\omega_d^2]}=\frac{(\omega_n^4 z-4\bar{z}\bar{z}z)\mathrm{e}^{\mathrm{i}\omega_d\tau}\mathrm{e}^{-\zeta\omega_n\tau}}{-8\omega_d\bar{z}z}$$
$$\frac{(\omega_n^2-2\mathrm{i}\zeta\omega_n\omega_4)(\omega_n^2+2\mathrm{i}\zeta\omega_n\omega_4)\mathrm{e}^{\mathrm{i}\tau\omega_4}}{2(\omega_4-\mathrm{i}\zeta\omega_n)[(\omega_4+\mathrm{i}\zeta\omega_n)^2-\omega_d^2]}=\frac{(\omega_n^4\bar{z}-4zz\bar{z})\mathrm{e}^{-\mathrm{i}\omega_d\tau}\mathrm{e}^{-\zeta\omega_n\tau}}{8\omega_d\bar{z}z}$$

因此，进一步简化为

$$\sum_{k=3}^{4}\mathrm{Res}[H(-\mathrm{i}\omega_k)H(\mathrm{i}\omega_k)\mathrm{e}^{\mathrm{i}\tau\omega_k},\omega_k]$$
$$=-\mathrm{i}\frac{(1+4\zeta^2)\omega_n}{4\zeta}\cos(\omega_d\tau)\mathrm{e}^{-\zeta\omega_n\tau}-\mathrm{i}\frac{(1-4\zeta^2)\omega_n}{4\sqrt{1-\zeta^2}}\sin(\omega_d\tau)\mathrm{e}^{-\zeta\omega_n\tau}$$

可得系统输出的相关函数为

$$\begin{aligned}R_x(\tau)&=\mathrm{i}S_0\sum_{k=3}^{4}\mathrm{Res}[H(-\mathrm{i}\omega_k)H(\mathrm{i}\omega_k)\mathrm{e}^{\mathrm{i}\tau\omega_k},\omega_k]\\&=S_0\frac{(1+4\zeta^2)\omega_n}{4\zeta}\cos(\omega_d\tau)\mathrm{e}^{-\zeta\omega_n\tau}+S_0\frac{(1-4\zeta^2)\omega_n}{4\sqrt{1-\zeta^2}}\sin(\omega_d\tau)\mathrm{e}^{-\zeta\omega_n\tau}\\&=\left[\frac{(1+4\zeta^2)}{4\zeta}\cos(\omega_d\tau)+\frac{(1-4\zeta^2)}{4\sqrt{1-\zeta^2}}\sin(\omega_d\tau)\right]\mathrm{e}^{-\zeta\omega_n\tau}S_0\sqrt{\frac{k}{m}}\end{aligned}\tag{2.35}$$

式中，振动固有频率 $\omega_n=\sqrt{k/m}$；相关函数 $R_x(\tau)$ 为偶函数。上述公式是在 $\tau>0$

的情况下得到的。

令系统输出相关函数的系数为

$$C_x(\tau)=\left[\frac{(1+4\zeta^2)}{4\zeta}\cos(\omega_d\tau)+\frac{(1-4\zeta^2)}{4\sqrt{1-\zeta^2}}\sin(\omega_d\tau)\right]e^{-\zeta\omega_n\tau} \tag{2.36}$$

该系数取决于 ζ 和 $\omega_d\tau$（与 ω_d 取值无关）。图 2-23 为相关函数的系数 $C_x(\tau)$ 随着时间 $\omega_d\tau$ 变化的曲线。由该图可见，随着 $\omega_d\tau$ 增大，$C_x(\tau)$ 逐渐减小，并且阻尼比 ζ 越大，$C_x(\tau)$ 减小越明显。

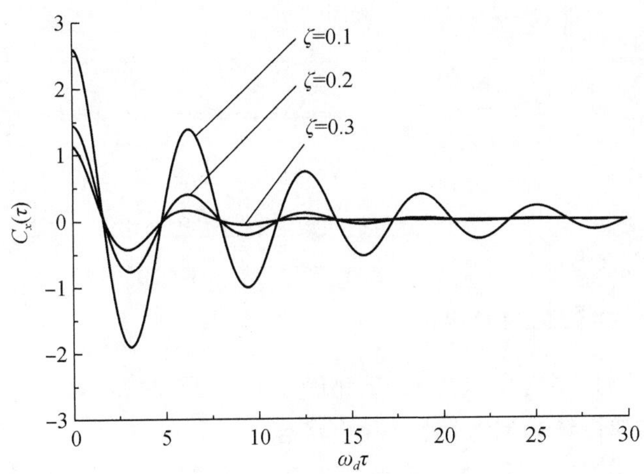

图 2-23　相关函数的系数随着时间变化曲线

系统输出是零均值的平稳随机过程，方差为

$$R_x(0)=\frac{1+4\zeta^2}{4\zeta}S_0\omega_n=\frac{1+4\zeta^2}{4\zeta}S_0\sqrt{\frac{k}{m}} \tag{2.37}$$

方差的系数为

$$C_x(0)=\frac{1+4\zeta^2}{4\zeta} \tag{2.38}$$

图 2-24 为方差的系数 $C_x(0)$ 随着阻尼比 ζ 变化的曲线。由该图可见，随着阻尼比 ζ 增大，$C_x(0)$ 逐渐减小，当阻尼比 $\zeta=0.5$ 时最小值为 $C_x(0)=1$。

由上述分析可知，对于随机性位移激励下强迫振动，具有以下结论：

(1) 在随机性位移激励下，测量系统振动也是随机性振动，位移激励的方差越大，系统输出的方差也越大。这说明需要隔振平台抑制位移激励，尽量减小其方差。

(2) 减小隔振物体的刚度系数和增大隔振物体的阻尼比，可减小系统输出的方差。

(3) 增大测量系统质量，可减小系统输出的方差。

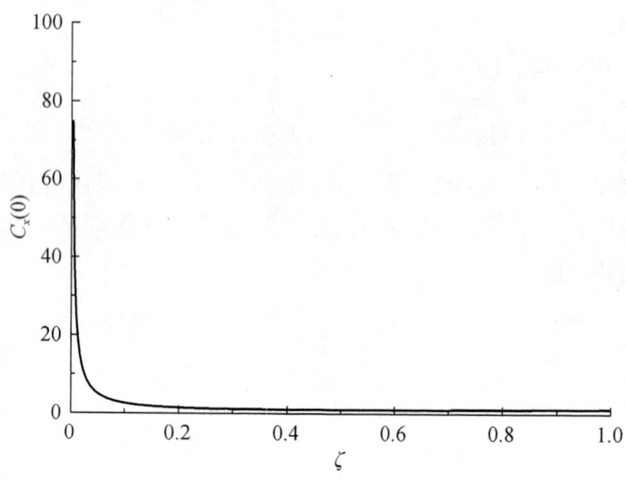

图 2-24 方差的系数随着阻尼比变化

2.4.3 随机性外力激励的影响

图 2-17 中，测量系统质量为 m，基座固定不动，隔振物体可看做刚度系数为 k、阻尼系数为 c 的弹性体，开始都处于静止状态。

受外力 $f(t)$ 的作用，测量系统 m 产生振动，位移为 x。测量系统 m 的振动方程为

$$m\ddot{x}+c\dot{x}+kx=f(t) \tag{2.39}$$

引入振动固有频率 $\omega_n=\sqrt{k/m}$ 和阻尼比 $\zeta=c/(2\sqrt{km})$，可得

$$\ddot{x}+2\zeta\omega_n\dot{x}+\omega_n^2x=\frac{f(t)}{m}$$

设初始条件为零的情况下，外力激励 $f(t)$ 的拉普拉斯变换为 $L[f(t)]=F(s)$，位移 x 的拉普拉斯变换为 $L(x)=X(s)$，振动方程两边取拉普拉斯变换，可得

$$(s^2+2\zeta\omega_n s+\omega_n^2)X(s)=\frac{F(s)}{m}$$

传递函数为

$$H(s)=\frac{1}{m}\frac{1}{s^2+2\zeta\omega_n s+\omega_n^2}=\frac{1}{m\omega_d}\frac{\omega_d}{(s+\zeta\omega_n)^2+\omega_d^2} \tag{2.40}$$

取拉普拉斯反变换，可得系统的单位脉冲响应为

$$h(t)=\frac{1}{m\omega_d}\mathrm{e}^{-\zeta\omega_n t}\sin(\omega_d t)$$

为了讨论方便，设系统输入 $f(t)$ 是均值为零的白噪声，功率谱密度 $S_f(\omega)=S_0$（常数），则相关函数 $R_f(\tau)=S_0\delta(\tau)$，即有

$$\mu_f=0\,,\quad R_f(\tau)=S_0\delta(\tau)$$

此时系统输出也是平稳过程 $x(t)$，其均值为零。系统输出的功率谱密度为

$$S_x(\omega)=H(-\mathrm{i}\omega)H(\mathrm{i}\omega)S_f(\omega)$$

其中

$$\begin{aligned}H(-\mathrm{i}\omega)H(\mathrm{i}\omega)&=\left(\frac{1}{m}\right)^2\frac{1}{(\omega^2+2\mathrm{i}\zeta\omega_n\omega-\omega_n^2)(\omega^2-2\mathrm{i}\zeta\omega_n\omega-\omega_n^2)}\\&=\left(\frac{1}{m}\right)^2\frac{1}{[(\omega+\mathrm{i}\zeta\omega_n)^2-\omega_d^2][(\omega-\mathrm{i}\zeta\omega_n)^2-\omega_d^2]}\end{aligned}$$

令 $(\omega+\mathrm{i}\zeta\omega_n)^2-\omega_d^2=0$，可得

$$\omega_{1,2}=\pm\omega_d-\mathrm{i}\zeta\omega_n$$

令 $(\omega-\mathrm{i}\zeta\omega_n)^2-\omega_d^2=0$，可得

$$\omega_{3,4}=\pm\omega_d+\mathrm{i}\zeta\omega_n$$

系统输出的相关函数为

$$R_x(\tau)=\frac{1}{2\pi}\int_{-\infty}^{\infty}S_x(\omega)\mathrm{e}^{\mathrm{i}\tau\omega}\mathrm{d}\omega=\frac{S_0}{2\pi}\int_{-\infty}^{\infty}H(-\mathrm{i}\omega)H(\mathrm{i}\omega)\mathrm{e}^{\mathrm{i}\tau\omega}\mathrm{d}\omega$$

由于被积分函数是有理函数，分母阶数高于分子，在实轴上没有极点，因此采用留数定理，上式可表示为

$$\begin{aligned}R_x(\tau)&=\frac{S_0}{2\pi}\int_{-\infty}^{\infty}H(-\mathrm{i}\omega)H(\mathrm{i}\omega)\mathrm{e}^{\mathrm{i}\tau\omega}\mathrm{d}\omega\\&=\frac{S_0}{2\pi}2\pi\mathrm{i}\sum_{k=1}^{4}\mathrm{Res}[H(-\mathrm{i}\omega_k)H(\mathrm{i}\omega_k)\mathrm{e}^{\mathrm{i}\tau\omega_k},\omega_k]\end{aligned}$$

式中，$\tau>0$ 的情况取上半复平面的极点，即 $\omega_{3,4}=\pm\omega_d+\mathrm{i}\zeta\omega_n$，可得

$$R_x(\tau)=\mathrm{i}S_0\sum_{k=3}^{4}\mathrm{Res}[H(-\mathrm{i}\omega_k)H(\mathrm{i}\omega_k)\mathrm{e}^{\mathrm{i}\tau\omega_k},\omega_k]$$

其中

$$\begin{aligned}&\sum_{k=3}^{4}\mathrm{Res}[H(-\mathrm{i}\omega_k)H(\mathrm{i}\omega_k)\mathrm{e}^{\mathrm{i}\tau\omega_k},\omega_k]\\&=\sum_{k=3}^{4}\mathrm{Res}\left\{\left(\frac{1}{m}\right)^2\frac{\mathrm{e}^{\mathrm{i}\tau\omega_k}}{[(\omega_k+\mathrm{i}\zeta\omega_n)^2-\omega_d^2][(\omega_k-\mathrm{i}\zeta\omega_n)^2-\omega_d^2]},\omega_k\right\}\end{aligned}$$

当 $\omega_{3,4}=\pm\omega_d+\mathrm{i}\zeta\omega_n$ 时，分母为零但分母导数不为零，可简化为

$$\begin{aligned}&\sum_{k=3}^{4}\mathrm{Res}[H(-\mathrm{i}\omega_k)H(\mathrm{i}\omega_k)\mathrm{e}^{\mathrm{i}\tau\omega_k},\omega_k]\\&=\sum_{k=3}^{4}\left(\frac{1}{m}\right)^2\frac{\mathrm{e}^{\mathrm{i}\tau\omega_k}}{2(\omega_k-\mathrm{i}\zeta\omega_n)[(\omega_k+\mathrm{i}\zeta\omega_n)^2-\omega_d^2]}\end{aligned}$$

并且有

$$\left(\frac{1}{m}\right)^2\frac{\mathrm{e}^{\mathrm{i}\tau\omega_3}}{2(\omega_3-\mathrm{i}\zeta\omega_n)[(\omega_3+\mathrm{i}\zeta\omega_n)^2-\omega_d^2]}=\left(\frac{1}{m}\right)^2\frac{\mathrm{e}^{\mathrm{i}\omega_d\tau}\mathrm{e}^{-\zeta\omega_n\tau}}{2\omega_d[-4(\zeta\omega_n)^2+4\mathrm{i}\zeta\omega_n\omega_d]}$$

$$\left(\frac{1}{m}\right)^2 \frac{\mathrm{e}^{\mathrm{i}\tau\omega_4}}{2(\omega_4-\mathrm{i}\zeta\omega_n)[(\omega_4+\mathrm{i}\zeta\omega_n)^2-\omega_d^2]}=\left(\frac{1}{m}\right)^2 \frac{\mathrm{e}^{-\mathrm{i}\omega_d\tau}\mathrm{e}^{-\zeta\omega_n\tau}}{-2\omega_d[-4(\zeta\omega_n)^2-4\mathrm{i}\zeta\omega_n\omega_d]}$$

为了简化方便，令

$$z=(\zeta\omega_n)^2+\mathrm{i}\zeta\omega_n\omega_d,\quad \bar{z}=(\zeta\omega_n)^2-\mathrm{i}\zeta\omega_n\omega_d$$

可得

$$(\zeta\omega_n)^2=\frac{1}{2}(z+\bar{z}),\quad \zeta\omega_n\omega_d=\frac{1}{2\mathrm{i}}(z-\bar{z}),\quad z\bar{z}=(\zeta\omega_n)^4+(\zeta\omega_n\omega_d)^2=\zeta^2\omega_n^4$$

因此

$$\left(\frac{1}{m}\right)^2 \frac{\mathrm{e}^{\mathrm{i}\omega_d\tau}\mathrm{e}^{-\zeta\omega_n\tau}}{2\omega_d[-4(\zeta\omega_n)^2+4\mathrm{i}\zeta\omega_n\omega_d]}=\left(\frac{1}{m}\right)^2 \frac{z[\cos(\omega_d\tau)+\mathrm{i}\sin(\omega_d\tau)]\mathrm{e}^{-\zeta\omega_n\tau}}{-8\omega_d\bar{z}z}$$

$$\left(\frac{1}{m}\right)^2 \frac{\mathrm{e}^{-\mathrm{i}\omega_d\tau}\mathrm{e}^{-\zeta\omega_n\tau}}{-2\omega_d[-4(\zeta\omega_n)^2-4\mathrm{i}\zeta\omega_n\omega_d]}=\left(\frac{1}{m}\right)^2 \frac{\bar{z}[\cos(\omega_d\tau)-\mathrm{i}\sin(\omega_d\tau)]\mathrm{e}^{-\zeta\omega_n\tau}}{8\omega_d\bar{z}z}$$

则

$$\sum_{k=3}^{4}\mathrm{Res}[H(-\mathrm{i}\omega_k)H(\mathrm{i}\omega_k)\mathrm{e}^{\mathrm{i}\tau\omega_k},\omega_k]$$
$$=-\mathrm{i}\left(\frac{1}{m}\right)^2\frac{1}{4\zeta\omega_n^3}\cos(\omega_d\tau)\mathrm{e}^{-\zeta\omega_n\tau}-\mathrm{i}\frac{1}{4\sqrt{1-\zeta^2}\,\omega_n^3}\sin(\omega_d\tau)\left(\frac{1}{m}\right)^2\mathrm{e}^{-\zeta\omega_n\tau}$$

可得系统输出的相关函数为

$$\begin{aligned}R_x(\tau)&=\mathrm{i}S_0\sum_{k=3}^{4}\mathrm{Res}[H(-\mathrm{i}\omega_k)H(\mathrm{i}\omega_k)\mathrm{e}^{\mathrm{i}\tau\omega_k},\omega_k]\\&=\left(\frac{1}{m}\right)^2\frac{1}{4\zeta\omega_n^3}\cos(\omega_d\tau)\mathrm{e}^{-\zeta\omega_n\tau}S_0+\frac{1}{4\sqrt{1-\zeta^2}\,\omega_n^3}\sin(\omega_d\tau)\mathrm{e}^{-\zeta\omega_n\tau}S_0\left(\frac{1}{m}\right)^2\\&=\left[\frac{1}{4\zeta}\cos(\omega_d\tau)+\frac{1}{4\sqrt{1-\zeta^2}}\sin(\omega_d\tau)\right]\mathrm{e}^{-\zeta\omega_n\tau}S_0\frac{1}{m^{1/2}k^{3/2}}\end{aligned}\tag{2.41}$$

式中，振动固有频率 $\omega_n=\sqrt{k/m}$；相关函数 $R_x(\tau)$ 为偶函数。上述公式是在 $\tau>0$ 的情况下得到的。

令系统输出相关函数的系数为

$$C_x(\tau)=\left[\frac{1}{4\zeta}\cos(\omega_d\tau)+\frac{1}{4\sqrt{1-\zeta^2}}\sin(\omega_d\tau)\right]\mathrm{e}^{-\zeta\omega_n\tau}\tag{2.42}$$

该系数取决于 ζ 和 $\omega_d\tau$（与 ω_d 取值无关）。图 2-25 为相关函数的系数 $C_x(\tau)$ 随着时间 $\omega_d\tau$ 变化的曲线。由该图可见，随着 $\omega_d\tau$ 增大，$C_x(\tau)$ 逐渐减小，并且阻尼比 ζ 越大，$C_x(\tau)$ 减小越明显。

系统输出是零均值的平稳随机过程，方差为

$$R_x(0)=\frac{1}{4\zeta}\mathrm{e}^{-\zeta\omega_n\tau}S_0\frac{1}{m^{1/2}k^{3/2}}\tag{2.43}$$

方差的系数为

$$C_x(0)=\frac{1}{4\zeta} \tag{2.44}$$

图 2-26 为方差的系数 $C_x(0)$ 随着阻尼比 ζ 变化的曲线。由该图可见，随着阻尼比 ζ 增大，$C_x(0)$ 逐渐减小，当阻尼比 $\zeta \geqslant 0.25$ 时 $C_x(0) \leqslant 1$。

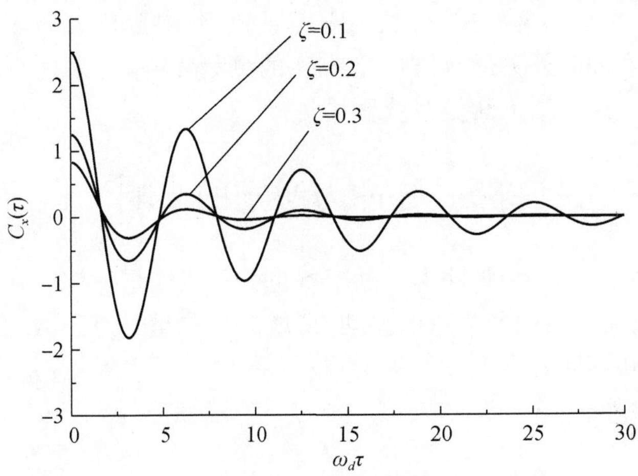

图 2-25　相关函数的系数随着时间变化的曲线

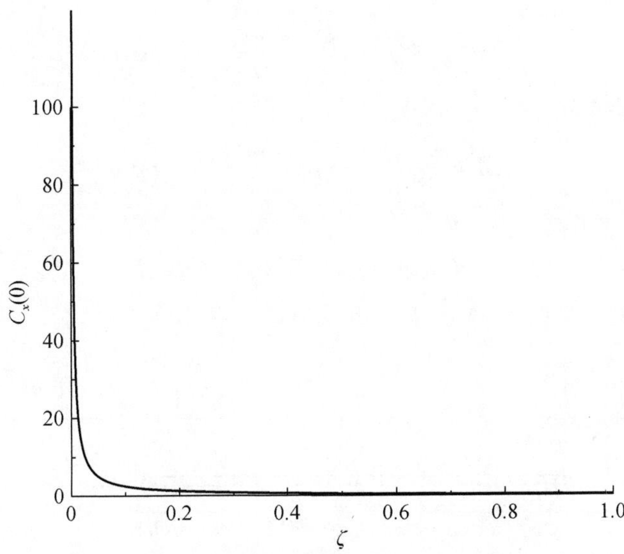

图 2-26　方差的系数随着阻尼比变化的曲线

由上述分析可知，对于随机性外力激励下的强迫振动，具有以下结论：

(1) 随机性外力激励下，测量系统振动也是随机性振动，外力激励的方差越大，系统输出的方差也越大。

(2) 增大隔振物体的刚度系数和隔振物体的阻尼比，可减小系统输出的方差。

(3) 增大测量系统质量，可减小系统输出的方差。

综上所述，在随机性位移激励和外力激励下，将产生随机性测量噪声。抑制位移激励方向上产生的测量噪声，可采用刚度系数小、阻尼比大的隔振物体，并且增大测量系统质量；抑制外力激励方向上产生的测量噪声，可采用刚度系数大、阻尼比大的隔振物体，并且增大测量系统质量。

2.5 脉冲力激励的影响

在推力和冲量测量中，脉冲力激励干扰也会造成测量噪声。在脉冲力作用下，测量系统的杆和梁等结构产生弯曲振动，造成高频测量噪声。因此，有必要讨论和分析脉冲力激励的影响。

2.5.1 弯曲振动方程

如图 2-27 所示，圆截面简支梁的长度为 h，圆截面直径为 d，密度为 ρ_h，弹性模量为 E，抗弯刚度为 EI，单位长度质量为 ρ_l，在单位长度外载荷 $g(z,t)$ 作用下，简支梁的弯曲振动方程为

$$\mathrm{EI}\,\frac{\partial^4 y(z,t)}{\partial^4 z}+\rho_l\,\frac{\partial^2 y(z,t)}{\partial^2 t}=g(z,t) \tag{2.45}$$

弯曲自由振动方程为

$$\mathrm{EI}\,\frac{\partial^4 y(z,t)}{\partial^4 z}+\rho_l\,\frac{\partial^2 y(z,t)}{\partial^2 t}=0 \tag{2.46}$$

边界条件为

$$y(0,t)=0,\quad y''_z(0,t)=0 \tag{2.47}$$

$$y(h,t)=0,\quad y''_z(h,t)=0 \tag{2.48}$$

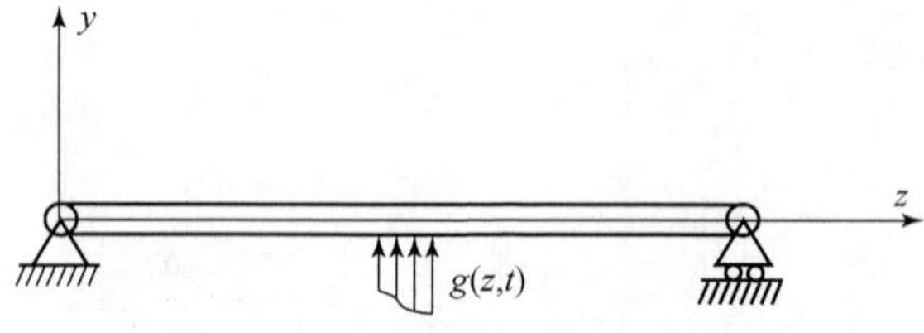

图 2-27 简支梁弯曲振动的示意图

脉冲力是瞬间作用力，作用效果可用其产生的冲量表示。简支梁开始为静止状态，在 $z=h/2$ 处，存在瞬间作用的脉冲力，其瞬间作用冲量为 S，单位长度的冲量

为 $S\delta(z-h/2)$，在 $z=h/2$ 处取单位长度杆，根据动量增量等于外力冲量，有

$$\rho_l y'_t\left(\frac{h}{2},0\right)=S\delta\left(z-\frac{h}{2}\right),\quad y'_t\left(\frac{h}{2},0\right)=\left(\frac{S}{\rho_l}\right)\delta\left(z-\frac{h}{2}\right)$$

此时，初始条件为

$$y(z,0)=0,\quad y'_t\left(\frac{z}{2},0\right)=\frac{S}{\rho_l}\delta\left(z-\frac{h}{2}\right)$$

2.5.2 脉冲力作用下的方程解

简支梁在 $z=h/2$ 处有冲量为 S 的脉冲力作用，弯曲振动方程的解为

$$y(z,t)=\frac{2S}{h\rho_l}\sum_{k=0}^{\infty}(-1)^k\sin\frac{(2k+1)\pi}{h}z\,\frac{\sin(\omega_{2k+1}t)}{\omega_{2k+1}} \tag{2.49}$$

在 $z=h/2$ 处的位移为

$$y\left(\frac{h}{2},t\right)=\frac{2S}{h\rho_l}\sum_{k=0}^{\infty}\frac{\sin(\omega_{2k+1}t)}{\omega_{2k+1}}=\frac{2S}{h\rho_l}\left[\frac{\sin(\omega_1 t)}{\omega_1}+\frac{\sin(\omega_3 t)}{\omega_3}+\frac{\sin(\omega_5 t)}{\omega_5}+\cdots\right] \tag{2.50}$$

其中

$$\omega_{2k+1}=(2k+1)^2\omega_1,\quad \omega_1=\left(\frac{\pi}{h}\right)^2\sqrt{\frac{EI}{\rho_l}}$$

式中，简支梁质量为 $m=h\rho_l$。

【例题 1】 简支梁为钢材制作，弹性模量 $E=200\text{GPa}$，直径 $d=5\text{mm}$，长度 $h=10\text{cm}$，密度 $\rho_h=7800\ \text{kg/m}^3$，惯性矩 $I=\pi d^4/64$，单位长度质量 $\rho_l=\pi d^2\rho_h/4$，弯曲振动的基频为

$$\omega_1=\left(\frac{\pi}{h}\right)^2\sqrt{\frac{Ed^2}{16\rho_h}}=\left(\frac{\pi}{0.1}\right)^2\sqrt{\frac{200\times10^9\times(5\times10^{-3})^2}{16\times7800}}\approx 6247(\text{rad/s})$$

因此，脉冲力产生的弯曲振动造成测量系统的高频测量噪声，增大简支梁抗弯刚度和简支梁质量，可减小振动的幅值。

2.6 环境干扰造成的测量噪声表示

前面分析和讨论了环境干扰产生的影响、造成的测量噪声特点，以及测量噪声的抑制方法，有必要进行概括总结，并进一步讨论环境造成的测量噪声的描述方法。

2.6.1 环境测量噪声和抑制方法

环境干扰分为位移激励、外力激励、脉冲力激励、残留周期性振动等干扰，造成的测量噪声特点不同，测量噪声抑制方法也不同，如表 2-1 所示。为了减小残留周期性振动影响，测量系统需要专门的阻尼器，抑制周期性振动的幅值。

表 2-1　环境干扰造成的测量噪声

环境干扰		测量噪声	抑制方法
位移激励	周期性	小幅值高频噪声(与频率比有关) 大幅值低频噪声(接近激励幅值)	隔振平台:减小激励幅值 隔振物体:减小刚度系数和增大阻尼比
	随机性	随机性测量噪声	测量系统:增大系统质量
外力激励	周期性	小幅值高频噪声(与频率比有关) 大幅值低频噪声(接近激励幅值)	隔振物体:增大阻尼比
	随机性	随机性测量噪声	测量系统:增大系统质量
	脉冲	小幅值高频噪声	弯曲部件:增大抗弯刚度和部件质量
残留周期性振动		周期性噪声	阻尼部件:增大阻尼比

总之,抑制环境噪声的方法有以下几种:

(1) 采用隔振平台,尽量减小位移激励和外力激励影响。

(2) 增大测量系统的质量,在测量系统和隔振平台接触界面采用阻尼比较大的隔振物体。

(3) 测量系统在被测推力或冲量作用下产生弯曲振动的部件,尽量增大部件的抗弯刚度和质量。

(4) 测量系统采用阻尼器设计,尽量减小残留周期性振动的影响。

2.6.2　环境测量噪声表示

受环境干扰影响,周期性测量噪声可用正弦或余弦函数近似表示,如

$$\Delta\theta_{cp}(t)=A_{cp}\sin(\omega_{cp}t+\alpha_{cp})$$

式中,A_{cp} 为幅值,与环境干扰严重程度有关; ω_{cp} 为振动频率。

受环境干扰影响,随机性测量噪声表示为

$$\Delta\theta_{cr}(t)\sim N(0,\sigma_{cr}^2)$$

即表示为零均值正态分布随机变量。

一般的环境测量噪声包括周期性噪声分量和随机性噪声分量,环境测量噪声表示为

$$\Delta\theta_c(t)=\Delta\theta_{cp}(t)+\Delta\theta_{cr}(t)=A_{cp}\sin(\omega_{cp}t+\alpha_{cp})+N(0,\sigma_{cr}^2)$$

一般为了讨论问题方便,可将周期性和随机性测量噪声综合起来,采用等方差的随机过程表示为

$$\Delta\theta_c(t)\sim N(0,\sigma^2)$$

并且

$$E[\Delta\theta_c(t)]=0,\quad E[\Delta\theta_c(t)\Delta\theta_c(\tau)]=\begin{cases}\sigma^2, & t=\tau\\ 0, & t\neq\tau\end{cases}$$

式中，σ^2 覆盖了周期性噪声分量和随机性噪声分量的变化范围。

参考文献

[1]杨元侠．微牛顿量级推进器的推力性能研究[D]. 武汉：华中科技大学，2012.
[2]岑继文，徐进良．真空环境下微推力测量的研究[J]. 宇航学报，2008，29(2)：237-241,252.
[3]岑继文，徐进良．一种微推力测量的简化处理方法[J]. 航空学报，2008，29(2)：297-303.
[4]方娟．扭摆微冲量测试系统的研究[D]. 北京：中国人民解放军装备学院，2007.
[5]洪延姬，周伟静，王广宇．微推力测量方法及其关键问题分析[J]. 航空学报，2013，34(10)：2287-2299.
[6]洪延姬，金星．微推力和微冲量测量方法[M]. 北京：国防工业出版社，2014.

第3章　系统参数测量原理和方法

在推力和冲量测量过程中，除了环境干扰造成测量噪声，位移传感器和标定力等干扰也会造成测量噪声，对系统参数的测量产生影响，因此需要了解和掌握这种测量噪声的影响规律。

系统参数的测量是确定测量系统振动微分方程系数的过程，是推力和冲量测量的首要步骤，系统参数的测量精度直接影响推力和冲量的测量精度。

3.1　系统参数的测量原理

推力和冲量测量的基本原理是：根据测量系统在推力和冲量作用下产生的系统响应，通过建立推力和冲量与系统响应之间的定量关系，分析和计算推力和冲量的测量值。即根据系统响应，计算推力和冲量。

在推力和冲量计算之前，首先需要通过实验测量，标定测量系统的未知参数，并且给出系统参数的标定误差，为推力和冲量测量和误差分析奠定基础。

不同测量系统虽然运动方程不同，但是系统参数的测量原理和标定方法类似。下面以典型的扭摆测量系统为例，讨论系统参数的测量原理。

3.1.1　扭摆振动方程

设扭摆系统的阻尼系数为 c，阻尼产生的力矩为 $-c\dot{\theta}$，扭转角 θ 所产生的扭矩为 $M=-k\theta$（k 为扭转刚度系数），扭摆系统的转动惯量为 J。向扭摆系统施加垂直于横梁的作用力 $f(t)$（$0\leqslant t\leqslant T_0$），$T_0$ 为力的作用时间，力臂为 L_f，扭摆系统振动方程为

$$J\ddot{\theta}+c\dot{\theta}+k\theta=f(t)L_f,\quad 0\leqslant t\leqslant T_0 \tag{3.1}$$

扭摆系统的固有振动频率为

$$\omega_n=\sqrt{\frac{k}{J}} \tag{3.2}$$

扭摆系统的阻尼比为

$$\zeta=\frac{c}{2J\omega_n}=\frac{c}{2\sqrt{Jk}} \tag{3.3}$$

扭摆振动方程可改写为

$$\ddot{\theta}+2\zeta\omega_n\dot{\theta}+\omega_n^2\theta=\frac{L_f}{J}f(t) \tag{3.4}$$

式中，阻尼比 ζ 为无量纲量，$0<\zeta<1$ 时为有阻尼自由振动，$\zeta=0$ 时为无阻尼自由振动。扭摆系统的振动频率为

$$\omega_d=\sqrt{1-\zeta^2}\,\omega_n \tag{3.5}$$

设推力 $f(t)$ 的拉普拉斯变换为 $F(s)=L[f(t)]$，系统响应 $\theta(t)$ 的拉普拉斯变换为 $\Theta(s)=L[\theta(t)]$，由扭摆振动方程可得传递函数为

$$H(s)=\frac{L_f}{J\omega_d}\frac{\omega_d}{(s+\zeta\omega_n)^2+\omega_d^2}$$

两边取拉普拉斯反变换，可得系统单位脉冲响应函数为

$$h(t)=\frac{L_f}{J\omega_d}\mathrm{e}^{-\zeta\omega_n t}\sin(\omega_d t) \tag{3.6}$$

因此，扭摆系统振动方程解的卷积表达式为

$$\begin{aligned}\theta(t)&=\frac{L_f}{J\omega_d}\int_0^t f(\tau)\mathrm{e}^{-\zeta\omega_n(t-\tau)}\sin[\omega_d(t-\tau)]\mathrm{d}\tau\\&=\frac{L_f}{J\omega_d}\int_0^t f(t-\tau)\mathrm{e}^{-\zeta\omega_n\tau}\sin(\omega_d\tau)\mathrm{d}\tau\end{aligned} \tag{3.7}$$

该式反映了扭转角和作用力之间的动态关系。基于该式通过测量系统响应 $\theta(t)$，可计算分析作用力 $f(t)$。

根据测量得到的系统响应 $[t,\theta(t)]$ 变化曲线，计算未知推力 $f(t)$ 之前需要确定转动惯量 J、扭转刚度系数 k、阻尼比 ζ、振动频率 ω_d、固有振动频率 ω_n 等未知系统参数。

式(3.4)建立了作用力 $f(t)$ 和扭转角 $\theta(t)$［包括 $\dot{\theta}(t)$ 和 $\ddot{\theta}(t)$］之间的瞬间动态关系，如果作用力缓慢加载，可使得 $\dot{\theta}(t)\to 0$ 和 $\ddot{\theta}(t)\to 0$，进而可得

$$\theta(t)=\frac{L_f}{J\omega_n^2}f(t)=\frac{L_f}{k}f(t) \tag{3.8}$$

作用力缓慢加载时，扭转角随着作用力变化的关系称为测量系统的静态响应。

3.1.2　系统参数测量

系统参数测量通常采用阶跃力响应方法[1-4]。对扭摆系统施加已知阶跃力 $f(t)=f_0$（常数），系统响应为

$$\theta(t)=\frac{f_0L_f}{J\omega_d}\int_0^t \mathrm{e}^{-\zeta\omega_n\tau}\sin(\omega_d\tau)\mathrm{d}\tau$$

根据公式

$$\int \mathrm{e}^{ax}\sin(bx)\mathrm{d}x=\frac{\mathrm{e}^{ax}}{a^2+b^2}[a\sin(bx)-b\cos(bx)]$$

可得阶跃力作用下扭转振动方程为

$$\begin{cases} \theta(t)=\dfrac{f_0L_f}{J\omega_n^2}-\dfrac{f_0L_f}{J\omega_d\omega_n}\mathrm{e}^{-\zeta\omega_n t}\sin(\omega_d t+\alpha) \\ \alpha=\arctan\dfrac{\omega_d}{\zeta\omega_n}=\arctan\dfrac{\sqrt{1-\zeta^2}}{\zeta} \end{cases} \tag{3.9}$$

当时间足够长时,稳态扭转角为

$$\theta(\infty)=\lim_{t\to\infty}\theta(t)=\frac{f_0L_f}{J\omega_n^2}=\frac{f_0L_f}{k} \tag{3.10}$$

式中,$k=J\omega_n^2$ 为扭转刚度系数。

阶跃力作用下扭摆系统响应如图 3-1 所示。系统参数测量就是根据系统响应特点,构造系统参数测量方法。通常是根据极值点和稳态扭转角特征进行系统参数测量。

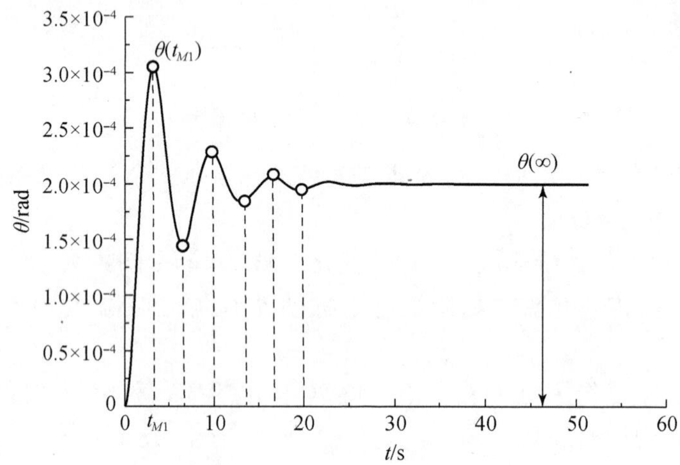

图 3-1　阶跃力作用下的系统响应曲线

通过测量稳态扭转角 $\theta(\infty)$ 和已知的标定力 f_0 以及力臂 L_f 的大小,计算扭转刚度系数为

$$k=\frac{f_0L_f}{\theta(\infty)} \tag{3.11}$$

为了测量振动频率和周期,令

$$\frac{\mathrm{d}\theta(t)}{\mathrm{d}t}=\frac{f_0L_f}{J\omega_d}\mathrm{e}^{-\zeta\omega_n t}\sin(\omega_d t)=0$$

设极值点对应时间为 $t_{Mi}(i=1,2,\cdots)$,可得

$$\omega_d t_{Mi}=i\pi,\quad i=1,2,\cdots \tag{3.12}$$

根据式(3.12),通过极值点对应的时间 t_{Mi} 可计算振动频率 ω_d。

通过极值点对应的扭转角计算阻尼比,扭转角极值为

$$
\begin{aligned}
\theta(t_{Mi}) &= \frac{f_0 L_f}{J\omega_n^2} - \frac{f_0 L_f}{J\omega_d\omega_n} e^{-\zeta\omega_n \frac{i\pi}{\omega_d}} \sin(i\pi + \alpha) \\
&= \frac{f_0 L_f}{J\omega_n^2} - (-1)^i \frac{f_0 L_f}{J\omega_n^2} e^{-\frac{\zeta}{\sqrt{1-\zeta^2}} i\pi} \\
&= \theta(\infty) - (-1)^i \theta(\infty) e^{-\frac{\zeta}{\sqrt{1-\zeta^2}} i\pi}
\end{aligned}
\tag{3.13}
$$

根据式(3.13)，通过极值点对应的扭转角 $\theta(t_{Mi})$ 和稳态扭转角 $\theta(\infty)$，可计算阻尼比 ζ。

振动频率 ω_d、阻尼比 ζ 和扭转刚度系数 k 是基本系统参数，其他系统参数可由它们间接计算。固有频率计算公式为

$$
\omega_n = \frac{\omega_d}{\sqrt{1-\zeta^2}} \tag{3.14}
$$

转动惯量计算公式为

$$
J = \frac{k}{\omega_n^2} = \frac{k(1-\zeta^2)}{\omega_d^2} \tag{3.15}
$$

由上述分析可知：

(1) 根据阶跃力、系统响应的极值点和稳态扭转角特征，可分析和计算系统参数。根据稳态扭转角，计算扭转刚度系数；根据极大值点对应的时间，计算振动频率；根据极大值点对应的扭转角，计算阻尼比。

(2) 系统参数包括振动频率、阻尼比和扭转刚度系数，其他系统参数可由它们间接计算。

(3) 系统参数测量中的阶跃力用于系统参数的标定，因此称为标定力，标定力的精度直接影响系统参数标定精度；系统响应测量中采用位移传感器测量扭转角，位移传感器的精度直接影响系统参数标定精度。

3.2　位移传感器造成的测量噪声

系统响应中，扭转角采用位移传感器测量，因此位移传感器测量精度也直接影响系统参数的标定精度。通过提高位移测量精度，可提高扭转角测量精度。一般采用高精度位移传感器测量位移，由于在测量前已修正位移传感器的系统误差，因此只考虑位移传感器的随机误差影响。

3.2.1　位移传感器的测量误差

设位移理论值(真实位移)为 h_s，位移传感器的实际测量值为 H_s，测量误差为 Δh_s，包括系统误差 Δh_{ss} 和随机误差 Δh_{sr}，系统误差修正后剩下随机误差，位移实际测量值为

$$H_s = h_s + \Delta h_s = h_s + \Delta h_{ss} + \Delta h_{sr} \approx h_s + \Delta h_{sr}$$

由于位移传感器测量误差直接影响系统参数标定误差，以及推力和冲量测量误差，因此位移传感器使用前必须修正其系统误差，此时可认为测量误差 Δh_s 就是随机误差 Δh_{sr}。

图 3-2 为位移传感器的输入与输出曲线。通过传感器标定，建立位移 h_s 与电压的关系 $V=g(h_s)$，实际测量中，根据电压测量值 V，由关系式 $V=g(h_s)$ 确定位移 $H_s=g^{-1}(V)$，实际测量值 $H_s=g^{-1}(V)$ 与理论值 h_s 之差就是测量误差。

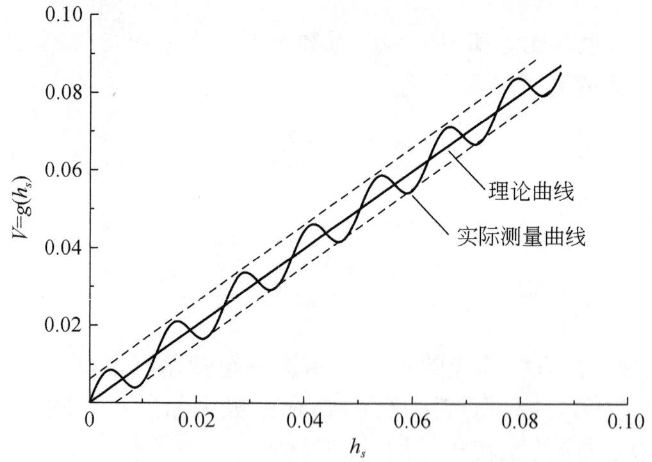

图 3-2　位移传感器的输入与输出曲线

在建立关系式 $V=g(h_s)$ 的过程中，逐渐增大和减小位移，反复测量，确定平均位置曲线和重复性误差。并且要求传感器具有足够的分辨率，以准确测量位移。

3.2.2　扭转角的测量噪声

如图 3-3 所示，位移传感器的测量臂为 L_s，测量位移为 h_s，扭摆横梁的扭转角为

$$\begin{cases} \tan\theta = \dfrac{h_s}{L_s} \\ \theta = \arctan\dfrac{h_s}{L_s} \end{cases} \tag{3.16}$$

位移传感器的测量误差为 Δh_s（随机误差），造成的扭转角测量误差为

$$\Delta\theta_s = \frac{\tan\theta}{1+\tan^2\theta}\frac{\Delta h_s}{h_s}$$

扭转角测量值为

$$\Theta = \theta + \Delta\theta_s \tag{3.17}$$

式中，Θ 为实际测量值；θ 为理论值（真实值）；$\Delta\theta_s$ 为扭转角测量误差（随机误差），即位移传感器的随机误差，该误差造成扭转角的测量噪声。

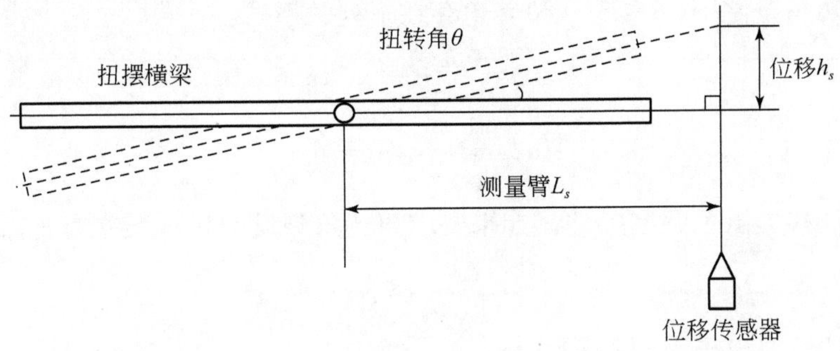

图 3-3　位移传感器测量扭转角

扭转角测量的相对误差为

$$\frac{\Delta\theta_s}{\theta}=\frac{\tan\theta}{\theta(1+\tan^2\theta)}\frac{\Delta h_s}{h_s}=K_\theta\frac{\Delta h_s}{h_s} \tag{3.18}$$

式中

$$K_\theta=\frac{\tan\theta}{\theta(1+\tan^2\theta)}$$

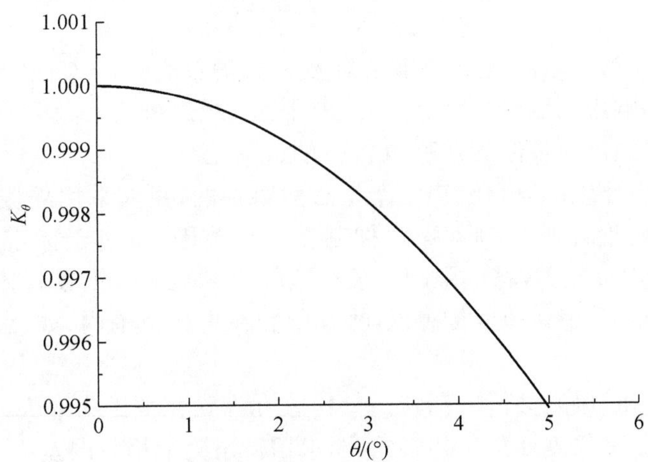

图 3-4　系数 K_θ 随着扭转角 θ 的变化曲线

图 3-4 为系数 K_θ 随着扭转角 θ 的变化曲线。当 $\theta\leqslant 5°$ 时 $K_\theta\geqslant 0.995$，因此在小扭转角条件下（$\theta\leqslant 5°$），扭转角测量的相对误差可近似为

$$\frac{\Delta\theta_s}{\theta}\approx\frac{\Delta h_s}{h_s} \tag{3.19}$$

即在小扭转角条件下，由位移传感器随机误差造成的扭转角相对误差与扭转角相对随机误差相等。

小扭转角条件下（$\theta \leqslant 5°$），扭转角存在下列关系式：

$$\begin{cases} \tan\theta = \dfrac{(h_s)_{\max}}{L_s} \leqslant \tan 5° \\ \dfrac{(h_s)_{\max}}{L_s} \leqslant 0.087 \end{cases} \tag{3.20}$$

这对最大位移提出了限制条件。如果要求扭转角测量的相对误差为 ε_s，那么有

$$\frac{\Delta h_s}{(h_s)_{\min}} \leqslant \varepsilon_s \tag{3.21}$$

这对最小位移提出了限制条件。

因此，位移测量区间 $[(h_s)_{\min}, (h_s)_{\max}]$ 是满足小扭转角和扭转角测量误差要求的有效测量区间，对应的扭转角测量的有效区间为

$$\begin{cases} \theta_{\min} = \arctan\left[\dfrac{(h_s)_{\min}}{L_s}\right] \\ \theta_{\max} = \arctan\left[\dfrac{(h_s)_{\max}}{L_s}\right] \end{cases} \tag{3.22}$$

设扭转角的理论值为 θ，环境干扰造成的测量噪声为 $\Delta\theta_c$，标定力干扰造成的测量噪声为 $\Delta\theta_f$，位移传感器干扰造成的测量噪声为 $\Delta\theta_s$，则实际的扭转角测量值为

$$\Theta = \theta + \Delta\theta_c + \Delta\theta_f + \Delta\theta_s$$

在微推力和微冲量测量中，实际系统响应的测量值（$\Theta = \theta + \Delta\theta_c + \Delta\theta_f + \Delta\theta_s$）很小，实际系统响应的测量噪声 $\Delta\theta_c + \Delta\theta_f + \Delta\theta_s$ 严重影响了微推力和微冲量的计算误差，因此必须严格控制测量噪声 $\Delta\theta_c + \Delta\theta_f + \Delta\theta_s$。

一般情况下环境的测量噪声 $\Delta\theta_c$ 是必然存在的，只能采用隔振平台、防护罩、测量系统的结构设计等将测量噪声抑制在一定范围内；对于标定力的测量噪声 $\Delta\theta_f$，采用高精度标定力，将其限制在较小范围内，如 $\Delta\theta_f < \Delta\theta_c$；对于位移传感器的测量噪声 $\Delta\theta_s$，采用高精度传感器，将其限制在更小范围内，如 $\Delta\theta_c/10 \leqslant \Delta\theta_s \leqslant \Delta\theta_c/5$。

【例题 1】 已知位移传感器探头处位移允许变化范围为 $[(h_s)_{\min}, (h_s)_{\max}] = [0, 1\text{mm}]$，为了高精度地测量扭转角，要求扭转角测量相对误差小于10^{-4}，令位移传感器的误差限 $\Delta h_s = 30\text{nm}$，试对位移传感器进行设计。

解：(1) 位移最小为 $(h_s)_{\min}$ 时，传感器误差造成扭转角测量最大相对误差，令

$$\frac{\Delta h_s}{(h_s)_{\min}} \leqslant 10^{-4}$$

将 $\Delta h_s = 30\text{nm}$ 代入上式，可得

$$(h_s)_{\min} \geqslant \frac{30 \times 10^{-6}}{10^{-4}} = 0.3(\text{mm})$$

即只有位移大于 0.3mm，扭转角测量相对误差才能小于10^{-4}。

(2) 小扭转角条件($\theta \leqslant 5°$)为

$$\frac{(h_s)_{\max}}{L_s} \leqslant 0.087$$

将 $(h_s)_{\max}=2\text{mm}$ 代入上式，可得

$$L_s \geqslant \frac{1}{0.087} \approx 11.5(\text{mm})$$

即测量臂长度应不小于 11.5mm。

(3) 在位移传感器误差限 $\Delta h_s=30\text{nm}$、最小位移$(h_s)_{\min}=0.3\text{mm}$、最大位移$(h_s)_{\max}=1\text{mm}$ 条件下，由位移传感器误差造成的扭转角测量误差为

$$\begin{cases} \dfrac{(\Delta\theta)_{s,\max}}{\theta_{\min}} \approx \dfrac{\Delta h_s}{(h_s)_{\min}} = \dfrac{30\times 10^{-6}}{0.3} = 10^{-4} \\ \dfrac{(\Delta\theta)_{s,\min}}{\theta_{\max}} \approx \dfrac{\Delta h_s}{(h_s)_{\max}} = \dfrac{30\times 10^{-6}}{1} = 3\times 10^{-5} \end{cases}$$

由上述分析可得以下结论：

(1) 位移传感器的随机误差造成扭转角的测量噪声。位移传感器在使用前必须通过标定来修正系统误差并确定随机误差。此时，在小扭转角条件下，由位移传感器随机误差造成的扭转角相对误差与传感器相对随机误差相等。

(2) 为了高精度测量扭转角，位移传感器随机误差应小于环境噪声误差的若干倍。

(3) 扭转角测量的有效区间取决于位移测量的有效区间。位移测量的有效区间取决于小扭转角条件和位移传感器的随机误差。

3.2.3　位移传感器的安装误差

位移传感器偏离横梁对称面的安装误差也影响扭转角的测量，安装误差包括传感器的位置安装误差和探测方向误差。

1. 参考平面的选择

如图 3-5 所示，扭摆的横梁垂直固定在转动轴上，O_1O_2 为转动轴线，$abcdefg$ 为通过转动轴线的横梁对称面。将通过扭摆转动轴线的横梁对称面作为参考平面，简称为横梁对称面。

当传感器探测方向垂直横梁对称面，并且测量横梁对称面上的位移(传感器的测量点在横梁对称面上)时，扭转角为

$$\theta = \arctan\frac{h_s}{L_s} = \frac{h_s}{L_s} - \frac{1}{3}\left(\frac{h_s}{L_s}\right)^3 + \frac{1}{5}\left(\frac{h_s}{L_s}\right)^5 - \frac{1}{7}\left(\frac{h_s}{L_s}\right)^7 + \cdots,\quad |h_s/L_s| \leqslant 1$$

工程中为了计算方便，采用如下的近似公式：

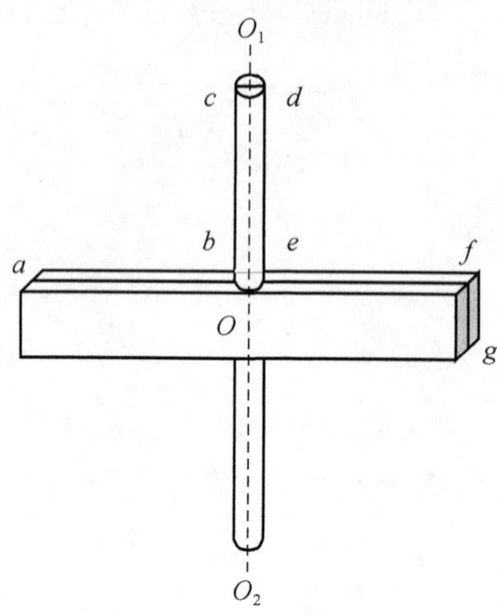

图 3-5　横梁对称面的示意图

$$\theta \approx \frac{h_s}{L_s}$$

计算表明，当扭转角 $\theta \leqslant 5°$时，相对误差小于 0.255%；当扭转角 $\theta \leqslant 3°$时，相对误差小于 0.1%，因此小扭转角条件下可采用近似计算公式。

2. 传感器安装误差分析

位移传感器的安装误差包括探测方向误差和位置误差。探测方向误差是指传感器探测方向偏离横梁对称面的法向误差；位置误差是指探测点偏离横梁对称面的误差。

如图 3-6 所示，传感器探测方向不垂直横梁对称面，传感器探测沿 DB 方向，探测方向误差角为 α（表示传感器探测方向误差），O 为扭摆横梁的转动中心，$OA = L_s$（测量臂）和 $AB = b_s$（表示传感器位置误差，探测点 B 偏离横梁对称面）。当横梁转

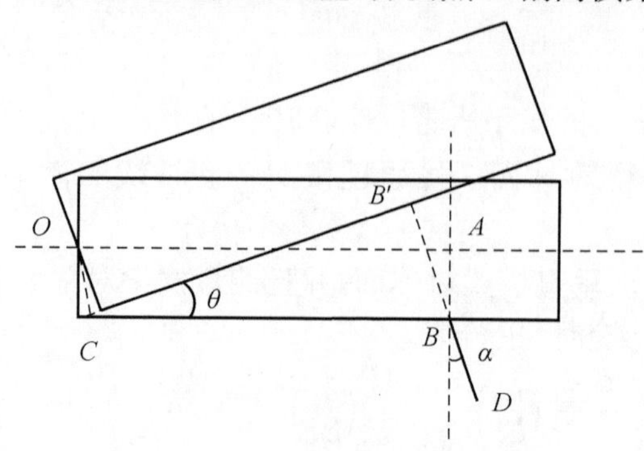

图 3-6　传感器安装误差的示意图

动扭转角为 θ 时，探测方向的距离由 DB 变为 DB'。

设 $BD=h_0$（初始距离），$DB'=h$（转动后距离），位移为 $h_s=h-h_0$，在三角形 $\Delta BCB'$ 中，由正弦定理可知

$$\frac{h_s}{\sin\theta}=\frac{L_s-b_s\tan\dfrac{\theta}{2}}{\sin\left[\pi-\left(\theta+\dfrac{\pi}{2}-\alpha\right)\right]}$$

当扭转角 $\theta\ll 1$ 时，h_s 近似简化为

$$h_s\approx\frac{L_s\sin\theta}{\sin\left(\dfrac{\pi}{2}+\alpha-\theta\right)}=\frac{L_s\sin\theta}{\cos(\alpha-\theta)}\approx\frac{L_s\tan\theta}{\cos\alpha}\approx\frac{L_s\theta}{\cos\alpha}$$

式中，一般方向误差角大于扭转角。

传统的扭转角计算方法以小角度假设为基础，认为扭转角估计值为

$$\theta'=\frac{h_s}{L_s}\approx\frac{\theta}{\cos\alpha}\tag{3.23}$$

显然，在相同扭转角条件下，传感器探测方向垂直横梁对称面时，计算得到的 θ' 最小。

传感器探测方向的误差角 α 造成扭转角估计值的误差，相对误差为

$$\varepsilon_\theta=\frac{\theta'-\theta}{\theta}=\frac{1}{\cos\alpha}-1\tag{3.24}$$

图 3-7 为传感器探测方向的误差角 α 造成的扭转角相对误差 ε_θ。相对误差随着探测方向误差角急剧增大，并且计算表明，如果扭转角测量的相对误差控制在 1%以内，那么传感器探测方向的误差角应小于 8.1°。

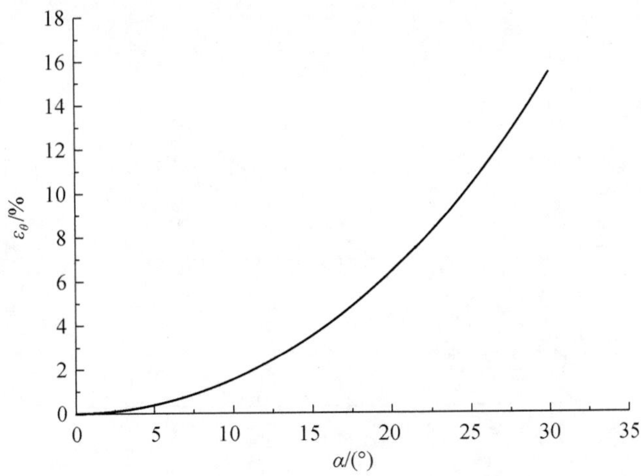

图 3-7　传感器探测方向的误差角造成的扭转角相对误差 ε_θ

由上述分析可知：

(1) 位移传感器安装误差包括探测方向误差和位置误差。在小扭转角条件下，位移传感器位置误差影响可忽略不计，主要考虑探测方向误差的影响。

(2) 位移传感器探测方向误差造成扭转角测量的系统误差。在横梁扭转角相同的条件下，调节传感器探测方向，当扭转角测量值最小时，探测方向垂直横梁对称面。

3.3 标定力造成的测量噪声

由系统参数的标定原理可知，标定力误差将直接影响系统参数的标定精度，并且标定力误差对测量系统响应影响比较复杂，有必要对标定力系统误差和随机误差影响进行分析和讨论。

3.3.1 标定力

在系统参数测量中，标定力 f_0 的精度直接影响系统参数的测量精度，需要对标定力进行精确的标定。标定一般采用砝码方法。

以电磁力作为标定力进行分析，为了提供不同水平的标定力，需要建立标定力与控制电流之间的关系(标定力曲线)，并且给出标定力的误差。

如图 3-8 所示，标定力的控制电流为 I，采用砝码测量不同控制电流下的电磁力，通过线性回归方法，建立标定力与控制电流之间的关系并计算控制误差。一般采用高精度电子秤测量标定力，修正标定力的系统误差，标定力的随机误差根据线性回归误差计算。

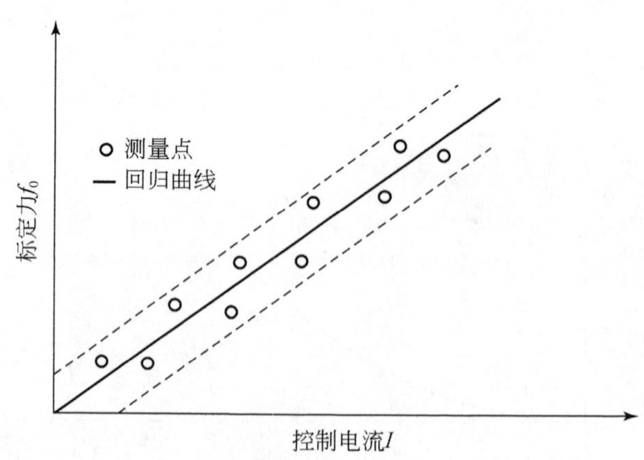

图 3-8 标定力随着控制电流变化的曲线

测量系统参数时，施加标定力需要注意以下几点：

(1) 施加标定力的大小应与被测推力大小相适应。使得系统参数的测量环境与被测推力测量环境尽量接近。被测推力变化较大时,可取推力平均值作为选取标定力的基准。

(2) 对于进程和回程,采用逐渐增大和减小电流的测量方法,能够反映非线性、迟滞性和重复性影响,根据独立重复测量实验,建立标定力与控制电流的关系曲线。

3.3.2　标定力的系统误差

在推力 $f(t)$ 作用下,扭摆振动方程为

$$\ddot{\theta}+2\zeta\omega_n\dot{\theta}+\omega_n^2\theta=\frac{L_f}{J}f(t) \tag{3.25}$$

式中,ζ 为阻尼比;ω_n 为固有振动频率。

设标定力的真值为 f_0,存在系统误差 f_{0S} 和随机误差 $f_{0R}\sim N(0,\sigma_{0R}^2)$,此时标定力表示为

$$f(t)=f_0+f_{0S}+f_{0R} \tag{3.26}$$

产生的理想系统响应为

$$\theta(t)=\frac{f_0L_f}{J\omega_n^2}-\frac{f_0L_f}{J\omega_d\omega_n}\mathrm{e}^{-\zeta\omega_nt}\sin(\omega_dt+\alpha)$$

标定力的系统误差 f_{0S} 产生的系统响应误差为

$$\theta'(t)=\frac{f_{0S}L_f}{J\omega_n^2}-\frac{f_{0S}L_f}{J\omega_d\omega_n}\mathrm{e}^{-\zeta\omega_nt}\sin(\omega_dt+\alpha)$$

产生的扭转角误差为

$$\frac{\theta'(t)}{\theta(t)}=\frac{f_{0S}}{f_0} \tag{3.27}$$

即标定力系统误差放大比等于扭转角误差放大比。

标定力的系统误差 f_{0S} 产生的系统响应误差 $\theta'(t)$ 对理想的系统响应 $\theta(t)$ 的影响如图 3-9 所示。实线为理想的系统响应 $\theta(t)$,虚线为实际的系统响应 $\theta(t)+\theta'(t)$。当标定力系统误差 $f_{0S}>0$ 时,理想的系统响应曲线整体向上移动;当标定力系统误差 $f_{0S}<0$ 时,理想的系统响应曲线整体向下移动。

理想的系统响应曲线整体移动的百分比为 $\theta'(t)/\theta(t)=f_{0S}/f_0$,即正比于标定力系统误差的百分比 f_{0S}/f_0。

由于标定力系统误差产生测量系统响应的系统误差,因此在测量开始之前需要修正标定力的系统误差,标定力系统误差修正之后,可只考虑随机误差的影响。

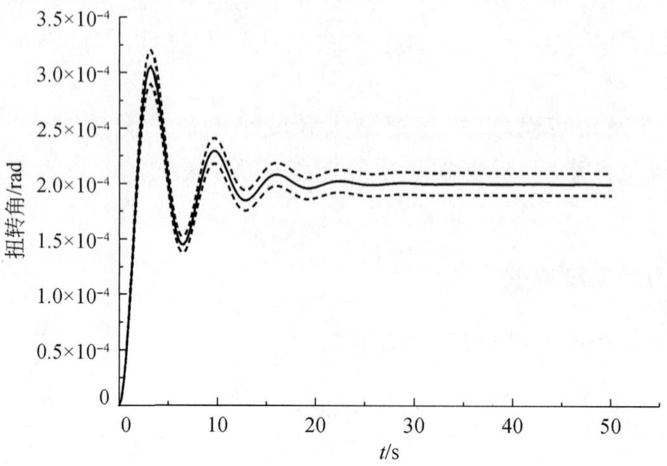

图 3-9 标定力系统误差的影响

3.3.3 标定力的随机误差

在标定力的随机误差 $f_{0R} \sim N(0, \sigma_{0R}^2)$ 作用下，扭摆振动方程为

$$\ddot{\theta} + 2\zeta\omega_n\dot{\theta} + \omega_n^2\theta = \frac{L_f}{J} f_{0R} \tag{3.28}$$

传递函数为

$$H(s) = \frac{L_f}{J\omega_d} \frac{\omega_d}{(s + \zeta\omega_n)^2 + \omega_d^2}$$

由于 $f_{0R} \sim N(0, \sigma_{0R}^2)$ 服从零均值正态分布，相关函数为 $R_f(\tau) = \sigma_{0R}^2\delta(\tau)$，功率谱密度为 $S_f(\omega) = \sigma_{0R}^2$，因此有

$$\begin{cases} \mu_f = 0 \\ R_f(\tau) = \sigma_{0R}^2\delta(\tau) \end{cases}$$

采用 2.4.3 节中随机性外力激励下测量系统响应分析方法，可得系统响应的相关函数为

$$R_x(\tau) = \left[\frac{1}{4\zeta}\cos(\omega_d\tau) + \frac{1}{4\sqrt{1-\zeta^2}}\sin(\omega_d\tau)\right] \mathrm{e}^{-\zeta\omega_n\tau} \frac{L_f^2}{k^{3/2}J^{1/2}}\sigma_{0R}^2$$

方差为

$$R_x(0) = \frac{1}{4\zeta} \frac{L_f^2}{k^{3/2}J^{1/2}}\sigma_{0R}^2$$

显然具有以下结论：

(1) 标定力的系统误差和随机误差引起系统响应误差，从而影响系统参数的标定精度。

(2) 标定力的系统误差引起系统响应的系统误差，因此系统参数标定之前，需要修正标定力系统误差。

(3) 标定力的随机误差造成系统响应的测量噪声，因此标定力的随机误差需要严格控制。抑制标定力随机误差影响的措施为：①减小标定力随机误差；②增大阻尼比、扭转刚度系数和横梁转动惯量；③减小力臂长度。

3.3.4 标定力的安装误差

标定力装置的安装误差也影响扭转角的测量，标定力安装误差包括施力方向误差和位置误差。与此类似的情况是待测推力方向的误差也会影响推力的测量结果。

如图 3-10 所示，由于标定力装置的安装误差，标定力的施力方向偏离横梁对称面法向，标定力施力方向不垂直横梁对称面，造成施力方向误差。标定力方向为 DB，标定力的施力方向误差角为 β，表示施力方向误差，O 为扭摆横梁的转动中心，$OA=L_f$（力臂），$AB=b_f$（表示位置误差，施力点 B 偏离横梁对称面）。当横梁转动扭转角为 θ 时，标定力作用点由 B 点变为 B' 点。显然，标定力的施力方向误差引起标定力的力矩变化。

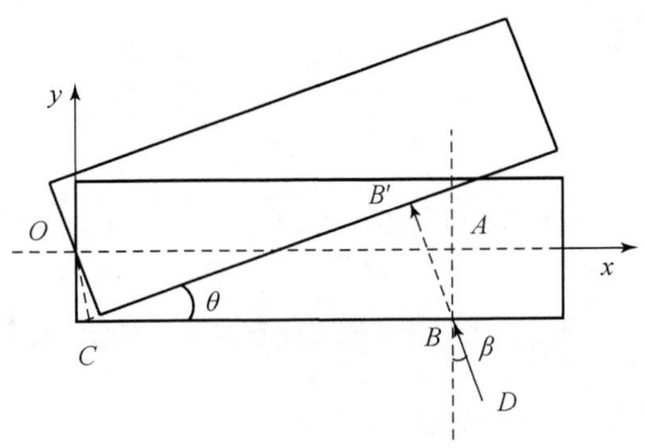

图 3-10　标定力的施力方向误差

在坐标系 xOy 中，B 点坐标为 $(L_f, -b_f)$，直线 DB 的斜率为 $\tan(\pi/2+\beta)=-\cot\beta$，直线 DB 的方程为

$$y+b_f=-(x-L_f)\cot\beta$$

或

$$(\cot\beta)x+y+b_f-(\cot\beta)L_f=0$$

转动中心 $O(0,0)$ 到直线 DB 的距离为

$$d=\frac{|b_f-(\cot\beta)L_f|}{\sqrt{\cot^2\beta+1}}=(\cos\beta)L_f-(\sin\beta)b_f$$

式中，标定力施力方向误差角 β 逆时针旋转为正。此时，在标定力 f_0 作用下，力

矩为

$$M_\beta = f_0[(\cos\beta)L_f - (\sin\beta)b_f]$$

与误差角为零 ($M_{\beta0} = f_0 L_f$) 的理想情况比较，可得

$$\varepsilon_M = \frac{M_\beta - M_{\beta0}}{M_{\beta0}} = \cos\beta - \frac{b_f}{L_f}\sin\beta - 1$$

图 3-11 为标定力力矩的相对误差随着标定力施力方向误差角变化的曲线。当 $b_f/L_f = 0$ 时，施力点在横梁对称面上，随着标定力施力方向误差角绝对值的增大，标定力力矩误差增大，并且力矩误差图形对称；当 $b_f/L_f > 0$ 时，施力点偏离横梁对称面，随着标定力施力方向误差角绝对值的增大，标定力力矩误差增大，但是力矩误差图形不对称。

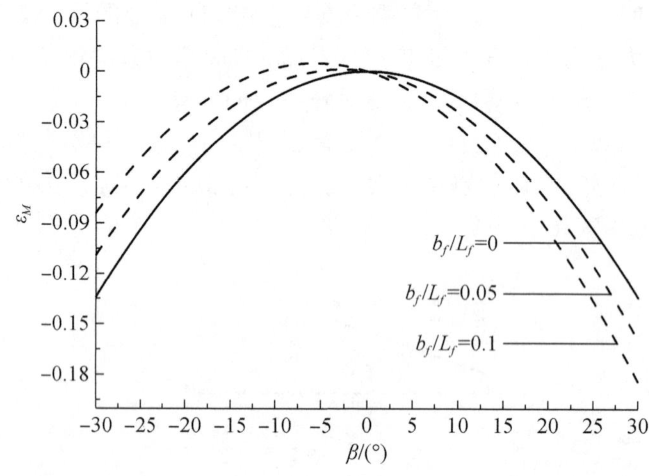

图 3-11 标定力力矩的相对误差随着标定力施力方向误差角变化的曲线

通过上述分析可得出以下结论：

(1) 标定力的位置误差对系统参数标定产生影响，在扭摆结构设计上应保证标定力施力点位置在横梁对称面上，以减小标定力位置误差的影响。

(2) 标定力施力点在横梁对称面条件下，当标定力方向垂直横梁对称面时，标定力产生力矩或位移最大，这是调整标定力垂直横梁对称面的基本依据。

3.3.5 标定力的漂移

除了上面讨论的问题，标定力随着时间漂移也是影响系统参数测量的重要因素。设理想的标定力为 f_0，由于标定力随着时间漂移，因此实际的标定力为 $f_0(1+Ct^m)$，标定力的实际力矩为

$$M_\theta = f_0 L_f(1 + Ct^m) \tag{3.29}$$

式中，C 和 m 为常数，用于表征标定力随着时间漂移的变化程度。

图 3-12 为标定力随着时间漂移变化的曲线。其中，水平线为阶跃力(作为对比参考)。由该图可以看出，当 $C=0.01$、$m=1.0$ 和 $C=0.01$、$m=1.5$ 时，标定力均存在逐渐增大的漂移现象。

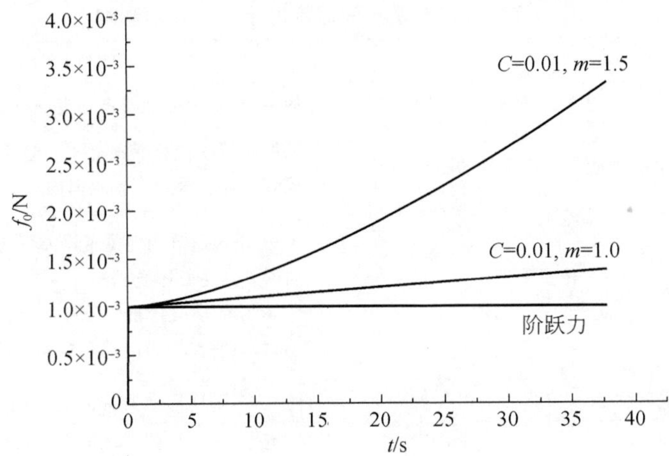

图 3-12　标定力随着时间漂移的变化曲线

如图 3-13 所示，由于标定力存在随着时间逐渐增大的漂移变化，因此扭摆系统响应曲线也出现逐渐增大的情况，进入稳态以后，扭转角也逐渐增大，并且稳态扭转角近似为线性变化。

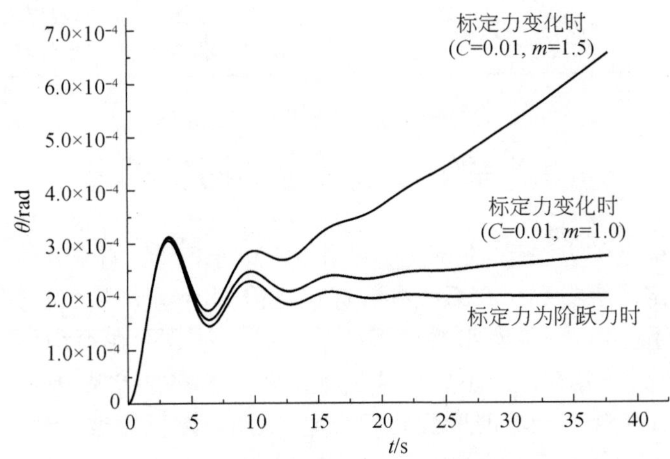

图 3-13　扭转角随着时间变化的曲线

上述讨论说明：

(1) 标定力存在漂移时，扭摆系统响应曲线可反映上述漂移造成的影响。

(2) 产生恒定不变的高质量标定力是系统参数测量的关键。

位移传感器和标定力干扰对位移测量影响较大,其造成的影响及抑制方法如表 3-1 所示。

表 3-1　位移传感器和标定力干扰造成的影响

干扰因素		影响	抑制方法
位移传感器	系统误差	造成位移测量的系统误差	使用前,采用标准器具标定,修正系统误差
	随机误差	造成位移测量的随机误差	采用高精度位移传感器,尽量减小随机误差,应控制在环境噪声误差限以内
	安装误差	① 位置误差; ② 探测方向误差	① 小扭转角范围内位置误差可忽略不计,探测方向误差是主要影响因素; ② 在相同横梁扭转角条件下,当扭转角测量值最小时,表明探测方向垂直横梁对称面
标定力	系统误差	造成位移的系统误差	使用前,采用标准器具标定,修正系统误差
	随机误差	造成位移的随机误差	标定力:采用高精度标定力,尽量减小随机误差; 结构设计:增大扭转刚度系数和横梁转动惯量,增大阻尼比,减小力臂长度
	安装误差	① 位置误差; ② 施力方向误差	① 结构设计上,应保证标定力施力点位置在横梁对称面上,以消除位置误差; ② 在相同标定力条件下,当位移测量值最大时,表明标定力方向垂直横梁对称面
	漂移	造成位移的漂移	扭转角出现漂移现象时,标定力就存在漂移,消除标定力漂移产生的原因

3.4　系统参数标定的测量噪声

系统参数标定的方法是:在标定力的作用下,利用系统响应的极值点和稳态扭转角特征来确定系统参数。在系统参数标定过程中,测量环境、位移传感器和标定力等都造成测量噪声,测量噪声造成系统响应的测量数据在平均位置附近上下波动,这种测量数据的分散性或不确定性是测量噪声影响的结果,具有一定的统计分布规律。研究测量噪声随着时间变化的规律,以及对测量数据产生的影响,对系统参数标定和推力测量具有重要意义。

为了讨论方便,可将周期性和随机性测量噪声综合起来,采用等方差的随机变量表示。环境造成的测量噪声为

$$\Delta\theta_c(t) \sim N(0,\sigma_c^2)$$

位移传感器造成的测量噪声为

$$\Delta\theta_s(t) \sim N(0,\sigma_s^2)$$

标定力造成的测量噪声为

$$\Delta\theta_f(t) \sim N(0,\sigma_f^2)$$

设理想扭转角为 $\theta(t)$，测量噪声为 $\Delta\theta(t)$，实际扭转角为

$$\Theta(t) = \theta(t) + \Delta\theta(t)$$

式中，总的测量噪声为 $\Delta\theta(t) = \Delta\theta_c(t) + \Delta\theta_s(t) + \Delta\theta_f(t)$。

测量噪声随着时间变化，按照所处状态可划分为初始状态、受力状态和恢复状态。由于测量噪声在不同状态随着时间变化的规律不同，因此造成的测量数据的分散性不同。测量噪声的变化规律如图 3-14 所示。

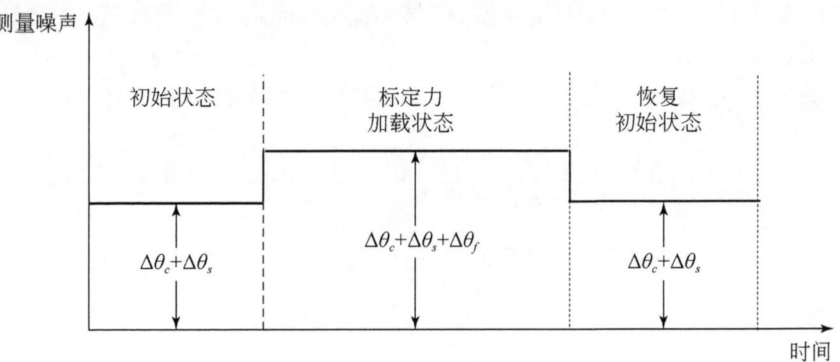

图 3-14　测量噪声的变化规律

在三个状态中，初始状态的波动干扰幅度较小，是测量系统的基本状态；受力状态的波动幅度较大，是测量状态(取决于标定力误差大小)。

在标定力作用下系统参数标定过程中，由于存在测量噪声 $\Delta\theta(t_i)$，因此实际测量数据 $[t_i,\Theta(t_i)](i=1,2,\cdots)$ 在理想值 $\theta(t_i)$ 附近上下波动，造成测量数据的分散，给极值点对应扭转角和时间、稳态扭转角的判读造成随机性误差，影响系统参数的标定结果。

根据实际测量数据 $[t_i,\Theta(t_i)](i=1,2,\cdots)$ 标定阻尼比、振动频率和扭转刚度系数等系统参数，具体过程为：

(1) 位移传感器通过标定来修正系统误差和确定随机误差，并修正探测方向误差。

(2) 标定力通过标定来修正系统误差和确定随机误差，结构设计上标定力作用点设置在横梁对称面上，以修正位置误差，并修正施力方向误差。

(3) 施加标定力，测量得到阶跃力作用下系统响应数据 $[t_i,\Theta(t_i)](i=1,2,\cdots)$(即系统响应曲线)。

(4) 系统响应数据 $[t_i,\Theta(t_i)](i=1,2,\cdots)$ 通过平滑处理(如采用正交多项式局部滑动拟合方法)寻找平衡位置曲线，以便尽量接近理想值 $\theta(t_i)$。

(5) 根据平滑后数据判读极值点对应扭转角和时间与稳态扭转角等特征点数据,采用统计分析方法,计算系统参数的均值和标准差。

(6) 根据估算的系统参数得到平均位置曲线的估计值 $\hat{\theta}(t_i)(i=1,2,\cdots)$,再与系统响应数据$[t_i,\Theta(t_i)](i=1,2,\cdots)$ 比较,按照最小二乘法,进一步修正系统参数(可采用反复迭代方法),使得 $\hat{\theta}(t_i)$ 最佳地逼近理论值 $\theta(t_i)$,最后根据残差 $\hat{\theta}(t_i)-\Theta(t_i)$ 计算扭转角测量噪声 $\Delta\theta(t_i)$ 的方差。

3.5 系统参数标定中测量噪声的影响

系统参数标定过程中,测量环境、位移传感器、标定力等干扰造成测量噪声,引起系统参数标定的误差。

在标定力 f_0 作用下,真实扭转角 $\theta(t)$ 随着时间呈非线性变化,为

$$\begin{cases}\theta(t)=\dfrac{f_0L_f}{J\omega_n^2}-\dfrac{f_0L_f}{J\omega_d\omega_n}\mathrm{e}^{-\frac{\zeta}{\sqrt{1-\zeta^2}}\omega_d t}\sin(\omega_d t+\alpha)\\ \alpha=\arctan\dfrac{\sqrt{1-\zeta^2}}{\zeta}\end{cases} \tag{3.30}$$

其导数为

$$\frac{\mathrm{d}\theta(t)}{\mathrm{d}t}=\frac{f_0L_f}{J\omega_d}\mathrm{e}^{-\frac{\zeta}{\sqrt{1-\zeta^2}}\omega_d t}\sin(\omega_d t)$$

$$\frac{\mathrm{d}^2\theta(t)}{\mathrm{d}t^2}=-\frac{f_0L_f}{J\sqrt{1-\zeta^2}}\mathrm{e}^{-\frac{\zeta}{\sqrt{1-\zeta^2}}\omega_d t}\sin(\omega_d t-\alpha)$$

在标定力 f_0 作用下,实际扭转角 $\Theta(t)$ 随着时间呈非线性变化,其表达式为

$$\Theta(t)=\frac{f_0L_f}{J\omega_n^2}-\frac{f_0L_f}{J\omega_d\omega_n}\mathrm{e}^{-\frac{\zeta}{\sqrt{1-\zeta^2}}\omega_d t}\sin(\omega_d t+\alpha)+\Delta\theta(t) \tag{3.31}$$

式中,测量噪声为 $\Delta\theta(t)\sim N(0,\sigma^2)$,是零均值正态分布随机变量。由于式(3.30)和式(3.31)是非线性关系,因此造成系统参数标定误差分析困难。为了便于分析和讨论,将其在特征点处泰勒展开为简单的近似关系。

在特征点 t_0 处,真实扭转角 $\theta(t)$ 的二阶近似展开为

$$\theta(t)\approx\theta(t_0)+\left[\frac{\mathrm{d}\theta(t)}{\mathrm{d}t}\right]_{t=t_0}(t-t_0)+\frac{1}{2}\left[\frac{\mathrm{d}^2\theta(t)}{\mathrm{d}t^2}\right]_{t=t_0}(t-t_0)^2 \tag{3.32}$$

实际扭转角 $\Theta(t)$ 的近似展开为

$$\Theta(t)=\theta(t_0)+\left[\frac{\mathrm{d}\theta(t)}{\mathrm{d}t}\right]_{t=t_0}(t-t_0)+\frac{1}{2}\left[\frac{\mathrm{d}^2\theta(t)}{\mathrm{d}t^2}\right]_{t=t_0}(t-t_0)^2+\Delta\theta(t) \tag{3.33}$$

式中,测量噪声为 $\Delta\theta(t)\sim N(0,\sigma^2)$。

3.5.1　对稳态扭转角的影响

当考察时间足够长时，实际稳态扭转角为

$$\Theta(\infty)=\frac{f_0L_f}{J\omega_n^2}+\Delta\theta(t)=\theta(\infty)+\Delta\theta(t) \tag{3.34}$$

式中，真实稳态扭转角为 $\theta(\infty)=f_0L_f/(J\omega_n^2)$。实际稳态扭转角的均值和方差为

$$\begin{cases}E[\Theta(\infty)]=\theta(\infty)\\ \sigma_{\Theta(\infty)}^2=\sigma^2\end{cases}$$

式中，$E(\cdot)$ 为取均值运算。显然，实际稳态扭转角的方差就是测量噪声的方差，测量噪声越大，实际稳态扭转角的测量误差越大。

3.5.2　对稳态点对应时间的影响

对于扭转角的稳态点，有 $\omega_d t_{0i}+\alpha=i\pi(i=1,2,\cdots)$，$t_{0i}(i=1,2,\cdots)$ 为真实扭转角的稳态点对应时间，有

$$\theta(t_{0i})=\theta(\infty)=\frac{f_0L_f}{J\omega_n^2}$$

$$\left[\frac{\mathrm{d}\theta(t)}{\mathrm{d}t}\right]_{t=t_{0i}}=(-1)^{i+1}\frac{f_0L_f}{J\omega_d}\sqrt{1-\zeta^2}\,\mathrm{e}^{-\frac{\zeta}{\sqrt{1-\zeta^2}}(i\pi-\alpha)}$$

在稳态点对应时间 $t_{0i}(i=1,2,\cdots)$ 处，实际扭转角的一阶近似表达式为

$$\Theta(t)=\frac{f_0L_f}{J\omega_n^2}+(-1)^{i+1}\frac{f_0L_f}{J\omega_d}\sqrt{1-\zeta^2}\,\mathrm{e}^{-\frac{\zeta}{\sqrt{1-\zeta^2}}(i\pi-\alpha)}(t-t_{0i})+\Delta\theta(t)$$

实际测量得到的稳态点对应时间为 T_{0i}，满足 $\Theta(T_{0i})=f_0L_f/(J\omega_n^2)$，则有

$$(-1)^{i+1}\frac{f_0L_f}{J\omega_d}\sqrt{1-\zeta^2}\,\mathrm{e}^{-\frac{\zeta}{\sqrt{1-\zeta^2}}(i\pi-\alpha)}(T_{0i}-t_{0i})+\Delta\theta(T_{0i})=0$$

简化可得

$$T_{0i}=t_{0i}+(-1)^i\frac{J\omega_d}{f_0L_f\sqrt{1-\zeta^2}}\mathrm{e}^{\frac{\zeta}{\sqrt{1-\zeta^2}}(i\pi-\alpha)}\Delta\theta(T_{0i}) \tag{3.35}$$

由于测量噪声服从零均值的正态分布 $\Delta\theta(t)\sim N(0,\sigma^2)$，因此 T_{0i} 也服从正态分布，其均值和方差分别为

$$\begin{cases}E(T_{0i})=t_{0i}\\ \sigma_{T_{0i}}^2=\left[\dfrac{J\omega_d}{f_0L_f\sqrt{1-\zeta^2}}\mathrm{e}^{\frac{\zeta}{\sqrt{1-\zeta^2}}(i\pi-\alpha)}\right]^2\sigma^2\end{cases} \tag{3.36}$$

给定概率 p 的置信区间为

$$\begin{aligned}t_{0i}-\left[\frac{J\omega_d}{f_0L_f\sqrt{1-\zeta^2}}\mathrm{e}^{\frac{\zeta}{\sqrt{1-\zeta^2}}(i\pi-\alpha)}\right]u_{(1+p)/2}\sigma&\leqslant T_{0i}\\ \leqslant t_{0i}+\left[\frac{J\omega_d}{f_0L_f\sqrt{1-\zeta^2}}\mathrm{e}^{\frac{\zeta}{\sqrt{1-\zeta^2}}(i\pi-\alpha)}\right]u_{(1+p)/2}\sigma&\end{aligned} \tag{3.37}$$

式中，$u_{(1+p)/2}$ 为给定概率 $(1+p)/2$ 的标准正态分布的下侧分位数。当 $p=0.9$ 时，$u_{(1+0.9)/2}=u_{0.95}=1.644854$。

测量噪声造成稳态点对应时间的随机变化，并对系统振动频率和周期的标定造成误差，具体结论为：

(1) 受测量噪声影响，实际扭转角的稳态点对应时间是随机变量。实际扭转角的稳态点对应时间是以真实扭转角的稳态点对应时间为均值的随机变量，并且测量噪声的方差越大，实际扭转角的稳态点对应时间的方差越大。

(2) 在实际扭转角的稳态点对应时间 $T_{0i}(i=1,2,\cdots)$ 中，第一个稳态点对应时间 T_{01} 的方差最小，稳态点对应时间越大，其方差越大。因此，标定振动频率和周期应尽量采用较小的稳态点对应时间。并且阻尼比与稳态点对应时间的方差存在如下关系式：

$$\frac{\sigma_{T_{0i}}}{\sigma_{T_{01}}}=e^{\frac{\zeta}{\sqrt{1-\zeta^2}}(i-1)\pi},\quad i=2,3,\cdots \tag{3.38}$$

由该式可以看出，阻尼比越大，稳态点对应时间越长，其方差会更大。

(3) 实际扭转角的稳态点对应时间的方差，与系统转动惯量、力臂和标定力都有关，并且还与系统振动频率有关，需要具体情况具体分析。

3.5.3 对极值点对应时间的影响

对于扭转角的极值点，$[\mathrm{d}\theta(t)/\mathrm{d}t]_{t=t_{Mi}}=0$，其中 $t_{Mi}(i=1,2,\cdots)$ 为扭转角极值点对应时间，扭转角极值为

$$\theta(t_{Mi})=\frac{f_0L_f}{J\omega_n^2}-(-1)^i\frac{f_0L_f}{J\omega_n^2}e^{-\frac{\zeta}{\sqrt{1-\zeta^2}}i\pi},\quad i=1,2,\cdots \tag{3.39}$$

式中，$\omega_d t_{Mi}=i\pi(i=1,2,\cdots)$，且有

$$\left[\frac{\mathrm{d}\theta(t)}{\mathrm{d}t}\right]_{t=t_{Mi}}=0$$

$$\left[\frac{\mathrm{d}^2\theta(t)}{\mathrm{d}t^2}\right]_{t=t_{Mi}}=(-1)^i\frac{f_0L_f}{J}e^{-\frac{\zeta}{\sqrt{1-\zeta^2}}i\pi}$$

在极值点对应时间 $t_{Mi}(i=1,2,\cdots)$ 处，由于 $[\mathrm{d}\theta(t)/\mathrm{d}t]_{t=t_{Mi}}=0$，因此实际扭转角只能采用二阶近似表达式，即

$$\begin{aligned}\Theta(t)=&\frac{f_0L_f}{J\omega_n^2}-(-1)^i\frac{f_0L_f}{J\omega_n^2}e^{-\frac{\zeta}{\sqrt{1-\zeta^2}}i\pi}\\&+(-1)^i\frac{f_0L_f}{2J}e^{-\frac{\zeta}{\sqrt{1-\zeta^2}}i\pi}(t-t_{Mi})^2+\Delta\theta(t),\quad i=1,2,\cdots\end{aligned} \tag{3.40}$$

实际扭转角的极值点对应时间 $T_{Mi}(i=1,2,\cdots)$ 满足

$$\Theta(T_{Mi})=\frac{f_0L_f}{J\omega_n^2}-(-1)^i\frac{f_0L_f}{J\omega_n^2}e^{-\frac{\zeta}{\sqrt{1-\zeta^2}}i\pi}$$

$$+(-1)^i\frac{f_0L_f}{2J}\mathrm{e}^{-\frac{\zeta}{\sqrt{1-\zeta^2}}i\pi}(T_{Mi}-t_{Mi})^2+\Delta\theta(T_{Mi})\tag{3.41}$$

由于测量噪声服从零均值的正态分布 $\Delta\theta(t)\sim N(0,\sigma^2)$，因此实际扭转角的极值点 $\Theta(T_{Mi})$ 也服从正态分布，其均值和方差分别为

$$E[\Theta(T_{Mi})]=\frac{f_0L_f}{J\omega_n^2}-(-1)^i\frac{f_0L_f}{J\omega_n^2}\mathrm{e}^{-\frac{\zeta}{\sqrt{1-\zeta^2}}i\pi}+(-1)^i\frac{f_0L_f}{2J}\mathrm{e}^{-\frac{\zeta}{\sqrt{1-\zeta^2}}i\pi}(T_{Mi}-t_{Mi})^2$$

$$\sigma^2_{\Theta(T_{Mi})}=\sigma^2$$

当 $T_{Mi}=t_{Mi}$ 时，实际扭转角取极大值或极小值的概率最大，为

$$\Theta(t_{Mi})=\frac{f_0L_f}{J\omega_n^2}-(-1)^i\frac{f_0L_f}{J\omega_n^2}\mathrm{e}^{-\frac{\zeta}{\sqrt{1-\zeta^2}}i\pi}+\Delta\theta(T_{Mi})\tag{3.42}$$

当 $T_{Mi}\neq t_{Mi}$ 时，T_{Mi} 偏离 t_{Mi} 越大，$|\Theta(T_{Mi})|$ 越小，$\Theta(T_{Mi})$ 取极大值或极小值的概率越小，并且有

$$\Theta(T_{Mi})-\Theta(t_{Mi})=(-1)^i\frac{f_0L_f}{2J}\mathrm{e}^{-\frac{\zeta}{\sqrt{1-\zeta^2}}i\pi}(T_{Mi}-t_{Mi})^2+\Delta\theta(T_{Mi})-\Delta\theta(t_{Mi})$$

实际扭转角的极大值或极小值对应时间 T_{Mi} 偏离真实扭转角的极大值或极小值对应时间 t_{Mi} 的概率为

$$P[\Theta(T_{Mi})-\Theta(t_{Mi})<0]\leqslant p,\quad i=1,3,5,\cdots,\text{极大值点}$$

$$P\{-[\Theta(T_{Mi})-\Theta(t_{Mi})]<0\}\leqslant p,\quad i=2,4,6,\cdots,\text{极小值点}$$

对于极大值点($i=1,3,5,\cdots$)，有

$$\begin{cases}P\left[(-1)^i\dfrac{f_0L_f}{2J}\mathrm{e}^{-\frac{\zeta}{\sqrt{1-\zeta^2}}i\pi}(T_{Mi}-t_{Mi})^2+\Delta\theta(T_{Mi})-\Delta\theta(t_{Mi})<0\right]\leqslant p\\ P\left[\Delta\theta(T_{Mi})-\Delta\theta(t_{Mi})<(-1)^{i+1}\dfrac{f_0L_f}{2J}\mathrm{e}^{-\frac{\zeta}{\sqrt{1-\zeta^2}}i\pi}(T_{Mi}-t_{Mi})^2\right]\leqslant p\end{cases}$$

由于测量噪声服从零均值的正态分布 $\Delta\theta(t)\sim N(0,\sigma^2)$，$\Delta\theta(T_{Mi})-\Delta\theta(t_{Mi})\sim N[0,(\sqrt{2}\sigma)^2]$，因此根据正态分布函数的性质可知

$$\begin{cases}\Phi\left[(-1)^{i+1}\dfrac{f_0L_f}{2\sqrt{2}J\sigma}\mathrm{e}^{-\frac{\zeta}{\sqrt{1-\zeta^2}}i\pi}(T_{Mi}-t_{Mi})^2\right]\leqslant p\\ (-1)^{i+1}\dfrac{f_0L_f}{2\sqrt{2}J\sigma}\mathrm{e}^{-\frac{\zeta}{\sqrt{1-\zeta^2}}i\pi}(T_{Mi}-t_{Mi})^2\leqslant u_p\\ |T_{Mi}-t_{Mi}|\leqslant\sqrt{\dfrac{2\sqrt{2}J}{f_0L_f}\mathrm{e}^{\frac{\zeta}{\sqrt{1-\zeta^2}}i\pi}(u_p\sigma)},\quad i=1,2,\cdots\end{cases}\tag{3.43}$$

给定概率 p 的置信区间为

$$t_{Mi}-\sqrt{\frac{2\sqrt{2}J}{f_0L_f}\mathrm{e}^{\frac{\zeta}{\sqrt{1-\zeta^2}}i\pi}(u_p\sigma)}\leqslant T_{Mi}\leqslant t_{Mi}+\sqrt{\frac{2\sqrt{2}J}{f_0L_f}\mathrm{e}^{\frac{\zeta}{\sqrt{1-\zeta^2}}i\pi}(u_p\sigma)}\tag{3.44}$$

式中，u_p 为给定概率 p 的标准正态分布的下侧分位数。当 $p=0.9$ 时，$u_{0.9}=1.281552$。同理，对于极小值点($i=2,4,6,\cdots$)，可推得相同结论。

测量噪声造成极值点对应时间的随机变化，并对系统振动频率和周期的标定造成误差，具体结论为：

(1) 受测量噪声影响，实际扭转角的极值点对应时间是随机变量。实际扭转角的极值点对应时间是以真实扭转角的极值点对应时间为均值的随机变量，并且测量噪声的方差越大，实际扭转角的极值点对应时间的方差越大。

(2) 在实际扭转角的极值点对应时间 $T_{Mi}(i=1,2,\cdots)$ 中，第一个极值点对应时间 T_{M1} 的方差最小，极值点对应时间越大，其方差越大。因此，标定振动频率和周期应尽量采用较小的极值点对应时间，并且阻尼比越大，该影响越大，存在关系式

$$\frac{|T_{Mi}-t_{Mi}|}{|T_{M1}-t_{M1}|}=\sqrt{\mathrm{e}^{\frac{\zeta}{\sqrt{1-\zeta^2}}(i-1)\pi}},\quad i=2,3,\cdots \tag{3.45}$$

(3) 实际扭转角的极值点对应时间的方差，与系统转动惯量、力臂和标定力都有关，需要具体情况具体分析。

另外，极值点对应时间的置信区间与稳态点对应时间的置信区间比较，谁大谁小也是个重要问题。由于

$$\begin{cases}\theta(\infty)=\dfrac{f_0L_f}{J\omega_n^2}\\[2ex] |\theta(t_{Mi})-\theta(\infty)|=\dfrac{f_0L_f}{J\omega_n^2}\mathrm{e}^{-\frac{\zeta}{\sqrt{1-\zeta^2}}i\pi},\quad i=1,2,\cdots\end{cases}$$

可得

$$\begin{cases}\dfrac{J}{f_0L_f}\mathrm{e}^{\frac{\zeta}{\sqrt{1-\zeta^2}}i\pi}=\dfrac{1}{\omega_n^2|\theta(t_{Mi})-\theta(\infty)|},\quad i=1,2,\cdots\\[2ex] \dfrac{J\omega_n}{f_0L_f}\mathrm{e}^{\frac{\zeta}{\sqrt{1-\zeta^2}}i\pi}=\dfrac{1}{\omega_n|\theta(t_{Mi})-\theta(\infty)|},\quad i=1,2,\cdots\end{cases}$$

因此有

$$\begin{cases}\sqrt{\dfrac{2\sqrt{2}J}{f_0L_f}\mathrm{e}^{\frac{\zeta}{\sqrt{1-\zeta^2}}i\pi}}(u_p\sigma)=\dfrac{\sqrt{2\sqrt{2}u_p}}{\omega_n}\sqrt{\dfrac{\sigma}{|\theta(t_{Mi})-\theta(\infty)|}},\quad i=1,2,\cdots\\[2ex] \left[\dfrac{J\omega_d}{f_0L_f\sqrt{1-\zeta^2}}\mathrm{e}^{\frac{\zeta}{\sqrt{1-\zeta^2}}(i\pi-\alpha)}\right]u_{(1+p)/2}\sigma=\dfrac{u_{(1+p)/2}\mathrm{e}^{-\frac{\zeta}{\sqrt{1-\zeta^2}}\alpha}}{\omega_n}\dfrac{\sigma}{|\theta(t_{Mi})-\theta(\infty)|},\quad i=1,2,\cdots\end{cases}$$

置信区间长度的比值为

$$\frac{\sqrt{\dfrac{2\sqrt{2}J}{f_0L_f}\mathrm{e}^{\frac{\zeta}{\sqrt{1-\zeta^2}}i\pi}}(u_p\sigma)}{\left[\dfrac{J\omega_d}{f_0L_f\sqrt{1-\zeta^2}}\mathrm{e}^{\frac{\zeta}{\sqrt{1-\zeta^2}}(i\pi-\alpha)}\right]u_{(1+p)/2}\sigma}=\frac{\sqrt{2\sqrt{2}u_p}\,\mathrm{e}^{\frac{\zeta}{\sqrt{1-\zeta^2}}\alpha}}{u_{(1+p)/2}\sqrt{\dfrac{\sigma}{|\theta(t_{Mi})-\theta(\infty)|}}} \tag{3.46}$$

实际测量时信噪比总是大于 1,因此有

$$\sqrt{\frac{\sigma}{|\theta(t_{Mi})-\theta(\infty)|}}<1$$

令

$$\begin{cases}C_1=\mathrm{e}^{-\frac{\zeta}{\sqrt{1-\zeta^2}}\alpha}\\ C_2=\dfrac{\sqrt{2\sqrt{2}\,u_p}}{u_{(1+p)/2}}\mathrm{e}^{\frac{\zeta}{\sqrt{1-\zeta^2}}\alpha}\end{cases}$$

式中,可取 $u_{0.9}=1.281552$,$u_{(1+0.9)/2}=u_{0.95}=1.644854$。

系数 C_1 随着阻尼比 ζ 的变化曲线如图 3-15 所示。随着阻尼比的增大,系数 C_1 逐渐减小,并且系数 $C_1\leqslant 1$。系数 C_2 随着阻尼比 ζ 的变化曲线如图 3-16 所示。随着阻尼比的增大,系数 C_2 逐渐增大,并且系数 $C_2>1$。

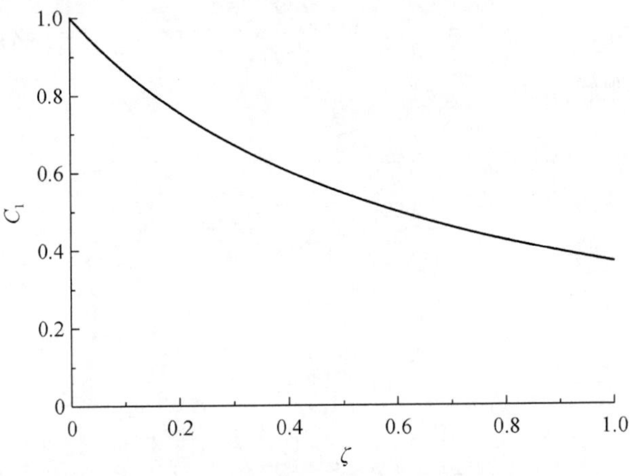

图 3-15　系数 C_1 随着阻尼比 ζ 的变化曲线

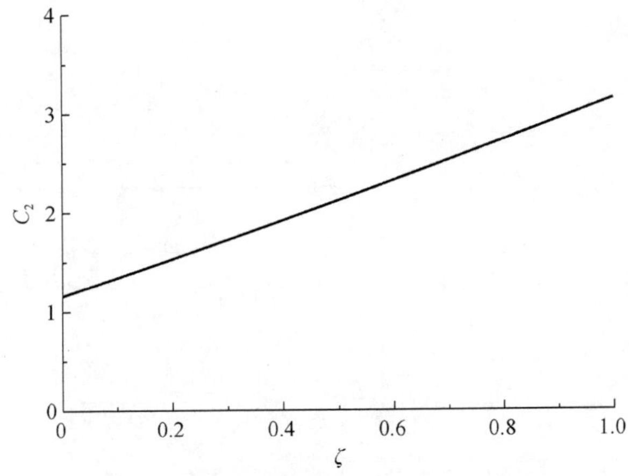

图 3-16　系数 C_2 随着阻尼比 ζ 的变化曲线

由以上分析可得出如下结论：

(1) 受测量噪声影响，实际扭转角的极值点对应时间和稳态点对应时间都是随机变量，造成系统参数标定误差。

(2) 噪信比 $\sigma/|\theta(t_{Mk})-\theta(\infty)|$ 越小，实际扭转角的极值点对应时间和稳态点对应时间的置信区间越小。

(3) 实际扭转角的极值点对应时间的置信区间大于稳态点对应时间的置信区间。

3.5.4 对极值点对应扭转角的影响

受测量噪声影响，极值点对应扭转角也是随机变量，造成阻尼比的标定误差。极值点对应真实扭转角为

$$\theta(t_{Mi})-\theta(\infty)=-(-1)^i\frac{f_0L_f}{J\omega_n^2}\mathrm{e}^{-\frac{\zeta}{\sqrt{1-\zeta^2}}i\pi},\quad i=1,2,\cdots$$

极值点对应实际扭转角为

$$\begin{aligned}\Theta(T_{Mi})=&\frac{f_0L_f}{J\omega_n^2}-(-1)^i\frac{f_0L_f}{J\omega_n^2}\mathrm{e}^{-\frac{\zeta}{\sqrt{1-\zeta^2}}i\pi}\\&+(-1)^i\frac{f_0L_f}{2J}\mathrm{e}^{-\frac{\zeta}{\sqrt{1-\zeta^2}}i\pi}(T_{Mi}-t_{Mi})^2+\Delta\theta(T_{Mi})\end{aligned}$$

即

$$\begin{aligned}\Theta(T_{Mi})-\theta(\infty)=&-(-1)^i\frac{f_0L_f}{J\omega_n^2}\mathrm{e}^{-\frac{\zeta}{\sqrt{1-\zeta^2}}i\pi}\\&+(-1)^i\frac{f_0L_f}{2J}\mathrm{e}^{-\frac{\zeta}{\sqrt{1-\zeta^2}}i\pi}(T_{Mi}-t_{Mi})^2+\Delta\theta(T_{Mi})\end{aligned}$$

式中，实际极值点对应时间为 $T_{Mi}(i=1,2,\cdots)$。

因此有

$$\begin{aligned}\frac{\Theta(T_{Mi})-\theta(\infty)}{\theta(t_{Mi})-\theta(\infty)}&=\frac{-(-1)^i\frac{f_0L_f}{J\omega_n^2}\mathrm{e}^{-\frac{\zeta}{\sqrt{1-\zeta^2}}i\pi}+(-1)^i\frac{f_0L_f}{2J}\mathrm{e}^{-\frac{\zeta}{\sqrt{1-\zeta^2}}i\pi}(T_{Mi}-t_{Mi})^2+\Delta\theta(T_{Mi})}{-(-1)^i\frac{f_0L_f}{J\omega_n^2}\mathrm{e}^{-\frac{\zeta}{\sqrt{1-\zeta^2}}i\pi}}\\&=1-\frac{\omega_n^2}{2}(T_{Mi}-t_{Mi})^2-(-1)^i\frac{J}{f_0L_f}\mathrm{e}^{\frac{\zeta}{\sqrt{1-\zeta^2}}i\pi}\omega_n^2\Delta\theta(T_{Mi})\end{aligned}\tag{3.47}$$

其中

$$\frac{\omega_n^2}{2}(T_{Mi}-t_{Mi})^2\leqslant\frac{\sqrt{2}u_p\sigma}{|\theta(t_{Mi})-\theta(\infty)|}$$

$$\frac{J}{f_0L_f}\mathrm{e}^{\frac{\zeta}{\sqrt{1-\zeta^2}}i\pi}=\frac{1}{\omega_n^2|\theta(t_{Mi})-\theta(\infty)|},\quad i=1,2,\cdots$$

对于给定概率 p，$|\Delta\theta(T_{Mi})| \leqslant u_{(1+p)/2}\sigma$，$u_{(1+p)/2}$ 为给定概率$(1+p)/2$ 的标准正态分布的下侧分位数。由此可得

$$\left|\frac{J}{f_0L_f}e^{\frac{\zeta}{\sqrt{1-\zeta^2}}i\pi}\omega_n^2\Delta\theta(T_{Mi})\right| \leqslant \frac{u_{(1+p)/2}\sigma}{|\theta(t_{Mi})-\theta(\infty)|}$$

因此，实际极值点对应的值 $\Theta(T_{Mi})-\theta(\infty)$ 与理想极值点对应的值 $\theta(t_{Mi})-\theta(\infty)$ 存在误差，该误差取决于系统的噪信比 $\sigma/|\theta(t_{Mi})-\theta(\infty)|$，并且有

$$|\theta(t_{Mi})-\theta(\infty)| = \frac{f_0L_f}{J\omega_n^2}e^{-\frac{\zeta}{\sqrt{1-\zeta^2}}i\pi} = \frac{f_0L_f}{k}e^{-\frac{\zeta}{\sqrt{1-\zeta^2}}i\pi}, \quad i=1,2,\cdots$$

式中，$k=J\omega_n^2$ 为扭转刚度系数。

由以上分析可得出如下结论：

(1) 受测量噪声影响，实际极值点对应扭转角是随机变量，造成阻尼比标定误差。

(2) 噪信比 $\sigma/|\theta(t_{Mk})-\theta(\infty)|$ 越小，实际极值点对应的值 $\Theta(T_{Mi})-\theta(\infty)$ 与理想极值点对应的值 $\theta(t_{Mi})-\theta(\infty)$ 之间误差越小。

(3) 减小噪信比的主要途径有两个，一是减小测量噪声标准差，二是综合权衡标定力、力臂、扭转刚度系数和阻尼比等。

总之，系统参数标定需要稳态扭转角、稳态点对应时间、极值点对应时间、极值点对应扭转角等测量值。受测量噪声影响，上述测量值是随机变量，并且测量噪声标准差越大，上述测量值的标准差也越大。因此，尽量减小测量噪声是减小系统参数标定误差的主要措施。

3.6 系统参数的标定方法

系统参数标定的常用方法有阶跃响应法和自由振动法。其中，阶跃响应法能够同时标定振动频率、阻尼比和扭转刚度系数。因此，这里以阶跃响应法为例，讨论系统参数标定方法。

由于测量噪声造成系统响应数据具有分散性的特点，因此系统参数标定需要确定参数的标定值和置信区间[5]。

3.6.1 实际测量数据

系统参数标定的基本数据为：

(1) 实际稳态扭转角 $\Theta(t_i)(i=1,2,\cdots,n)$，以真实稳态扭转角 $\theta(t_i)$ 为均值随机波动。

(2) 实际稳态点对应时间 $T_{0i}(i=1,2,\cdots,n)$，以真实稳态点对应时间 t_{0i} 为均

值随机波动。

(3) 实际极值点对应时间 $T_{Mi}(i=1,2,\cdots,n)$，以真实极值点对应时间 t_{Mi} 为均值随机波动。

(4) 实际极值点对应扭转角 $\Theta(T_{Mi})(i=1,2,\cdots,n)$，以真实极值点对应扭转角 $\theta(t_{Mi})$ 为均值随机波动。

系统参数标定就是根据上述具有测量误差的数据，采用统计分析方法，确定系统参数的估计值和标准差。测量噪声对系统参数标定误差的影响如表 3-2 所示。

表 3-2　测量噪声对系统参数标定误差的影响

系统参数	稳态扭转角	稳态点对应时间	极值点对应时间	极值点对应扭转角
扭转刚度系数	测量噪声造成实际稳态扭转角上下波动，影响扭转刚度系数标定	不参与	不参与	不参与
振动频率	不参与	测量噪声造成实际稳态点对应时间上下波动，影响振动频率标定，时间越大，分散性越大	测量噪声造成实际极值点对应时间上下波动，影响振动频率标定，时间越大，分散性越大，且分散性大于实际稳态点对应时间	不参与
阻尼比	根据标定方法不同，有时参与标定	不参与	不参与	测量噪声造成实际极值点对应扭转角上下波动，影响阻尼比标定，时间越大，扭转角分散性越大

3.6.2　统计计算方法

1. 扭转刚度系数

阶跃力作用下，测量系统进入稳态后，稳态扭转角测量值为 $\Theta(t_i)(i=1,2,\cdots,n)$，稳态扭转角的估计值为

$$\hat{\theta}(\infty)=\frac{1}{n}\sum_{i=1}^{n}\Theta(t_i) \tag{3.48}$$

$\Theta(t_i)$ 的均值为 $E[\Theta(t_i)]=\theta(\infty)$，方差为 $D[\Theta(t_i)]=\sigma^2$，其中 σ^2 为测量噪声的方差。

估计值的均值和方差为

$$E[\hat{\theta}(\infty)]=\theta(\infty)$$

$$D[\hat{\theta}(\infty)]=\left(\frac{1}{n}\right)^2\sum_{i=1}^{n}D[\Theta(t_i)]=\frac{\sigma^2}{n}$$

在时间足够长（$t_i\to\infty$）、采样数目足够多（$n\to\infty$）的条件下，$\hat{\theta}(\infty)=\theta(\infty)$，$D[\hat{\theta}(\infty)]=\sigma^2/n\to 0$。

因此，扭摆振动进入稳态后，只要采样数目足够多，稳态扭转角估计值就可具有足够精度。

扭转刚度系数的估计值为

$$\hat{k}=\frac{f_0L_f}{\hat{\theta}(\infty)} \tag{3.49}$$

式中，$\hat{\theta}(\infty)$ 为稳态扭转角的估计值；f_0 为标定力的值。如果采用若干个标定力，那么可得到若干个扭转刚度系数的估计值。

2. 振动频率

极值点对应时间为

$$t_{Mi}=\frac{i\pi}{\omega_d},\quad i=1,2,\cdots,n \tag{3.50}$$

振动频率的估计值为

$$\omega_{di}=\frac{i\pi}{t_{Mi}},\quad i=1,2,\cdots,n \tag{3.51}$$

3. 阻尼比

已知极值点对应扭转角为

$$\frac{\theta(t_{Mi})}{\theta(\infty)}=1-(-1)^i\mathrm{e}^{-\frac{i\pi\zeta}{\sqrt{1-\zeta^2}}},\quad i=1,2,\cdots$$

令

$$a_i=-\frac{\ln\left|\dfrac{\theta(t_{Mi})}{\theta(\infty)}-1\right|}{i\pi},\quad i=1,2,\cdots$$

阻尼比的估计值为

$$\zeta_i=\sqrt{\frac{a_i^2}{1+a_i^2}},\quad i=1,2,\cdots \tag{3.52}$$

由于扭转角测量存在系统误差，因此为了消除扭转角系统误差的影响，可采用以下公式：

$$|\theta(t_{Mi})-\theta(\infty)|=\theta(\infty)\mathrm{e}^{-\frac{i\pi\zeta}{\sqrt{1-\zeta^2}}},\quad i=1,2,\cdots$$

所以阻尼比计算公式为

$$\frac{|\theta(t_{Mi})-\theta(\infty)|}{|\theta(t_{M1})-\theta(\infty)|}=\mathrm{e}^{-\frac{(i-1)\pi\zeta}{\sqrt{1-\zeta^2}}},\quad i=2,\cdots$$

4. 样本均值和样本标准差

首先估计系统参数的样本均值和样本标准差，然后估计系统参数的置信区间，具体可采用以下方法。

如果第 j 次测量的扭转刚度系数为 k_j，那么扭转刚度系数的样本均值和样本标准差为

$$\begin{cases}\bar{k}=\dfrac{1}{n}\sum\limits_{j=1}^{n}k_j\\ S_k=\sqrt{\dfrac{1}{n-1}\sum\limits_{j=1}^{n}(k_j-\bar{k})^2}\end{cases}\tag{3.53}$$

式中，n 为测量次数；$\bar{k}$ 为扭转刚度系数标定结果。

如果第 j 次测量的振动频率为 ω_{dj}，那么振动频率的样本均值和样本标准差为

$$\begin{cases}\bar{\omega}_d=\dfrac{1}{n}\sum\limits_{j=1}^{n}\omega_{dj}\\ S_{\omega_d}=\sqrt{\dfrac{1}{n-1}\sum\limits_{j=1}^{n}(\omega_{dj}-\bar{\omega}_d)^2}\end{cases}\tag{3.54}$$

式中，n 为测量次数；$\bar{\omega}_d$ 为频率标定结果。

如果第 j 次测量的阻尼比为 ζ_j，那么阻尼比的样本均值和样本标准差为

$$\begin{cases}\bar{\zeta}=\dfrac{1}{n}\sum\limits_{j=1}^{n}\zeta_j\\ S_\zeta=\sqrt{\dfrac{1}{n-1}\sum\limits_{j=1}^{n}(\zeta_j-\bar{\zeta})^2}\end{cases}\tag{3.55}$$

式中，n 为测量次数；$\bar{\zeta}$ 为阻尼比标定结果。

3.6.3 比例回归方法

1. 扭转刚度系数

当考察时间足够长、扭摆系统进入稳态后，稳态扭转角的估计值为

$$\hat{\theta}(\infty)=\frac{1}{n}\sum_{i=1}^{n}\Theta(t_i)\tag{3.56}$$

统计分析方法是根据一个标定力和系统响应来估计扭转刚度系数，计算公式为

$$\hat{k}=\frac{f_0L_f}{\hat{\theta}(\infty)}\tag{3.57}$$

除了统计分析方法之外，还可采用逐级加载标定方法，该方法相对复杂且试验费用高。在逐级加载过程中，测量不同阶跃力矩 $M_i(i=1,2,\cdots)$ 作用下的稳态扭转角估计值 $\hat{\theta}_i(\infty)(i=1,2,\cdots)$，扭转刚度系数为 k，采用比例回归方法，有

$$M_i = k\hat{\theta}_i(\infty) + \varepsilon_i$$

式中，$\varepsilon_i \sim N(0,\sigma^2)$。扭转刚度系数的估计值为

$$\hat{k} = \frac{\sum_{i=1}^{n}\hat{\theta}_i(\infty)M_i}{\sum_{i=1}^{n}\hat{\theta}_i^2(\infty)} \tag{3.58}$$

方差估计值为

$$\hat{\sigma}^2 = \frac{1}{n}\sum_{i=1}^{n}M_i^2 - \hat{k}\,\frac{1}{n}\sum_{i=1}^{n}\hat{\theta}_i(\infty)M_i \tag{3.59}$$

置信度为 $1-\alpha$ 的置信区间为

$$\left[\hat{k} \pm \frac{\hat{\sigma}}{\sqrt{\frac{1}{n}\sum_{i=1}^{n}\hat{\theta}_i^2(\infty)}\ \sqrt{n-1}}t_{1-\frac{\alpha}{2}}(n-1)\right] \tag{3.60}$$

式中，$t_{1-\alpha/2}(n-1)$ 是自由度为 $n-1$ 的 t 分布给定概率 $1-\alpha/2$ 的下侧分位数。

2. 振动周期和频率

系统振动周期为 $T=2\pi/\omega_d$，极值点对应时间为

$$t_{Mi} = \frac{i\pi}{\omega_d} = T\left(\frac{i}{2}\right),\quad i=1,2,\cdots,n \tag{3.61}$$

令 $x_i=i/2$ 和 $y_i=t_{Mi}$，根据测量数据 (i,t_{Mi})，采用比例回归方法，可求得周期的估计值为

$$\hat{T} = \frac{\sum_{i=1}^{n}\left(\frac{i}{2}\right)t_{Mi}}{\sum_{i=1}^{n}\left(\frac{i}{2}\right)^2} \tag{3.62}$$

方差 σ^2 的估计值 $\hat{\sigma}^2$ 为

$$\hat{\sigma}^2 = \frac{1}{n}\sum_{i=1}^{n}y_i^2 - \hat{T}\,\frac{1}{n}\sum_{i=1}^{n}x_iy_i \tag{3.63}$$

对于振动周期，给定概率 $1-\alpha$ 的置信区间为

$$\left[\hat{T} \pm \frac{\hat{\sigma}}{\sqrt{\frac{1}{n}\sum_{i=1}^{n}x_i^2}\ \sqrt{n-1}}t_{1-\frac{\alpha}{2}}(n-1)\right] \tag{3.64}$$

式中，$t_{1-\alpha/2}(n-1)$ 为给定概率 $1-\alpha/2$ 的自由度为 $n-1$ 的 t 分布的下侧分位数。

振动频率的估计值和置信区间为

$$\begin{cases}\hat{\omega}_d = \dfrac{2\pi}{\hat{T}} \\ \Delta\hat{\omega}_d = -\dfrac{2\pi}{\hat{T}^2}\Delta\hat{T}\end{cases} \tag{3.65}$$

3. 阻尼比的估计

极值点的扭转角满足

$$\theta(t_{Mi}) = \theta(\infty) - (-1)^i\theta(\infty)\mathrm{e}^{-\frac{i\pi\zeta}{\sqrt{1-\zeta^2}}}, \quad i=1,2,\cdots$$

或

$$\frac{\theta(t_{Mi})}{\theta(\infty)} = 1 - (-1)^i\mathrm{e}^{-\frac{i\pi\zeta}{\sqrt{1-\zeta^2}}}, \quad i=1,2,\cdots \tag{3.66}$$

令

$$x_i = -i\pi, \quad i=1,2,\cdots$$

$$y_i = \ln\left|\frac{\theta(t_{Mi})}{\theta(\infty)} - 1\right|, \quad i=1,2,\cdots$$

$$b = \frac{\zeta}{\sqrt{1-\zeta^2}}$$

则有

$$y_i = bx_i, \quad i=1,2,\cdots$$

采用比例回归方法，可得参数 b 的估计值为

$$\hat{b} = \frac{\sum_{i=1}^{n} x_i y_i}{\sum_{i=1}^{n} x_i^2} \tag{3.67}$$

方差 σ^2 的估计值 $\hat{\sigma}^2$ 为

$$\hat{\sigma}^2 = \frac{1}{n}\sum_{i=1}^{n} y_i^2 - \hat{b}\,\frac{1}{n}\sum_{i=1}^{n} x_i y_i \tag{3.68}$$

对于系数 b，给定概率 $1-\alpha$ 的置信区间为

$$\left[\hat{b} \pm \frac{\hat{\sigma}}{\sqrt{\frac{1}{n}\sum_{i=1}^{n} x_i^2}\,\sqrt{n-1}}\, t_{1-\frac{\alpha}{2}}(n-1)\right] \tag{3.69}$$

式中，$t_{1-\alpha/2}(n-1)$ 为给定概率 $1-\alpha/2$ 的自由度为 $n-1$ 的 t 分布的下侧分位数。

由于

$$\begin{cases} b = \dfrac{\zeta}{\sqrt{1-\zeta^2}} \\ \zeta = \dfrac{b}{\sqrt{1+b^2}} \end{cases}$$

因此阻尼比的估计值和置信区间为

$$\begin{cases}\hat{\zeta}=\dfrac{\hat{b}}{\sqrt{1+\hat{b}^2}}\\[2ex]\Delta\hat{\zeta}=\dfrac{\Delta\hat{b}}{(1+\hat{b}^2)^{3/2}}\end{cases}\tag{3.70}$$

3.6.4　系统参数的验校

振动频率、阻尼比和扭转刚度系数等系统参数，是根据有测量噪声干扰的实际系统响应测量值通过计算分析得到的，总是有一定的估计误差。因此，需要通过系统参数误差的影响规律进行分析，寻找减小系统参数误差的方法，检验和校正系统参数估计值是否符合预期的最佳效果。

1. 系统参数误差的影响

阶跃力 f_0 作用下，系统响应为

$$\begin{cases}\theta(t)=\dfrac{f_0L_f}{J\omega_n^2}-\dfrac{f_0L_f}{J\omega_d\omega_n}\mathrm{e}^{-\zeta\omega_n t}\sin(\omega_d t+\alpha)\\[2ex]\alpha=\arctan\dfrac{\omega_d}{\zeta\omega_n}\end{cases}\tag{3.71}$$

令

$$\gamma(t)=1-\frac{1}{\sqrt{1-\zeta^2}}\mathrm{e}^{-\frac{\zeta}{\sqrt{1-\zeta^2}}\omega_d t}\sin(\omega_d t+\alpha)$$

系统响应可表示为

$$\begin{cases}\theta(t)=\dfrac{f_0L_f}{k}\gamma(t)\\[2ex]\alpha=\arctan\dfrac{\sqrt{1-\zeta^2}}{\zeta}\end{cases}$$

式中，$k=J\omega_n^2$ 为扭转刚度系数。

函数 $\gamma(t)$ 的取值与阻尼比 ζ 和 $\omega_d t$ 的取值有关，但是与 ω_d 具体取值大小无关，因为

$$\omega_d t=2\pi\frac{t}{T_d}$$

所以 $\omega_d t$ 实际上反映了 t/T_d 的比值变化，即实际上反映了力作用时间与振动周期比值的变化，与 ω_d 具体取值大小无关。

如果标定力 f_0 存在误差 $\mathrm{d}f_0$，力臂 L_f 存在误差 $\mathrm{d}L_f$，函数 $\gamma(t)$ 存在误差 $\mathrm{d}\gamma(t)$，那么系统响应的误差为

$$\mathrm{d}\theta(t)=\frac{L_f}{k}\gamma(t)\mathrm{d}f_0+\frac{f_0}{k}\gamma(t)\mathrm{d}L_f-\frac{f_0L_f}{k^2}\gamma(t)\mathrm{d}k+\frac{f_0L_f}{k}\mathrm{d}\gamma(t)$$

系统响应的相对误差为

$$\frac{\mathrm{d}\theta(t)}{\theta(t)}=\frac{\mathrm{d}f_0}{f_0}+\frac{\mathrm{d}L_f}{L_f}-\frac{\mathrm{d}k}{k}+\frac{\mathrm{d}\gamma(t)}{\gamma(t)}$$

式中，函数 $\gamma(t)$ 误差 $\mathrm{d}\gamma(t)$ 对系统响应误差的影响方式比较复杂。

函数 $\gamma(t)$ 的误差和相对误差表达式为

$$\begin{cases}\mathrm{d}\gamma(t)=\dfrac{\partial\gamma(t)}{\partial\zeta}\mathrm{d}\zeta+\dfrac{\partial\gamma(t)}{\partial\omega_d}\mathrm{d}\omega_d\\[2ex]\dfrac{\mathrm{d}\gamma(t)}{\gamma(t)}=\dfrac{\partial\gamma(t)}{\partial\zeta}\dfrac{\zeta}{\gamma(t)}\dfrac{\mathrm{d}\zeta}{\zeta}+\dfrac{\partial\gamma(t)}{\partial\omega_d}\dfrac{\omega_d}{\gamma(t)}\dfrac{\mathrm{d}\omega_d}{\omega_d}\end{cases}$$

令

$$\begin{cases}C_{\gamma\zeta}=\dfrac{\partial\gamma(t)}{\partial\zeta}\dfrac{\zeta}{\gamma(t)}\\[2ex]C_{\gamma\omega}=\dfrac{\partial\gamma(t)}{\partial\omega_d}\dfrac{\omega_d}{\gamma(t)}\end{cases}$$

上式表征阻尼比相对误差和振动频率相对误差对函数 $\gamma(t)$ 相对误差的影响程度，也表征对系统响应相对误差的影响程度。

为了讨论阻尼比 ζ 和 $\omega_d t$ 对函数 $\gamma(t)$ 的影响，取 $\omega_d=1.0\mathrm{rad/s}$（具体值不影响讨论），此时振动周期为 $T_d=2\pi\mathrm{s}$。

下面讨论阻尼比误差和振动频率误差对系统响应误差的影响。图 3-17 为阻尼比 $\zeta=0.001$ 时 $\partial\gamma(t)/\partial\zeta$ 随着时间变化的曲线。图 3-18 为阻尼比 $\zeta=0.1$ 和 $\zeta=0.3$ 时 $\partial\gamma(t)/\partial\zeta$ 随着时间变化的曲线。

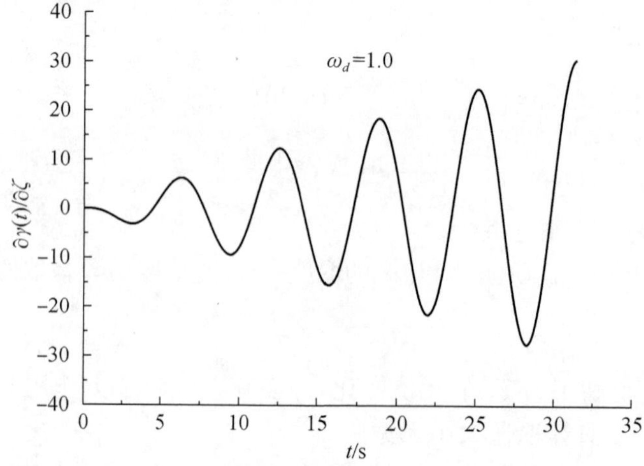

图 3-17　$\zeta=0.001$ 时 $\partial\gamma(t)/\partial\zeta$ 随着时间变化的曲线

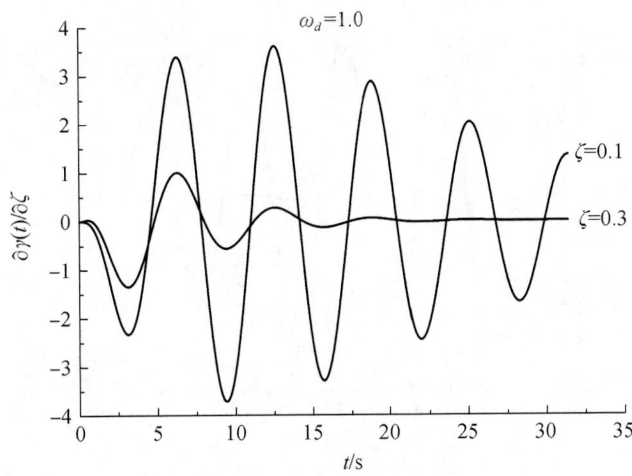

图 3-18　$\zeta=0.1$ 和 $\zeta=0.3$ 时 $\partial\gamma(t)/\partial\zeta$ 随着时间变化的曲线

随着时间变化 $\partial\gamma(t)/\partial\zeta$ 呈周期性变化，并且阻尼比越大 $\partial\gamma(t)/\partial\zeta$ 越小，说明阻尼比误差将造成系统响应的周期性误差，并且阻尼比越大该周期性误差越小。

图 3-19 为阻尼比 $\zeta=0.001$ 时 $\partial\gamma(t)/\partial\omega_d$ 随着时间变化的曲线。图 3-20 为阻尼比 $\zeta=0.1$ 和 $\zeta=0.3$ 时 $\partial\gamma(t)/\partial\omega_d$ 随着时间变化的曲线。随着时间变化 $\partial\gamma(t)/\partial\omega_d$ 呈周期性变化，并且阻尼比越大 $\partial\gamma(t)/\partial\omega_d$ 越小，说明振动频率误差将造成系统响应的周期性误差，并且阻尼比越大该周期性误差越小。

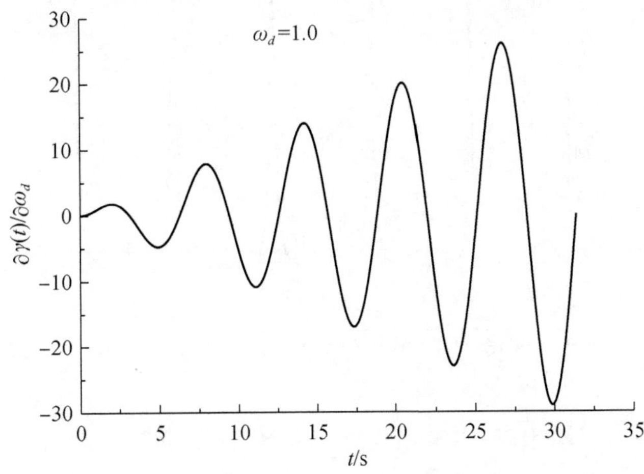

图 3-19　$\zeta=0.001$ 时 $\partial\gamma(t)/\partial\omega_d$ 随着时间变化的曲线

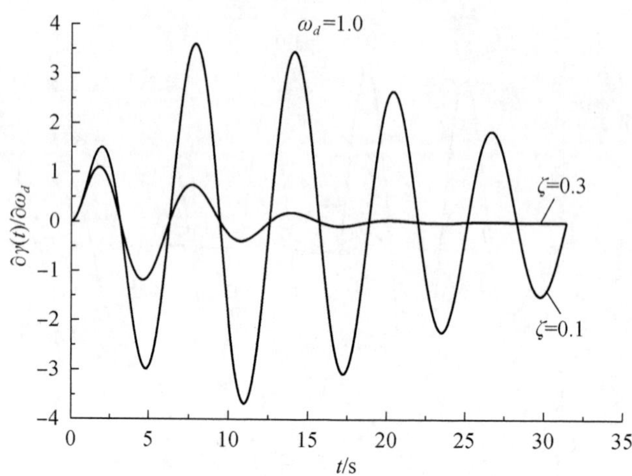

图 3-20　$\zeta=0.1$ 和 $\zeta=0.3$ 时 $\partial\gamma(t)/\partial\omega_d$ 随着时间变化的曲线

下面讨论阻尼比相对误差和振动频率相对误差对系统响应相对误差的影响。图 3-21 为阻尼比 $\zeta=0.001$ 时 $C_{\gamma\zeta}$ 随着时间变化的曲线。随着时间变化，每隔一个周期系数 $C_{\gamma\zeta}$ 急剧增大，系数 $C_{\gamma\zeta}$ 最大值为 1。图 3-22 为阻尼比 $\zeta=0.1$ 和 $\zeta=0.3$ 时 $C_{\gamma\zeta}$ 随着时间变化的曲线。随着时间变化，系数 $C_{\gamma\zeta}$ 呈周期性变化，并且阻尼比越大系数 $C_{\gamma\zeta}$ 越小。说明阻尼比相对误差造成系统响应的周期性相对误差，并且阻尼比越大该相对误差越小。

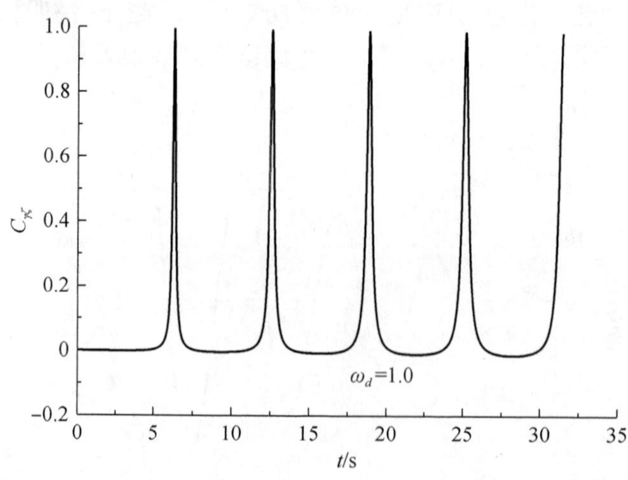

图 3-21　$\zeta=0.001$ 时 $C_{\gamma\zeta}$ 随着时间变化的曲线

图 3-23 为阻尼比 $\zeta=0.001$ 时 $C_{\gamma\omega}$ 随着时间变化的曲线。随着时间增大，每隔一个周期系数 $C_{\gamma\omega}$ 急剧增大，并且随着时间变化系数 $C_{\gamma\omega}$ 越来越大。图 3-24 为阻

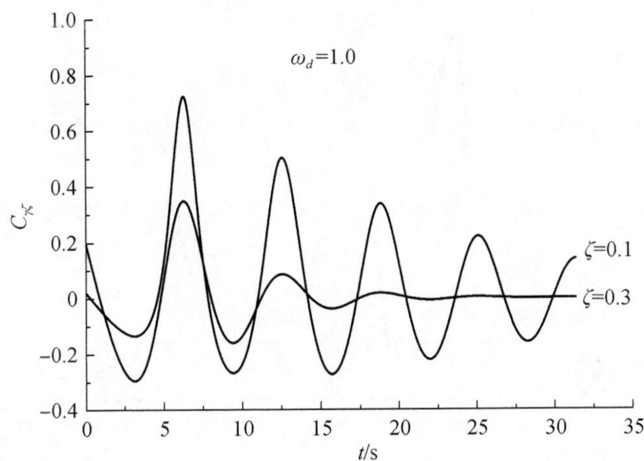

图 3-22　$\zeta=0.1$ 和 $\zeta=0.3$ 时 $C_{\gamma\zeta}$ 随着时间变化的曲线

尼比 $\zeta=0.1$ 和 $\zeta=0.3$ 时 $C_{\gamma\omega}$ 随着时间变化的曲线。随着时间变化，系数 $C_{\gamma\omega_d}$ 呈周期性变化，并且阻尼比越大系数 $C_{\gamma\zeta}$ 越小。说明振动频率相对误差造成系统响应的周期性相对误差，并且阻尼比越大该相对误差越小。相同阻尼比条件下，振动频率相对误差与阻尼比相对误差比较，振动频率相对误差对系统响应相对误差影响更大。

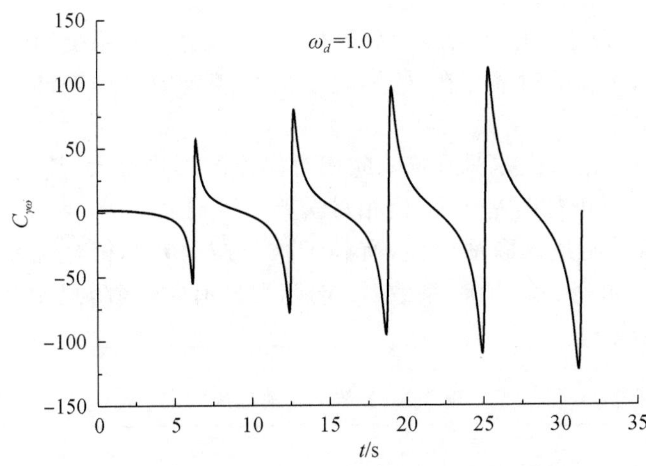

图 3-23　$\zeta=0.001$ 时 $C_{\gamma\omega}$ 随着时间变化的曲线

如果标定力 f_0 存在误差 $\mathrm{d}f_0$，力臂 L_f 存在误差 $\mathrm{d}L_f$，函数 $\gamma(t)$ 存在误差 $\mathrm{d}\gamma(t)$，那么系统响应的误差为

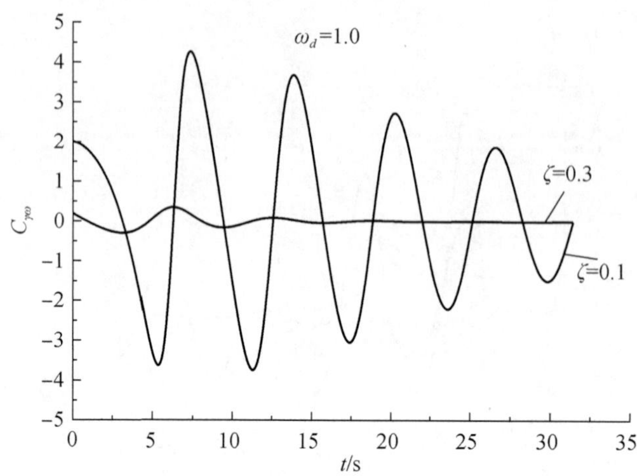

图 3-24 ζ=0.1 和 ζ=0.3 时 $C_{\gamma\omega}$ 随着时间变化的曲线

$$\mathrm{d}\theta(t)=\frac{L_f}{k}\gamma(t)\mathrm{d}f_0+\frac{f_0}{k}\gamma(t)\mathrm{d}L_f-\frac{f_0L_f}{k^2}\gamma(t)\mathrm{d}k+\frac{f_0L_f}{k}\frac{\partial\gamma(t)}{\partial\zeta}\mathrm{d}\zeta+\frac{f_0L_f}{k}\frac{\partial\gamma(t)}{\partial\omega_d}\mathrm{d}\omega_d$$

系统响应的相对误差为

$$\frac{\mathrm{d}\theta(t)}{\theta(t)}=\frac{\mathrm{d}f_0}{f_0}+\frac{\mathrm{d}L_f}{L_f}-\frac{\mathrm{d}k}{k}+\frac{\partial\gamma(t)}{\partial\zeta}\frac{\zeta}{\gamma(t)}\frac{\mathrm{d}\zeta}{\zeta}+\frac{\partial\gamma(t)}{\partial\omega_d}\frac{\omega_d}{\gamma(t)}\frac{\mathrm{d}\omega_d}{\omega_d}$$

由系统响应的误差和相对误差公式可知：

(1) 标定力、力臂和扭转刚度系数等存在误差，将引起系统响应的误差。

(2) 阻尼比和振动频率存在误差，将引起系统响应的周期性误差在均值曲线附近上下波动。

(3) 振动频率相对误差对系统响应相对误差的影响最大，其次为标定力、力臂和扭转刚度系数等相对误差，阻尼比相对误差的影响最小。

(4) 测量系统阻尼比取适当值，有利于减小振动频率相对误差对系统响应相对误差的影响。如表 3-3 所示，系数 $C_{\gamma\omega}$ 与阻尼比有关，当阻尼比 $\zeta\geqslant0.2$ 时，系数 $C_{\gamma\omega}$ 的最大值可取 2。

表 3-3 系数 $C_{\gamma\omega}$ 的最大值

ζ=0.05	ζ=0.1	ζ=0.15	ζ=0.2
8.24	4.27	2.74	2.0

2. 系统参数的验校与微调

采用阶跃响应方法，通过计算分析，给出系统参数的估计值和置信区间。阶跃响应方法中，实际系统响应为 $\Theta(t)=\theta(t)+\Delta\theta(t)$，由于存在测量噪声 $\Delta\theta(t)$，造成系统参数的不确定性，通过计算分析只能给出系统参数的估计值和置信区间，因此系统参数估计值需要验校和微调，以获得最佳的系统参数估计值。

当考察时间足够长和采样数目足够多时，稳态扭转角的估计值 $\hat{\theta}(\infty)$ 具有足够精度。主要是验校与微调振动频率估计值 $\hat{\omega}_d$ 和阻尼比估计值 $\hat{\xi}$。

系统参数的验校方法为：

(1) 利用统计计算方法计算 $\theta(\infty)$、ω_d 和 ζ 的估计值 $\hat{\theta}(\infty)$、$\hat{\omega}_d$ 和 $\hat{\xi}$，获得系统响应平均位置曲线的估计值

$$\hat{\theta}(t)=\hat{\theta}(\infty)\left[1-\frac{1}{\sqrt{1-\hat{\xi}^2}}e^{-\frac{\hat{\xi}}{\sqrt{1-\hat{\xi}^2}}\hat{\omega}_d t}\sin(\hat{\omega}_d t+\hat{\alpha})\right],\quad \hat{\alpha}=\arctan\frac{\sqrt{1-\hat{\xi}^2}}{\hat{\xi}}$$

(2) 存在测量噪声 $\Delta\theta(t)$ 的情况下，实际系统响应 $\Theta(t)=\theta(t)+\Delta\theta(t)$ 的测量值为 $[t_i,\Theta(t_i)]$ $(i=1,2,\cdots,n)$，设

$$J=\sum_{i=1}^{n}[\hat{\theta}(t_i)-\Theta(t_i)]^2$$

(3) 在估计值 $\hat{\omega}_d$ 和 $\hat{\xi}$ 的置信区间内，通过小步长搜索使得

$$J=\sum_{i=1}^{n}[\hat{\theta}(t_i)-\Theta(t_i)]^2\rightarrow\min$$

得到最佳的估计值。

(4) 由于振动频率误差和阻尼比误差造成周期性系统误差，因此搜索最佳估计值的判据为“残差正负号出现次数尽量一致”和“残差之和趋近于零”。

3.7 阶跃响应方法的若干问题

阶跃响应方法是系统参数标定的常用方法。前面讨论了其系统参数标定的统计分析方法和比例回归方法，下面进一步讨论需要注意的若干重要的相关问题。

3.7.1 扭转角和加载时间的转换

在系统参数标定，以及推力和冲量测量过程中，初始测量数据是位移和时间关系的采样数据 $[t_i,h(t_i)]$，这些数据的主要问题是：

(1) 位移是相对位移，不是以平衡位置为零位移的真实位移，并且受测量噪声影响，测量数据在平衡位置附近上下波动，需要将其转换到平衡位置为零位移的真实位移。

(2) 记录时间是相对时间，不是以加载时刻为零时刻的真实时间，需要将其转换到加载时刻为零时刻的加载时间。

图 3-25 为扭摆振动位移随着时间变化的曲线，该曲线中的数据均为初始测量数据。位移是以 569.6μm 为平衡位置的相对位移，不是以平衡位置为零位移的真实位移；记录时间不是以加载时刻为零时刻的加载时间。需要将相对位移转换到真实位移、相对时间转换到加载时刻为零时刻的加载时间。

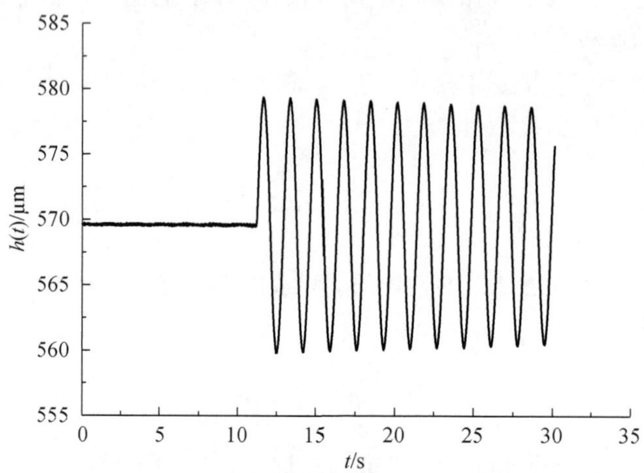

图 3-25　扭摆振动位移随着时间变化的曲线

图 3-26 为水平段振动位移随着时间变化的曲线。受测量噪声影响，测量数据上下波动，造成平衡位置判读困难。图 3-27 为刚加载时振动位移随着时间变化的曲线。受测量噪声影响，测量数据上下波动，造成加载时刻判读困难。

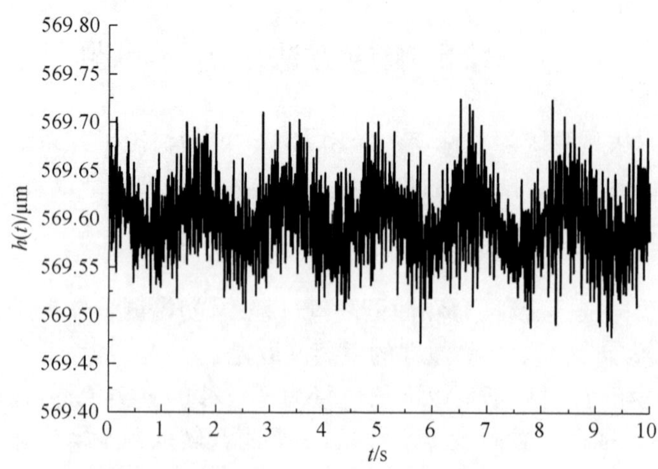

图 3-26　水平段振动位移随着时间变化的曲线

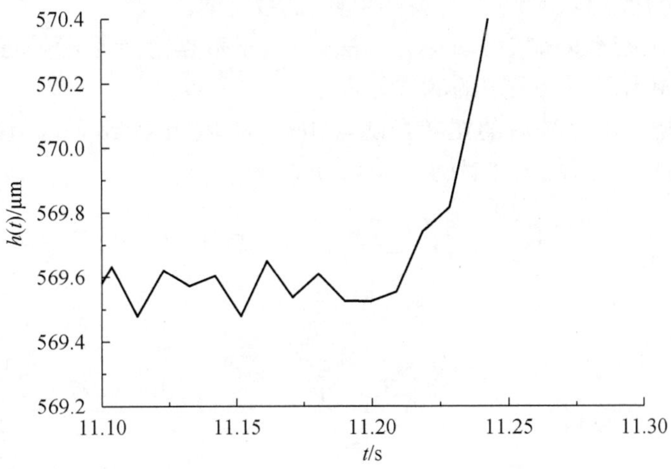

图 3-27　刚加载时振动位移随着时间变化的曲线

1. 平衡位置的判读

设初始测量数据为相对位移随着相对时间变化的采样数据 $[t_i, h(t_i)]$，通过水平段测量数据确定平衡位置对应位移，取平均值

$$\bar{h}_n = \frac{1}{n}\sum_{i=1}^{n} h(t_i)$$

式中，n 为水平段采样数目。

残差为 $h(t_i) - \bar{h}_n$，残差之和的平均值为

$$\mathrm{RE} = \frac{1}{n}\sum_{i=1}^{n}[h(t_i) - \bar{h}_n]$$

最佳的平衡位置，应使得 $\mathrm{RE} \to 0$。因此，通过在水平段逐渐增大采样数目 n，使得 $\mathrm{RE} \to \min$，确定采样数目 n 和对应平衡位置 $\bar{h}_n$。此时，以平衡位置为零位移的真实位移为

$$h(t_i) - \bar{h}_n$$

振动扭转角为

$$\Theta(t_i) = \tan\frac{h(t_i) - \bar{h}_n}{L_s} \approx \frac{h(t_i) - \bar{h}_n}{L_s}$$

式中，L_s 为测量臂。

2. 加载时刻的判读

初始测量数据为相对位移随着相对时间变化的采样数据 $[t_i, h(t_i)]$，将相对位移转换为真实位移和扭转角之后，得到扭转角随着相对时间变化的数据 $[t_i, \Theta(t_i)]$，还

需将相对时间转换到以加载时刻为零时刻的加载时间。

首先，采用正交多项式滑动拟合方法，对测量数据进行平滑处理，得到平均位置曲线数据，相当于测量噪声的滤波处理。

其次，根据平滑处理后的扭转角随着相对时间变化的数据 $[t_i, \Theta(t_i)]$，判读极值点对应扭转角为 $\Theta(t_{Mi})$ 和时间 t_{Mi}，振动周期为

$$(T_d)_i = \frac{2(t_{Mi} - t_{M1})}{i-1}, \quad i = 2, 3, \cdots, n$$

振动周期的估计值为

$$\hat{T}_d = \frac{1}{n-1}\sum_{i=2}^{n}(T_d)_i$$

加载时刻的估计值为

$$t_{M1} - \frac{\hat{T}_d}{4}$$

以加载时刻为零时刻的加载时间为

$$t_i - \left(t_{M1} - \frac{\hat{T}_d}{4}\right)$$

从而将相对时间转换到以加载时刻为零时刻的加载时间。

图 3-25 为瞬间脉冲力作用下相对位移随着相对时间变化的初始数据曲线。通过将相对位移转换到以平衡位置为零位移的真实位移，以及相对时间转换到以加载时刻为零时刻的加载时间，得到瞬间脉冲力作用下系统响应曲线，如图 3-28 所示。

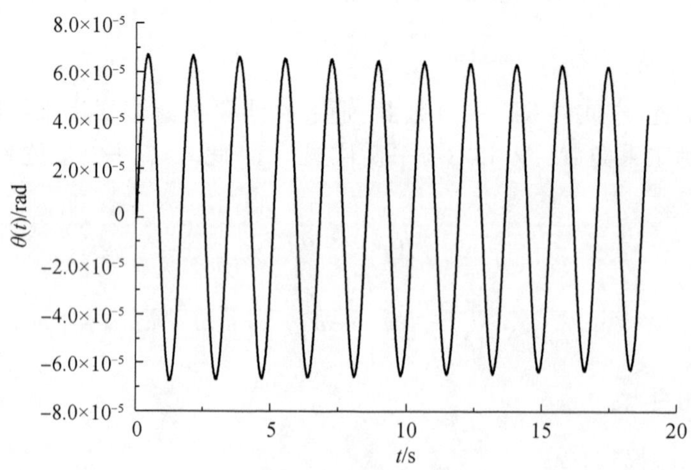

图 3-28　瞬间脉冲力作用下系统响应曲线

3.7.2　多次逐级阶跃加载的系统响应

扭摆系统参数标定时，可进行多次重复加载或多次逐级阶跃加载。多次重复加载是从初始平衡位置开始在不同阶跃力作用下多次加载试验。多次逐级阶跃加载是从不同稳态位置开始在逐级增大阶跃力作用下多次加载试验，如图 3-29 所示。

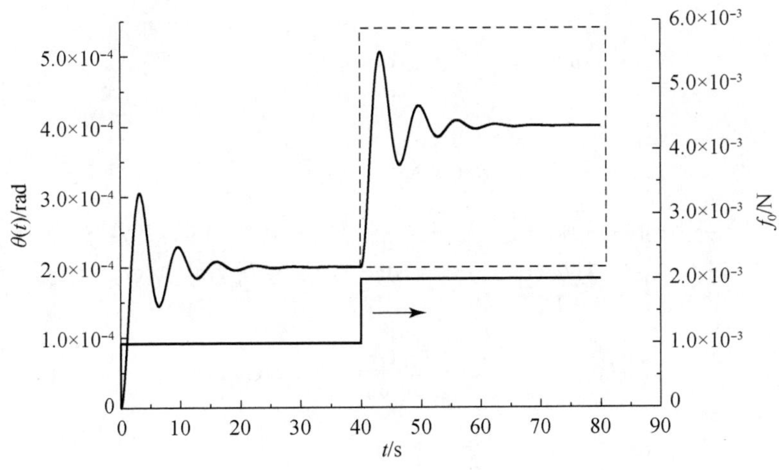

图 3-29　多次逐级阶跃加载的系统响应

由于多次逐级阶跃加载是从不同稳态位置重新振动，而不是从初始位置开始振动，因此需要掌握多次逐级加载的系统响应特点。

1. 扭摆振动方程的解

设初始条件为 $\theta(0)$ 和 $\dot{\theta}(0)$，设扭摆系统的外加作用力矩为 $M(t)$，扭摆的扭转振动方程的解由两部分构成，与力矩 $M(t)$ 相关的解为

$$\theta_1(t)=\frac{1}{J\omega_d}\int_0^t M(\tau)\mathrm{e}^{-\zeta\omega_n(t-\tau)}\sin[\omega_d(t-\tau)]\mathrm{d}\tau=\frac{1}{J\omega_d}\int_0^t M(t-\tau)\mathrm{e}^{-\zeta\omega_n\tau}\sin(\omega_d\tau)\mathrm{d}\tau \tag{3.72}$$

与初始条件有关的解为

$$\theta_2(t)=\sqrt{\theta^2(0)+\left[\frac{\theta(0)\zeta\omega_n+\dot{\theta}(0)}{\omega_d}\right]^2}\,\mathrm{e}^{-\zeta\omega_n t}\sin(\omega_d t+\alpha) \tag{3.73}$$

$$\alpha=\arctan\frac{\theta(0)\omega_d}{\theta(0)\zeta\omega_n+\dot{\theta}(0)}$$

此时，扭摆系统的扭转振动方程的解为

$$\theta(t)=\theta_1(t)+\theta_2(t) \tag{3.74}$$

式中，$\theta_1(t)$ 与力矩有关；$\theta_2(t)$ 与初始条件有关。

2. 多次逐级加载的系统响应

对于扭摆系统，多次逐级加载的第一个阶跃力 $f(t)=f_{01}$，力矩 $M(t)=f_{01}L_f$，初始条件为 $\theta(0)=0$ 和 $\dot{\theta}(0)=0$，系统响应为

$$\begin{cases}\theta_1(t)=\dfrac{f_{01}L_f}{J\omega_n^2}-\dfrac{f_{01}L_f}{J\omega_d\omega_n}\mathrm{e}^{-\zeta\omega_n t}\sin(\omega_d t+\alpha_1)\\ \alpha_1=\arctan\dfrac{\omega_d}{\zeta\omega_n}=\arctan\dfrac{\sqrt{1-\zeta^2}}{\zeta}\end{cases}$$

并且

$$\theta_1(\infty)=\frac{f_{01}L_f}{J\omega_n^2}$$

第一个阶跃力的系统响应进入稳态后，施加第二个阶跃力 $f(t)=f_{02}$，力矩 $M(t)=f_{02}L_f$，初始条件为 $\theta_1(\infty)\neq 0$ 和 $\dot{\theta}(\infty)\approx 0$，与力矩 $M(t)=f_{02}L_f$ 相关的系统响应为

$$\begin{cases}\theta_{21}(t)=\dfrac{f_{02}L_f}{J\omega_n^2}-\dfrac{f_{02}L_f}{J\omega_d\omega_n}\mathrm{e}^{-\zeta\omega_n t}\sin(\omega_d t+\alpha_{21})\\ \alpha_{21}=\arctan\dfrac{\omega_d}{\zeta\omega_n}=\alpha_1\end{cases}$$

与初始条件有关的响应为

$$\begin{cases}\theta_{22}(t)=\theta_1(\infty)\dfrac{\omega_n}{\omega_d}\mathrm{e}^{-\zeta\omega_n t}\sin(\omega_d t+\alpha_{22})=\dfrac{f_{01}L_f}{J\omega_d\omega_n}\mathrm{e}^{-\zeta\omega_n t}\sin(\omega_d t+\alpha_{22})\\ \alpha_{22}=\arctan\dfrac{\omega_d}{\zeta\omega_n}=\alpha_1\end{cases}$$

因此，第二个阶跃力 $f(t)=f_{02}$ 的系统响应为

$$\begin{aligned}\theta_2(t)&=\frac{f_{02}L_f}{J\omega_n^2}-\frac{f_{02}L_f}{J\omega_d\omega_n}\mathrm{e}^{-\zeta\omega_n t}\sin(\omega_d t+\alpha_1)+\frac{f_{01}L_f}{J\omega_d\omega_n}\mathrm{e}^{-\zeta\omega_n t}\sin(\omega_d t+\alpha_1)\\ &=\frac{(f_{02}-f_{01})L_f}{J\omega_n^2}-\frac{(f_{02}-f_{01})L_f}{J\omega_d\omega_n}\mathrm{e}^{-\zeta\omega_n t}\sin(\omega_d t+\alpha_1)+\frac{f_{01}L_f}{J\omega_n^2}\end{aligned}$$

即

$$\theta_2(t)-\theta_1(\infty)=\frac{(f_{02}-f_{01})L_f}{J\omega_n^2}-\frac{(f_{02}-f_{01})L_f}{J\omega_d\omega_n}\mathrm{e}^{-\zeta\omega_n t}\sin(\omega_d t+\alpha_1)\quad(3.75)$$

系统响应 $\theta_2(t)-\theta_1(\infty)$ 是图 3-29 所示的虚框部分，就是阶跃力 $f_{02}-f_{01}$ 的响应。

对于多次逐级加载阶跃力的系统响应，可理解为多个不同水平阶梯力作用下的系统响应，每个阶梯力分别对应一个系统响应。

参 考 文 献

[1]黄子惟，田松岩，商圣飞．基于双光束干涉原理的微小推力测量系统实验研究[J]．火箭推

进，2014，40(5)：80-85.
[2]申波．微推力测量实验装置的设计与研究[D]. 沈阳：东北大学，2012.
[3]申波，赵凤鸣，高辉，等．微推力测量实验装置的设计与研究[C]//第八届中国电推进技术学术研讨会，北京，2012：316-321.
[4]岑继文，付健，蒋方明，等．扭摆式微推力测量系统的实验研制和性能测试[C]//第八届中国电推进技术学术研讨会，北京，2012：322-328.
[5]金星，洪延姬，周伟静，等．一种用于微小推力冲量测量的扭摆系统参数标定方法[J]. 推进技术，2015，36(10)：1554-1559.

第 4 章　冲量测量和误差分析方法

在推力测量过程中，如果推力作用时间很短，那么根据系统响应，分析和计算推力和时间的关系曲线十分困难[1]，而此时关注的是推力产生的冲量大小，也没有必要确定推力和时间的关系曲线，这种情况下的推力测量问题转化为冲量测量问题。为了讨论方便，本章以扭摆测量系统为例进行分析。

4.1　脉冲力作用下系统响应

脉冲力是指力作用时间与测量系统周期之比很小的作用力，由于力作用时间很短，因此相当于很短时间内对测量系统施加了冲量，即冲量瞬间作用情况。

4.1.1　脉冲力作用下系统响应分析

实际上不论力作用时间多短，总是占用一段时间间隔，需要讨论什么条件下，力作用时间可忽略不计，即认为（或等同于）是冲量瞬间作用的效果[2—4]。

为了研究方便，将时间分为有作用力和无作用力两个阶段：

(1) 有作用力阶段（$0 \leqslant t \leqslant T_0$，$T_0$ 为力的作用时间）：设作用力为 $f(t)$，力臂为 L_f，产生的力矩为 $M(t)=f(t)L_f$，测量系统响应为

$$\theta_1(t)=\frac{L_f}{J\omega_d}\int_0^t f(\tau)\mathrm{e}^{-\zeta\omega_n(t-\tau)}\sin[\omega_d(t-\tau)]\mathrm{d}\tau \tag{4.1}$$

(2) 无作用力阶段（$t>T_0$）：以初始扭转角为 $\theta_1(T_0)$，初始角速度为 $\dot{\theta}_1(T_0)$，进行自由振动。

根据公式

$$\frac{\mathrm{d}}{\mathrm{d}t}\int_0^{b(t)} f(\tau,t)\mathrm{d}\tau=\int_0^b \frac{\partial f(\tau,t)}{\partial t}\mathrm{d}\tau+f[b(t),t]\,\frac{\mathrm{d}b(t)}{\mathrm{d}t}$$

可知

$$\begin{cases}\dot{\theta}_1(t)=\dfrac{L_f}{J\omega_d}\displaystyle\int_0^t f(\tau)\,\{\mathrm{e}^{-\zeta\omega_n(t-\tau)}\sin[\omega_d(t-\tau)]\}'_t\mathrm{d}\tau\\ \qquad\quad=\dfrac{L_f\omega_n}{J\omega_d}\displaystyle\int_0^t f(\tau)\mathrm{e}^{-\zeta\omega_n(t-\tau)}\cos[\omega_d(t-\tau)+\alpha_1]\mathrm{d}\tau\\ \alpha_1=\arctan\dfrac{\zeta\omega_n}{\omega_d}=\arctan\dfrac{\zeta}{\sqrt{1-\zeta^2}}\end{cases} \tag{4.2}$$

因此，有

$$\begin{cases}\theta_1(T_0)=\dfrac{L_f}{J\omega_d}\displaystyle\int_0^{T_0}f(\tau)\mathrm{e}^{-\zeta\omega_n(T_0-\tau)}\sin[\omega_d(T_0-\tau)]\mathrm{d}\tau\\ \dot{\theta}_1(T_0)=\dfrac{L_f\omega_n}{J\omega_d}\displaystyle\int_0^{T_0}f(\tau)\mathrm{e}^{-\zeta\omega_n(T_0-\tau)}\cos[\omega_d(T_0-\tau)+\alpha_1]\mathrm{d}\tau\end{cases}$$

无作用力阶段的系统响应为

$$\begin{cases}\theta_2(t-T_0)=\sqrt{\theta_1^2(T_0)+\left[\dfrac{\theta_1(T_0)\zeta\omega_n+\dot{\theta}_1(T_0)}{\omega_d}\right]^2}\mathrm{e}^{-\zeta\omega_n(t-T_0)}\sin[\omega_d(t-T_0)+\alpha_2]\\ \alpha_2=\arctan\dfrac{\theta_1(T_0)\omega_d}{\theta_1(T_0)\zeta\omega_n+\dot{\theta}_1(T_0)}\end{cases}\tag{4.3}$$

利用上述公式,可分别分析和计算有作用力和无作用力条件下的系统响应。

设测量系统的振动频率为 ω_d,周期为 $T_d=2\pi/\omega_d$,力的作用时间为 T_0,脉冲力是指 $T_0/T_d=T_0\omega_d/2\pi\ll 1$ 的作用力。

4.1.2　脉冲力作用下系统响应特点

脉冲力作用下系统响应,与力作用时间和测量系统周期的比值具有密切关系,有必要研究力作用时间和振动周期之间的关系。

1. 阶跃力作用和自由振动

图 4-1 为阶跃力作用下系统响应曲线。阶跃力作用下,系统响应曲线为正弦曲线,振动幅度衰减程度取决于阻尼比大小,阻尼比越大,振动幅度衰减越大;曲线振动频率就是系统振动频率。

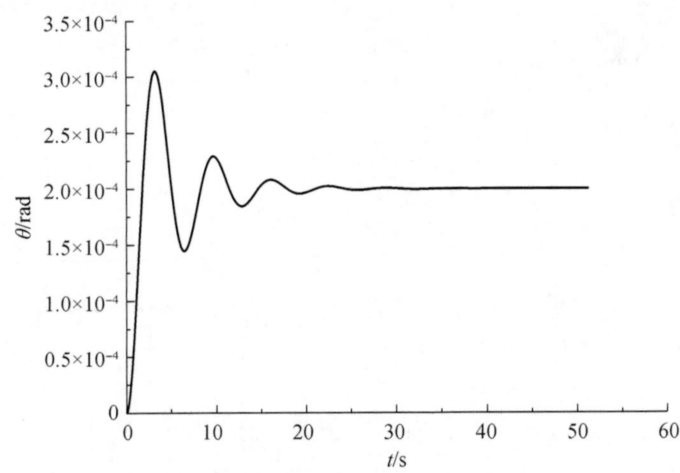

图 4-1　阶跃力作用下系统响应曲线

图 4-2 为自由振动下系统响应曲线。在某初始扭转角和初始速度为零的条件下，自由振动时，系统响应曲线为正弦曲线，并且在零位移附近上下振荡，初相位角不为零。振动幅度衰减程度取决于阻尼比大小，阻尼比越大，振动幅度衰减越大。

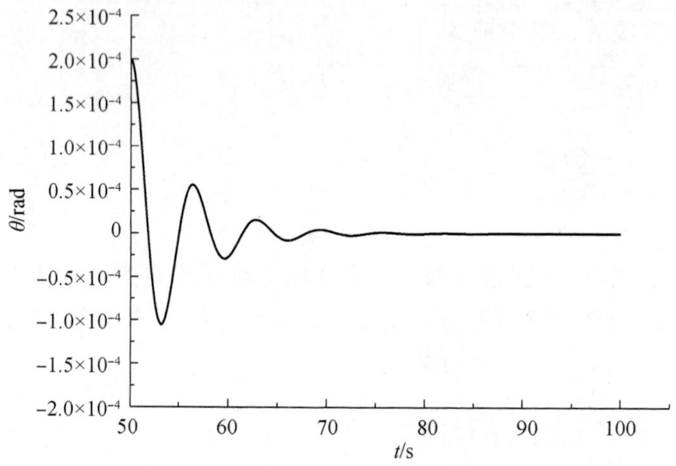

图 4-2　自由振动下系统响应曲线

2. 矩形脉冲力作用

如图 4-3 和图 4-4 所示，当矩形脉冲力作用时间较短(1/2～1 周期)时，系统响应分为 2 个阶段，第一阶段对应阶跃力响应，第二阶段对应自由振动，但是第一阶段的阶跃力响应持续时间较短，第二阶段的自由振动持续时间较长。

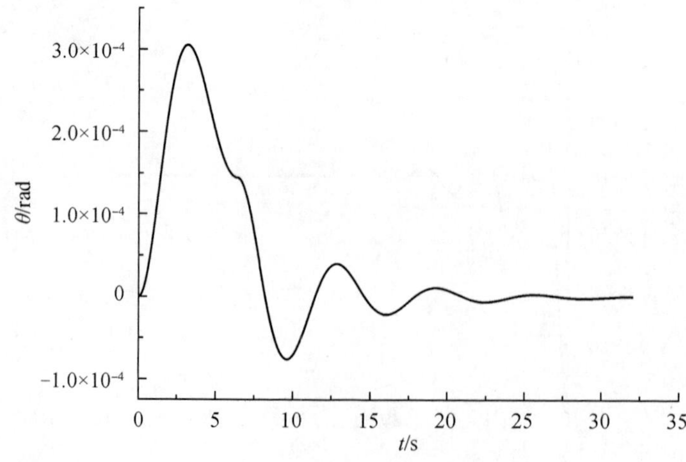

图 4-3　矩形力作用 1 周期下系统响应

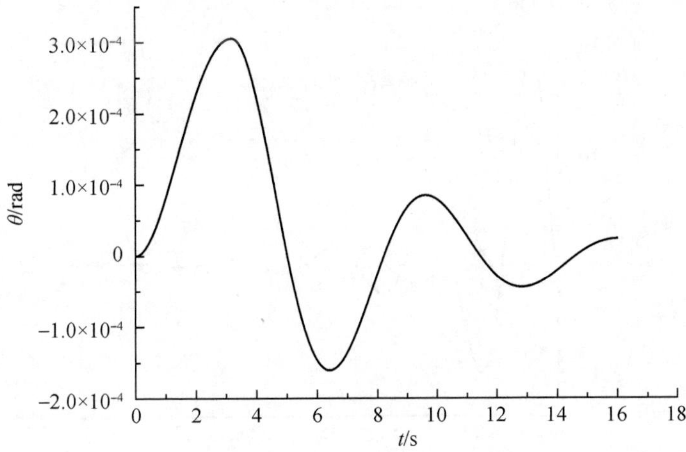

图 4-4 矩形力作用 1/2 周期下系统响应

如图 4-5 和图 4-6 所示，当矩形脉冲力作用时间很短(1/10～1/4 周期)时，第一阶段的阶跃力响应持续时间很短，由能够观察到至基本观察不到，逐渐过渡，主要是第二阶段的自由振动响应。

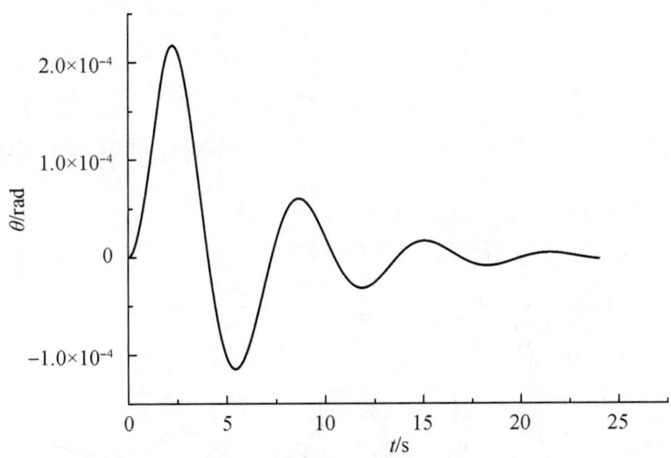

图 4-5 矩形力作用 1/4 周期下系统响应

因此，当矩形脉冲力作用时间小于 1/4 周期时，系统响应特点与瞬间冲量作用情况基本一致。

3. 脉冲力的波形

为了研究方便，将脉冲力分为矩形力、三角力和半正弦力，比较力波形对系统

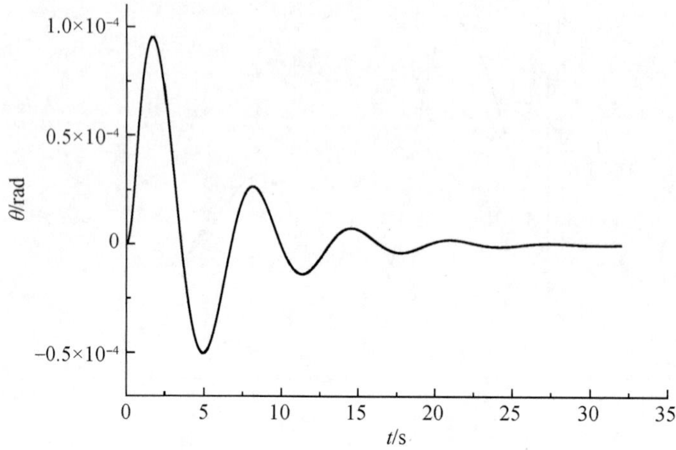

图 4-6 矩形力作用 1/10 周期下系统响应

响应的影响。

设瞬间作用脉冲力的冲量为 S，对于矩形力的冲量有

$$f=f_0(0\leqslant t\leqslant T_0),S_{矩}=fT_0=f_0T_0$$

设矩形力的冲量为 $S_{矩}=T_d\times10^{-3}\mathrm{N\cdot s}$（相同冲量，$T_d$ 为测量系统周期），力的作用时间比值为 $T_0=(T_d/4):(T_d/8):(T_d/16)$，作用力比值为 $f_0=(4\mathrm{mN}):(8\mathrm{mN}):(16\mathrm{mN})$，系统响应如图 4-7 所示。系统响应的峰值大小反映了冲量大

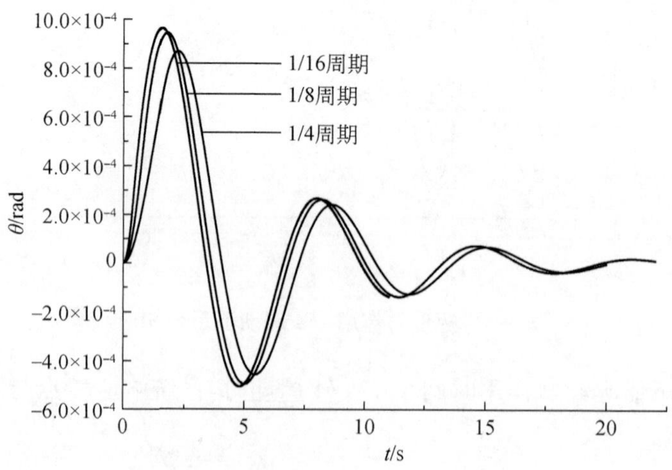

图 4-7 冲量相同条件下矩形力的系统响应

小。显然，对于矩形力的系统响应，当力的作用时间小于 1/4 周期时，系统响应符合冲量瞬间作用的系统响应特点，并且力作用时间越短，越符合瞬间作用情况。

对于三角力的冲量有

$$f=f_0(t/T_0)(0\leqslant t\leqslant T_0),\quad S_{三角}=\frac{1}{2}f_0T_0$$

设三角力的冲量为 $S_{三角}=T_d\times10^{-3}\mathrm{N\cdot s}$，力的作用时间比值为 $T_0=(T_d/4):(T_d/8):(T_d/16)$，作用力比值为 $f_0=(8\mathrm{mN}):(16\mathrm{mN}):(32\mathrm{mN})$，系统响应如图 4-8 所示。系统响应的峰值大小反映了冲量大小，显然，对于三角力的系统响应，当力的作用时间小于 1/4 周期时，系统响应符合冲量瞬间作用的系统响应特点，并且力作用时间越短，冲量大小与真值之间误差也越小。

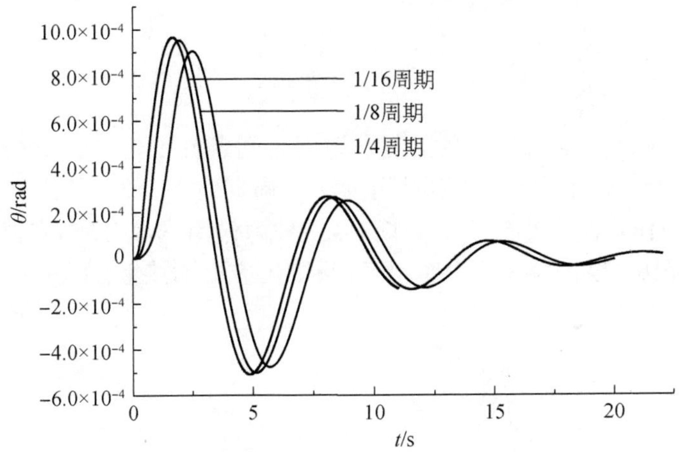

图 4-8　冲量相同条件下三角力的系统响应

对于半正弦力的冲量有

$$\begin{cases}f=f_0\sin\left(\dfrac{\pi}{T_0}t\right), & 0\leqslant t\leqslant T_0\\ S_{半正弦}=\displaystyle\int_0^{T_0}f_0\sin\left(\frac{\pi}{T_0}t\right)\mathrm{d}t=\frac{f_0T_0}{\pi}\int_0^{T_0}\sin\left(\frac{\pi}{T_0}t\right)\mathrm{d}\left(\frac{\pi}{T_0}t\right)=\frac{2f_0T_0}{\pi}\end{cases}$$

设半正弦力的冲量为 $S_{半正弦}=T_d\times10^{-3}\mathrm{N\cdot s}$，力的作用时间比值为 $T_0=(T_d/4):(T_d/8):(T_d/16)$，作用力比值为 $f_0=(2\pi\mathrm{mN}):(4\pi\mathrm{mN}):(8\pi\mathrm{mN})$，系统响应如图 4-9 所示。系统响应的峰值大小反映了冲量大小，显然，对于半正弦力的系统响应，当力的作用时间小于 1/4 周期时，系统响应符合冲量瞬间作用的系统响应特点，并且力作用时间越短，冲量大小与真值之间误差也越小。

上面比较了相同力波形和相同冲量条件下，力作用时间对系统响应的影响，下面比较相同力作用时间和相同冲量条件下，不同力波形的影响。

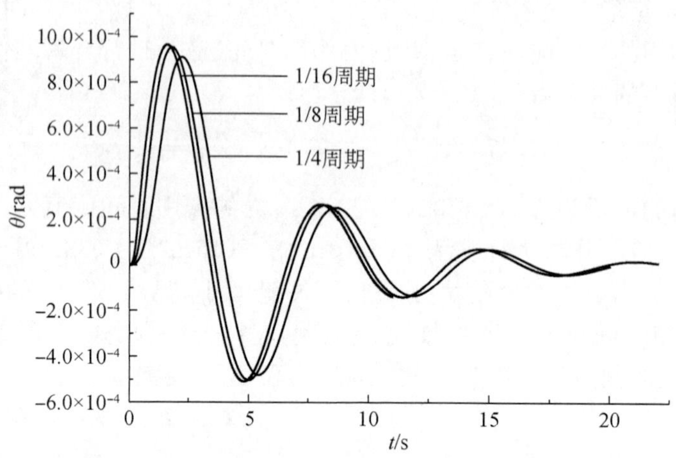

图 4-9　冲量相同条件下半正弦力的系统响应

如图 4-10～图 4-12 所示，在相同力作用时间条件下，比较三种力波形的系统响应。相同冲量条件下，当力作用时间为 1/4 周期时，三种力作用下，系统响应已基本接近；当力作用时间小于 1/8 周期时，三种力作用下，系统响应很接近；当力作用时间小于 1/16 周期时，三种力作用下，系统响应更加接近。

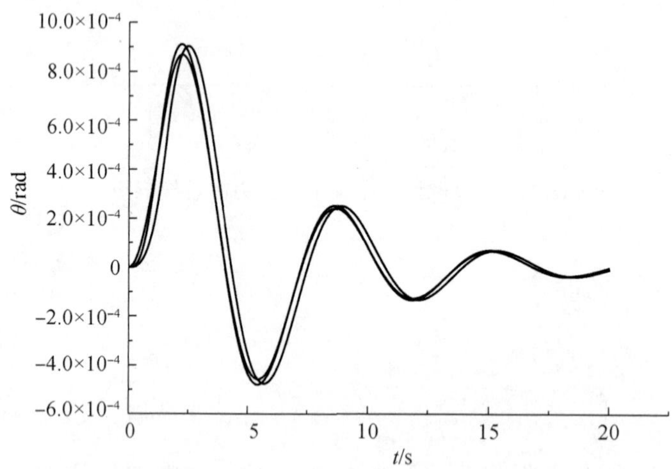

图 4-10　力作用时间为 1/4 周期时三种力的系统响应

因此，当力作用时间小于 1/4 周期时，系统响应特点与冲量瞬间作用的系统响应相似，可看做是瞬间冲量作用，并且只要冲量相同，力的波形影响较小。

通过上述计算分析，可知脉冲力作用下系统响应特点为：

(1) 脉冲力作用下，系统响应曲线的峰值反映了脉冲力的冲量大小，脉冲力的

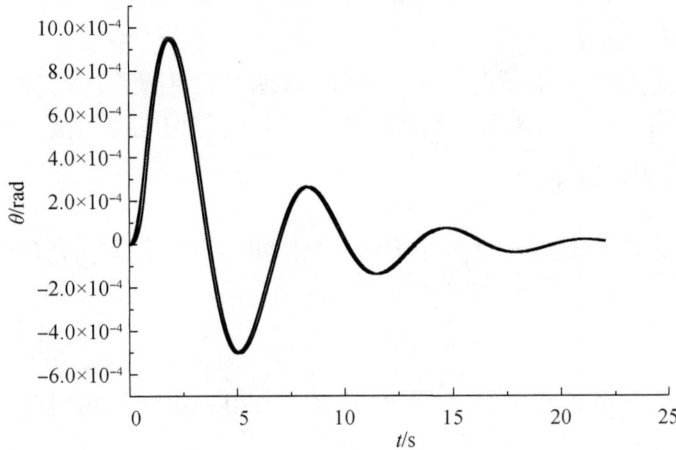

图 4-11　力作用时间为 1/8 周期时三种力的系统响应

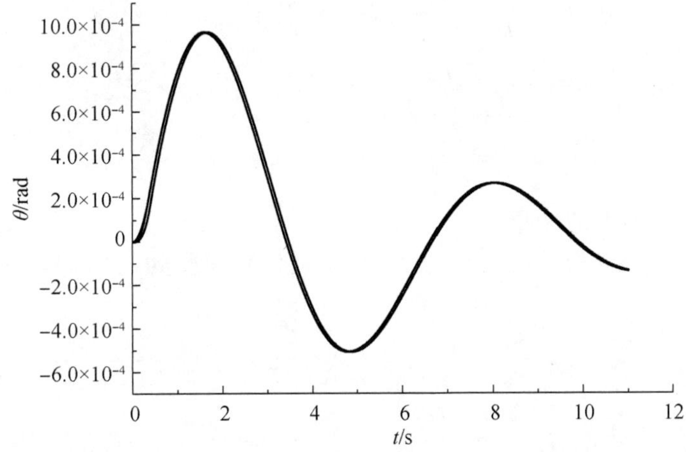

图 4-12　力作用时间为 1/16 周期时三种力的系统响应

冲量越大，系统响应曲线的峰值越大。

(2) 当力的作用时间小于系统振动周期的 1/4 时，可看做是脉冲力作用或瞬间冲量作用情况。此时，只要冲量相同，不论作用时间不同或力波形不同，系统响应基本接近，尤其是力作用时间越短，系统响应之间差别越小。

4.2　冲量瞬间作用模型的误差分析

当推力的作用时间小于系统振动周期的 1/4 时，可看做是脉冲力作用情况，此时，主要关注推力的冲量大小，称为冲量瞬间作用情况。

认为冲量作用时间趋近于零，建立的冲量测量和计算模型称为冲量瞬间作用模型。实际上冲量作用总是占用一定时间，与理想的冲量作用时间趋近于零存在偏离，造成模型误差[4—6]，需要了解和掌握冲量瞬间作用模型的模型误差。

4.2.1　冲量模型误差分析

冲量大小为 S 的瞬间冲量作用下（冲量作用时间趋近于零，忽略不计），测量系统响应为

$$\theta(t)=\frac{SL_f}{J\omega_d}\mathrm{e}^{-\zeta\omega_n t}\sin(\omega_d t) \tag{4.4}$$

这是冲量瞬间作用的理想模型，实际的力总是占用一定的作用时间。下面研究力作用时间与系统周期和测量误差之间的关系。

设作用力为 $f(t)=f_0(0\leqslant t\leqslant T_0, T_0$ 为力作用时间），力臂为 L_f，产生的力矩为 $M(t)=f_0L_f$，测量系统响应为

$$\begin{aligned}\theta_1(t)&=\frac{L_f}{J\omega_d}\int_0^t f(\tau)\mathrm{e}^{-\zeta\omega_n(t-\tau)}\sin[\omega_d(t-\tau)]\mathrm{d}\tau\\&=\frac{f_0T_0L_f}{J\omega_dT_0}\int_0^t \mathrm{e}^{-\zeta\omega_n(t-\tau)}\sin[\omega_d(t-\tau)]\mathrm{d}\tau\\&=\frac{SL_f}{J\omega_d}\frac{1}{T_0}\int_0^t \mathrm{e}^{-\zeta\omega_n(t-\tau)}\sin[\omega_d(t-\tau)]\mathrm{d}\tau\end{aligned} \tag{4.5}$$

式中，$S=f_0T_0$ 为力的冲量。

当 $t>T_0$ 时，以初始扭转角为 $\theta_1(T_0)$、初始角速度为 $\dot{\theta}_1(T_0)$，进行自由振动，并且有

$$\theta_1(T_0)=\frac{SL_f}{J\omega_d}\frac{1}{T_0}\int_0^{T_0}\mathrm{e}^{-\zeta\omega_n(T_0-\tau)}\sin[\omega_d(T_0-\tau)]\mathrm{d}\tau$$

$$\dot{\theta}_1(T_0)=\frac{SL_f\omega_n}{J\omega_d}\frac{1}{T_0}\int_0^{T_0}\mathrm{e}^{-\zeta\omega_n(T_0-\tau)}\cos[\omega_d(T_0-\tau)+\alpha_1]\mathrm{d}\tau$$

$$\alpha_1=\arctan\frac{\zeta\omega_n}{\omega_d}=\arctan\frac{\zeta}{\sqrt{1-\zeta^2}}$$

当 $t>T_0$ 时，自由振动阶段的系统响应为

$$\theta_2(t-T_0)=\sqrt{\theta_1^2(T_0)+\left[\frac{\theta_1(T_0)\zeta\omega_n+\dot{\theta}_1(T_0)}{\omega_d}\right]^2}\mathrm{e}^{-\zeta\omega_n(t-T_0)}\sin[\omega_d(t-T_0)+\alpha_2] \tag{4.6}$$

$$\alpha_2=\arctan\frac{\theta_1(T_0)\omega_d}{\theta_1(T_0)\zeta\omega_n+\dot{\theta}_1(T_0)}$$

为了讨论方便，引入无量纲量

$$A=\frac{1}{T_0}\int_0^{T_0}\mathrm{e}^{-\zeta\omega_n(T_0-\tau)}\sin[\omega_d(T_0-\tau)]\mathrm{d}\tau$$

$$B=\frac{1}{T_0}\int_0^{T_0}\mathrm{e}^{-\zeta\omega_n(T_0-\tau)}\cos[\omega_d(T_0-\tau)+\alpha_1]\mathrm{d}\tau$$

可得

$$\theta_1(T_0)=\frac{SL_f}{J\omega_d}\frac{1}{T_0}\int_0^{T_0}\mathrm{e}^{-\zeta\omega_n(T_0-\tau)}\sin[\omega_d(T_0-\tau)]\mathrm{d}\tau=\frac{SL_fA}{J\omega_d}$$

$$\frac{\theta_1(T_0)\zeta\omega_n}{\omega_d}=\frac{SL_f\zeta\omega_n}{J\omega_d^2}\frac{1}{T_0}\int_0^{T_0}\mathrm{e}^{-\zeta\omega_n(T_0-\tau)}\sin[\omega_d(T_0-\tau)]\mathrm{d}\tau=\frac{SL_f\zeta\omega nA}{J\omega_d^2}$$

$$\frac{\dot{\theta}_1(T_0)}{\omega_d}=\frac{SL_f\omega n}{J\omega_d^2}\frac{1}{T_0}\int_0^{T_0}\mathrm{e}^{-\zeta\omega_n(T_0-\tau)}\cos[\omega_d(T_0-\tau)+\alpha_1]\mathrm{d}\tau=\frac{SL_f\omega nB}{J\omega_d^2}$$

$$\begin{aligned}&\sqrt{\theta_1^2(T_0)+\left[\frac{\theta_1(T_0)\zeta\omega_n+\dot{\theta}_1(T_0)}{\omega_d}\right]^2}\\&=\sqrt{\left(\frac{SL_fA}{J\omega_d}\right)^2+\left(\frac{SL_f}{J\omega_d}\right)^2\left(\frac{\zeta\omega_nA+\omega_nB}{\omega_d}\right)^2}\\&=\frac{SL_f}{J\omega_d}\sqrt{A^2+\left(\frac{\zeta A+B}{\sqrt{1-\zeta^2}}\right)^2}\end{aligned}$$

$$\begin{aligned}\alpha_2&=\arctan\frac{\theta_1(T_0)\omega_d}{\theta_1(T_0)\zeta\omega_n+\dot{\theta}_1(T_0)}\\&=\arctan\frac{\dfrac{SL_fA}{J\omega_d}}{\dfrac{SL_f\zeta\omega_nA}{J\omega_d^2}+\dfrac{SL_f\omega_nB}{J\omega_d^2}}\\&=\arctan\frac{\omega_dA}{\zeta\omega_nA+\omega_nB}\\&=\arctan\frac{\sqrt{1-\zeta^2}A}{\zeta A+B}\end{aligned}$$

因此，自由振动方程改写为

$$\theta_2(t-T_0)=\frac{SL_f}{J\omega_d}\sqrt{A^2+\left(\frac{\zeta A+B}{\sqrt{1-\zeta^2}}\right)^2}\,\mathrm{e}^{-\zeta\omega_n(t-T_0)}\sin[\omega_d(t-T_0)+\alpha_2]\tag{4.7}$$

这是冲量为 S 和作用时间为 T_0 的条件下系统响应方程，与冲量瞬间作用理想模型有区别。

1. 一般扭转角下模型相对误差分析

为了分析和讨论方便，将时间采用测量系统周期 $T_d=2\pi/\omega_d$ 无量纲化，设

$$\begin{cases}k_{T_0}=\dfrac{T_0}{T_d}=\dfrac{T_0\omega_d}{2\pi}\\[2ex]k_t=\dfrac{t}{T_d}=\dfrac{t\omega_d}{2\pi}\end{cases}\tag{4.8}$$

可得

$$\begin{cases}\omega_d T_0 = 2\pi k_{T_0}, & 0 \leqslant k_{T_0} \leqslant 1/4 \\ \omega_d t = 2\pi k_t, & k_t \geqslant k_{T_0}\end{cases}$$

式中，若 $T_0/T_d \leqslant 1/4$ 则要求 $k_{T_0} \leqslant 1/4$；若 $t \geqslant T_0$ 则要求 $k_t \geqslant k_{T_0}$。

在力作用时间为 T_0 的冲量 S 作用下，真实系统响应为

$$\theta_2(t-T_0) = \frac{SL_f}{J\omega_d}\sqrt{A^2 + \left(\frac{\zeta A + B}{\sqrt{1-\zeta^2}}\right)^2}\,\mathrm{e}^{-\frac{\zeta}{\sqrt{1-\zeta^2}}2\pi(k_t - k_{T_0})}\sin[2\pi(k_t - k_{T_0}) + \alpha_2] \tag{4.9}$$

$$\alpha_2 = \arctan\frac{\sqrt{1-\zeta^2}A}{\zeta A + B} \tag{4.10}$$

令 $\tau = T_0 s$ 可得

$$A = \int_0^1 \mathrm{e}^{-\frac{\zeta}{\sqrt{1-\zeta^2}}2\pi k_{T_0}(1-s)}\sin[2\pi k_{T_0}(1-s)]\mathrm{d}s \tag{4.11}$$

$$B = \int_0^1 \mathrm{e}^{-\frac{\zeta}{\sqrt{1-\zeta^2}}2\pi k_{T_0}(1-s)}\cos[2\pi k_{T_0}(1-s) + \alpha_1]\mathrm{d}s \tag{4.12}$$

$$\alpha_1 = \arctan\frac{\zeta}{\sqrt{1-\zeta^2}} \tag{4.13}$$

在力作用时间为 T_0 的冲量 S 作用下，当 $t \geqslant T_0$ 时，实际观测得到的是真实系统响应 $\theta_2(t-T_0)$，但是采用冲量瞬间作用模型计算冲量，将真实系统响应和时间代入冲量瞬间作用模型计算冲量值为 S'，即有

$$\theta_2(t-T_0) = \frac{S'L_f}{J\omega_d}\mathrm{e}^{-\zeta\omega_n t}\sin(\omega_d t), \quad t \geqslant T_0$$

代入 $\omega_d t = 2\pi k_t (k_t \geqslant k_{T_0})$，上式简化可得

$$S' = \frac{J\omega_d}{L_f}\frac{\theta_2(t-T_0)\mathrm{e}^{\frac{\zeta}{\sqrt{1-\zeta^2}}2\pi k_t}}{\sin(2\pi k_t)}, \quad k_t \geqslant k_{T_0}$$

实际施加的冲量为 S，根据冲量瞬间作用模型，冲量的估计值为 S'，冲量的相对误差为

$$\varepsilon_M = \frac{S'-S}{S} = \frac{\sqrt{A^2 + \left(\frac{\zeta A + B}{\sqrt{1-\zeta^2}}\right)^2}\,\mathrm{e}^{\frac{\zeta}{\sqrt{1-\zeta^2}}2\pi k_{T_0}}\sin[2\pi(k_t - k_{T_0}) + \alpha_2]}{\sin(2\pi k_t)} - 1 \tag{4.14}$$

此式就是冲量瞬间作用模型的相对误差分析公式，影响相对误差的因素为阻尼比 ζ 和作用力与周期的比值 $k_{T_0}(k_{T_0} \leqslant 1/4)$，参数 $k_t(k_t \geqslant k_{T_0})$ 仅反映相对误差随着时间变化。

当 $2\pi k_t = i\pi(i=0,1,2,\cdots)$ 时，$t=(i/2)T_d(i=0,1,2,\cdots)$ 和 $\sin(2\pi k_t)=0$，由于冲量瞬间作用条件下系统响应以周期 T_d 按照 $\sin\omega_d t$ 周期性变化，因此，当扭转角趋近于零时，模型相对误差急剧增大，所以采用冲量瞬间作用模型计算冲量时，

所选择扭转角应尽量远离零点附近。

当 $\zeta=0.1$ 和 $k_{T_0}=10^{-5}$ 时，冲量瞬间作用模型相对误差 ε_M 随着 k_t 的变化曲线如图 4-13 所示。随着 k_t 增大，模型的相对误差 ε_M 周期性变化，除了扭转角为零(对应时间 $k_t=0,0.5,1.0,\cdots$)附近以外，冲量瞬间作用模型的相对误差基本满足 $|\varepsilon_M|\leqslant 10^{-4}$。

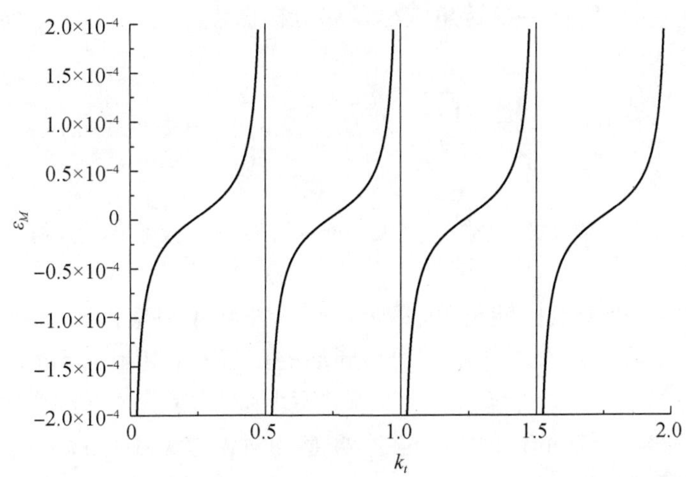

图 4-13　冲量瞬间作用模型相对误差 ε_M 随着 k_t 的变化曲线

当 $k_{T_0}=10^{-5}$ 时，阻尼比取 $\zeta=0.3,0.2,0.1$，考察第一个周期内冲量瞬间作用模型相对误差 ε_M 随着 k_t 和阻尼比的变化，如图 4-14 所示。显然随着阻尼比增大，模型相对误差稍有增大。

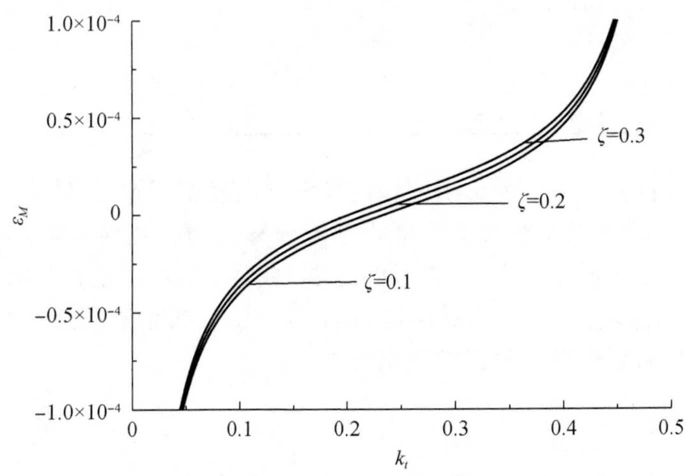

图 4-14　模型相对误差 ε_M 随着 k_t 和阻尼比 ζ 的变化曲线

2. 极值点扭转角下模型相对误差分析

当 $2\pi k_t=(i+1/2)\pi(i=0,1,2,\cdots)$ 时，$t=(i/2+1/4)T_d(i=0,1,2,\cdots)$ 和 $|\sin(2\pi k_t)|=1$。由于冲量瞬间作用条件下系统响应以周期 T_d 按照 $\sin(\omega_d t)$ 周期性变化，因此，当扭转角趋近于极值点时，模型相对误差最小，所以采用冲量瞬间作用模型计算冲量时，所选择扭转角应尽量趋近极值点附近。此时，冲量瞬间作用模型的相对误差为

$$\varepsilon_M=(-1)^i\sqrt{A^2+\left(\frac{\zeta A+B}{\sqrt{1-\zeta^2}}\right)^2}\,e^{\frac{\zeta}{\sqrt{1-\zeta^2}}2\pi k_{T_0}}\sin\left[\left(i+\frac{1}{2}\right)\pi-2\pi k_{T_0}+\alpha_2\right]-1 \tag{4.15}$$

式中，$i=0,1,2,\cdots$，依次对应第一个极大值点、第一个极小值点、第二个极大值点、第二个极小值点、…。

计算表明，在极值点扭转角下，每个极值点扭转角对应的模型相对误差相同，模型相对误差影响因素有力作用时间与周期的比值 k_{T_0} 和阻尼比 ζ。

在常用阻尼比 $0.1\leqslant\zeta\leqslant0.4$ 条件下，模型相对误差随着 k_{T_0} 变化，如表 4-1 所示。力作用时间与周期的比值 k_{T_0} 越小，模型相对误差越小，当 $k_{T_0}\leqslant10^{-2}$ 时，模型相对误差不大于 1.32%。

表 4-1 极值点扭转角下冲量瞬间作用模型的相对误差

相对误差 ε_M \ k_{T_0} \ ζ	10^{-2}	10^{-3}	10^{-5}	10^{-6}
0.1	2.503109×10^{-3}	3.092256×10^{-4}	3.156768×10^{-6}	3.157354×10^{-7}
0.2	5.776049×10^{-3}	6.349631×10^{-4}	6.412119×10^{-6}	6.412686×10^{-7}
0.3	9.277579×10^{-3}	9.820468×10^{-4}	9.879259×10^{-6}	9.879793×10^{-7}
0.4	1.316570×10^{-2}	1.365764×10^{-3}	1.371050×10^{-5}	1.371098×10^{-6}

由上述分析可知，采用冲量瞬间作用模型存在模型误差，具体为：

(1) 冲量瞬间作用模型的误差主要影响因素为力作用时间与周期的比值，该比值越小，模型相对误差越小；随着阻尼比增大，模型相对误差略有增大。

(2) 随着时间增大，模型相对误差周期性变化，在极值点附近模型相对误差最小；在零扭转角附近模型相对误差急剧增大。

4.2.2 应用举例

扭摆冲量测量系统的参数标定结果为：振动周期为 $T_d=0.536506$s，阻尼比为 $\zeta=6.47\times10^{-4}$，力作用时间为 $T_0<10^{-7}$s，有

$$k_{T_0}=\frac{T_0}{T_d}=\frac{10^{-7}}{0.536506}=1.863912\times 10^{-7}$$

此时，第一个极值点附近模型相对误差 ε_M 随着 k_t 变化，如图 4-15 所示，$0.1\leqslant k_t\leqslant 0.4$ 时，模型误差 $|\varepsilon_M|\leqslant 10^{-6}$，模型相对误差可忽略不计。

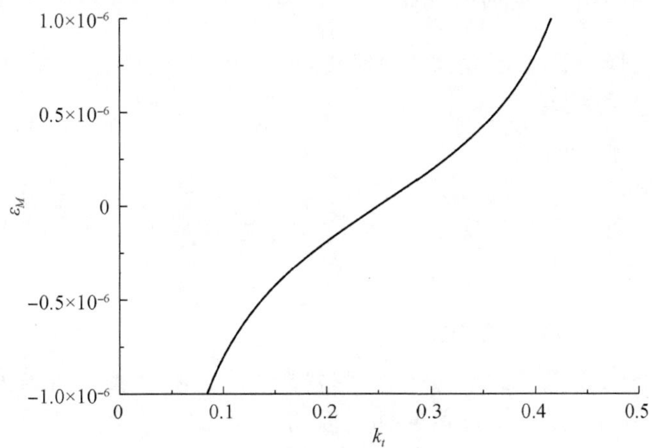

图 4-15　第一个极值点附近模型相对误差 ε_M 随着 k_t 的变化

按照冲量瞬间作用模型，扭转角随着时间变化为

$$\theta(t)=\frac{SL_f}{J\omega_d}\mathrm{e}^{-\zeta\omega_n t}\sin(\omega_d t)$$

由于阻尼比 $\zeta=6.47\times 10^{-4}$ 很小，且在第一个极值点附近 $0\leqslant\omega_d t\leqslant\pi$，因此 $\mathrm{e}^{-\zeta\omega_n t}\approx 1$。第一个极值点对应扭转角为

$$\theta(t_{M1})\approx\frac{SL_f}{J\omega_d}\sin(\omega_d t_{M1})=\frac{SL_f}{J\omega_d}$$

式中，$\omega_d t_{M1}=\pi/2$。

在第一个极值点附近，且 $\omega_d t\leqslant 0.4\omega_d T_d=0.4\times 2\pi$ 和 $\omega_d t\geqslant 0.1\omega_d T_d=0.1\times 2\pi$ 范围内，有 $\theta(t)\geqslant\sin(0.8\pi)\theta(t_{M1})=0.588\theta(t_{M1})$。因此，在第一个极值点附近，$0.1T_d\leqslant t\leqslant 0.4T_d$ 时间范围内，$\theta(t)\geqslant 0.588\theta(t_{M1})$ 扭转角范围内，选取扭转角和时间，冲量瞬间作用模型相对误差 $|\varepsilon_M|\leqslant 10^{-6}$。

4.3　冲量测量的误差分析方法

冲量测量的误差来源于：①测量噪声，包括测量环境、位移传感器、冲量加载冲击等干扰的影响；②冲量瞬间作用模型的误差。冲量测量过程中，测量噪声引起的误差称为冲量噪声误差；冲量瞬间作用模型引起的误差称为冲量模型误差。

如果脉冲力作用时间与测量系统周期比较足够小，那么冲量模型误差可忽略不计，只考虑冲量噪声误差的影响。

4.3.1 冲量噪声误差分析

1. 有测量噪声下冲量的估计值

在冲量瞬间作用模型误差忽略不计的条件下，下面讨论冲量噪声误差。冲量 S 瞬间作用下，实际扭转角为

$$\begin{aligned}\Theta(t)&=\theta(t)+\Delta\theta(t)\\&=\frac{SL_f}{J\omega_d}e^{-\frac{\zeta}{\sqrt{1-\zeta^2}}\omega_d t}\sin(\omega_d t)+\Delta\theta(t)=\frac{SL_f\omega_d}{k(1-\zeta^2)}e^{-\frac{\zeta}{\sqrt{1-\zeta^2}}\omega_d t}\sin(\omega_d t)+\Delta\theta(t)\end{aligned}\tag{4.16}$$

式中，测量噪声为 $\Delta\theta(t)\sim N(0,\sigma^2)$。

采用阶跃响应方法标定系统参数，振动频率 ω_d、阻尼比 ζ 和扭转刚度系数 k 的标定值为 $\hat{\omega}_d$、$\hat{\zeta}$ 和 $\hat{k}$，真实扭转角的估计值为

$$\hat{\theta}(t)=\frac{S\hat{L}_f\hat{\omega}_d}{\hat{k}(1-\hat{\zeta}^2)}e^{-\frac{\hat{\zeta}}{\sqrt{1-\hat{\zeta}^2}}\hat{\omega}_d t}\sin(\hat{\omega}_d t)\tag{4.17}$$

式中，力臂估计值 $\hat{L}_f$ 通过千分尺测量和统计分析得到。上述测量系统参数在阶跃力作用下，首先通过统计分析估计，然后基于最小二乘法进行验校和微调整。

实际系统响应测量值为 $\Theta(t_i)(i=1,2,\cdots,n)$，设

$$\hat{\theta}(t)=S\vartheta(t)$$

其中

$$\vartheta(t)=\frac{\hat{L}_f\hat{\omega}_d}{\hat{k}(1-\hat{\zeta}^2)}e^{-\frac{\hat{\zeta}}{\sqrt{1-\hat{\zeta}^2}}\hat{\omega}_d t}\sin(\hat{\omega}_d t)$$

令

$$J=\sum_{i=1}^{n}[\Delta\theta(t_i)]^2=\sum_{i=1}^{n}[\Theta(t_i)-S\vartheta(t_i)]^2\to\min$$

可得

$$\frac{\partial J}{\partial S}=-2\sum_{i=1}^{n}[\Theta(t_i)-S\vartheta(t_i)]\vartheta(t_i)=0$$

整理可得冲量的估计值为

$$\hat{S}=\frac{\sum_{i=1}^{n}\Theta(t_i)\vartheta(t_i)}{\sum_{i=1}^{n}\vartheta^2(t_i)}\tag{4.18}$$

2. 有测量噪声下冲量的方差

由于 $\Theta(t_i)=S\vartheta(t_i)+\Delta\theta(t_i)$，$\Delta\theta(t_i)\sim N(0,\sigma^2)$ 为零均值正态分布随机变量，因此，$\hat{S}$ 也是正态分布随机变量，其均值为

$$E(\hat{S})=\frac{\sum_{i=1}^{n}E[\Theta(t_i)]\vartheta(t_i)}{\sum_{i=1}^{n}\vartheta^2(t_i)}=\frac{\sum_{i=1}^{n}E[S\vartheta(t_i)+\Delta\theta(t_i)]\vartheta(t_i)}{\sum_{i=1}^{n}\vartheta^2(t_i)}=S \tag{4.19}$$

显然，$\hat{S}$ 是冲量 S 的无偏估计值，其方差为

$$D(\hat{S})=\frac{\sum_{i=1}^{n}D[\Theta(t_i)]\vartheta^2(t_i)}{\left[\sum_{i=1}^{n}\vartheta^2(t_i)\right]^2}=\frac{\sum_{i=1}^{n}D[S\vartheta(t_i)+\Delta\theta(t_i)]\vartheta^2(t_i)}{\left[\sum_{i=1}^{n}\vartheta^2(t_i)\right]^2}=\frac{\sigma^2}{\sum_{i=1}^{n}\vartheta^2(t_i)} \tag{4.20}$$

此时建立了估计值 $\hat{S}$ 的方差 $D(\hat{S})$ 与 $\Delta\theta(t_i)$ 的方差 σ^2 之间的关系。

得到冲量估计值后，残差表示为

$$\delta_i=\Theta(t_i)-\hat{S}\vartheta(t_i)=S\vartheta(t_i)+\Delta\theta(t_i)-\hat{S}\vartheta(t_i)=(S-\hat{S})\vartheta(t_i)+\Delta\theta(t_i)$$

则有

$$\delta_i^2=[\Delta\theta(t_i)]^2+2[\Delta\theta(t_i)](S-\hat{S})\vartheta(t_i)+(S-\hat{S})^2\vartheta^2(t_i)$$

求和可得

$$\sum_{i=1}^{n}\delta_i^2=\sum_{i=1}^{n}[\Delta\theta(t_i)]^2+2(S-\hat{S})\sum_{i=1}^{n}[\Delta\theta(t_i)]\vartheta(t_i)+(S-\hat{S})^2\sum_{i=1}^{n}\vartheta^2(t_i)$$

由于

$$S-\hat{S}=S-\frac{\sum_{i=1}^{n}\Theta(t_i)\vartheta(t_i)}{\sum_{i=1}^{n}\vartheta^2(t_i)}=S-\frac{\sum_{i=1}^{n}[S\vartheta(t_i)+\Delta\theta(t_i)]\vartheta(t_i)}{\sum_{i=1}^{n}\vartheta^2(t_i)}$$

$$=-\frac{\sum_{i=1}^{n}[\Delta\theta(t_i)]\vartheta(t_i)}{\sum_{i=1}^{n}\vartheta^2(t_i)}$$

因此可得

$$2(S-\hat{S})\sum_{i=1}^{n}[\Delta\theta(t_i)]\vartheta(t_i)=-2\frac{\sum_{i=1}^{n}[\Delta\theta(t_i)]\vartheta(t_i)}{\sum_{i=1}^{n}\vartheta^2(t_i)}\sum_{j=1}^{n}[\Delta\theta(t_j)]\vartheta(t_j)$$

$$= -2\frac{\sum_{i=1}^{n}\sum_{j=1}^{n}[\Delta\theta(t_i)][\Delta\theta(t_j)]\vartheta(t_i)\vartheta(t_j)}{\sum_{i=1}^{n}\vartheta^2(t_i)}$$

由于

$$(S-\hat{S})^2 = \frac{\sum_{i=1}^{n}[\Delta\theta(t_i)]\vartheta(t_i)\sum_{j=1}^{n}[\Delta\theta(t_j)]\vartheta(t_j)}{\left[\sum_{i=1}^{n}\vartheta^2(t_i)\right]^2}$$

因此可得

$$(S-\hat{S})^2\sum_{i=1}^{n}\vartheta^2(t_i) = \frac{\sum_{i=1}^{n}[\Delta\theta(t_i)]\vartheta(t_i)\sum_{j=1}^{n}[\Delta\theta(t_j)]\vartheta(t_j)}{\left[\sum_{i=1}^{n}\vartheta^2(t_i)\right]^2}\sum_{i=1}^{n}\vartheta^2(t_i)$$

$$= \frac{\sum_{i=1}^{n}\sum_{j=1}^{n}[\Delta\theta(t_i)][\Delta\theta(t_j)]\vartheta(t_i)\vartheta(t_j)}{\sum_{i=1}^{n}\vartheta^2(t_i)}$$

所以有

$$2(S-\hat{S})\sum_{i=1}^{n}[\Delta\theta(t_i)]\vartheta(t_i) + (S-\hat{S})^2\sum_{i=1}^{n}\vartheta^2(t_i)$$

$$= -\frac{\sum_{i=1}^{n}\sum_{j=1}^{n}[\Delta\theta(t_i)][\Delta\theta(t_j)]\vartheta(t_i)\vartheta(t_j)}{\sum_{i=1}^{n}\vartheta^2(t_i)}$$

等式两边取均值,可得

$$E\left\{2(S-\hat{S})\sum_{i=1}^{n}[\Delta\theta(t_i)]\vartheta(t_i) + (S-\hat{S})^2\sum_{i=1}^{n}\vartheta^2(t_i)\right\}$$

$$= -\frac{\sum_{i=1}^{n}\sum_{j=1}^{n}E\{[\Delta\theta(t_i)][\Delta\theta(t_j)]\}\vartheta(t_i)\vartheta(t_j)}{\sum_{i=1}^{n}\vartheta^2(t_i)} = -\frac{\sum_{i=1}^{n}E[\Delta\theta(t_i)]^2\vartheta^2(t_i)}{\sum_{i=1}^{n}\vartheta^2(t_i)}$$

$$= -\sigma^2$$

式中,$E\{[\Delta\theta(t_i)][\Delta\theta(t_j)]\} = 0(i \neq j)$。

又由于

$$\sum_{i=1}^{n}\delta_i^2 = \sum_{i=1}^{n}[\Delta\theta(t_i)]^2 + 2(S-\hat{S})\sum_{i=1}^{n}[\Delta\theta(t_i)]\vartheta(t_i) + (S-\hat{S})^2\sum_{i=1}^{n}\vartheta^2(t_i)$$

等式两边取均值,可得

$$E\left(\sum_{i=1}^{n}\delta_i^2\right)=\sum_{i=1}^{n}E\left[\Delta\theta(t_i)\right]^2+E\left\{2(S-\hat{S})\sum_{i=1}^{n}\left[\Delta\theta(t_i)\right]\vartheta(t_i)+(S-\hat{S})^2\sum_{i=1}^{n}\vartheta^2(t_i)\right\}$$
$$=n\sigma^2-\sigma^2=(n-1)\sigma^2$$

因此,方差 σ^2 的估计值为

$$\hat{\sigma}^2=\frac{1}{n-1}\sum_{i=1}^{n}\delta_i^2=\frac{1}{n-1}\sum_{i=1}^{n}\left[\Theta(t_i)-\hat{S}\vartheta(t_i)\right]^2 \tag{4.21}$$

冲量估计值的方差为

$$\hat{\sigma}_{\hat{S}}^2=\frac{\sum_{i=1}^{n}\left[\Theta(t_i)-\hat{S}\vartheta(t_i)\right]^2}{(n-1)\sum_{i=1}^{n}\vartheta^2(t_i)} \tag{4.22}$$

已知冲量 S 的估计值 $\hat{S}$ 和方差 $\hat{\sigma}_{\hat{S}}^2$,给定概率 $1-\alpha$ 的置信区间为

$$|S-\hat{S}|\leqslant u_{1-\alpha/2}\hat{\sigma}_{\hat{S}} \tag{4.23}$$

式中,$u_{1-\alpha/2}$ 的选取如表 4-2 所示。

表 4-2　常用标准正态分布的分位数

给定概率 $1-\alpha$	分位数 $u_{1-\alpha/2}$
0.90	1.644854
0.95	1.959964
0.99	2.5758294

4.3.2　冲量模型误差与冲量噪声误差的合成

冲量 S 测量的误差由两部分组成,冲量模型误差用 ΔS_1 表示,冲量噪声误差用 $\Delta S_2=u_{1-\alpha/2}\hat{\sigma}_{\hat{S}}$ 表示,冲量测量误差为

$$\Delta S=\Delta S_1+\Delta S_2=\Delta S_1+u_{1-\alpha/2}\hat{\sigma}_{\hat{S}}$$

冲量测量相对误差为

$$\frac{\Delta S}{\hat{S}}=\frac{\Delta S_1}{\hat{S}}+\frac{\Delta S_2}{\hat{S}}=\varepsilon_M+\frac{u_{1-\alpha/2}\hat{\sigma}_{\hat{S}}}{\hat{S}} \tag{4.24}$$

式中,ε_M 为冲量相对模型误差;$\varepsilon_N=u_{1-\alpha/2}\hat{\sigma}_{\hat{S}}/\hat{S}$ 为冲量相对噪声误差。

因此,冲量测量时误差合成方法为:

(1) 根据力作用时间与测量系统周期的比值,以及阻尼比,计算冲量瞬间作用模型的模型误差,可得冲量相对模型误差为 ε_M。

(2) 根据冲量瞬间作用模型,采用最小二乘法,计算冲量 S 的估计值 $\hat{S}$ 和方差

$\hat{\sigma}_{\hat{S}}^2$，可得冲量相对噪声误差为 $\varepsilon_N=\dfrac{u_{1-\alpha/2}\hat{\sigma}_{\hat{S}}}{\hat{S}}$。

（3）冲量测量相对误差为

$$\varepsilon=\varepsilon_M+\varepsilon_N=\varepsilon_M+\frac{u_{1-\alpha/2}\hat{\sigma}_{\hat{S}}}{\hat{S}} \tag{4.25}$$

（4）冲量测量绝对误差为

$$\Delta S=\varepsilon_M\hat{S}+u_{1-\alpha/2}\hat{\sigma}_{\hat{S}} \tag{4.26}$$

4.3.3 应用举例

下面通过一个工程实例分析和讨论冲量测量和误差分析方法。

1. 试验环境和噪声分析

在真空舱中真空度为 40Pa 的环境下，采用波长 1064nm 和脉宽 8ns 的固体 YAG 激光器，以激光功率密度 $10^9\ \mathrm{W/cm^2}$ 烧蚀铝制靶材，烧蚀过程持续时间小于 100ns。扭摆测量系统在瞬间作用冲量下产生振动，测量臂 $L_s=145\mathrm{mm}$，该点处位移 $h(t)$ 随着时间变化，如图 4-16 所示，此时位移是相对位移，即不是以平衡位置为零位移的真实位移，记录时间是相对时间，即也不是以加载时刻为零时刻的加载时间。

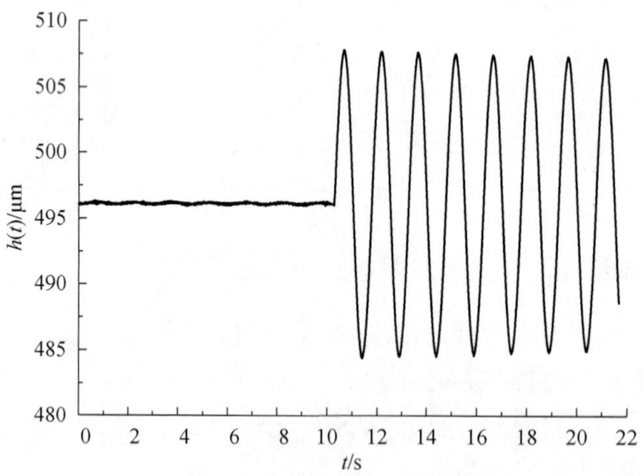

图 4-16 扭摆振动位移随着时间变化的曲线

图 4-17 为图 4-16 中水平线段的放大图，是未加载冲量前位移随着时间变化的曲线。显然，初始系统噪声包括周期性分量和随机性分量，总噪声幅值在0.3μm以内。

图 4-18 为图 4-17 数据的功率谱密度随着频率变化的曲线。对于大幅值周期性噪声，频率为 4rad/s（与测量系统振动频率相同）；对于小幅值周期性噪声，频率分别为 213rad/s 和 326rad/s；另外还有随机性噪声干扰。

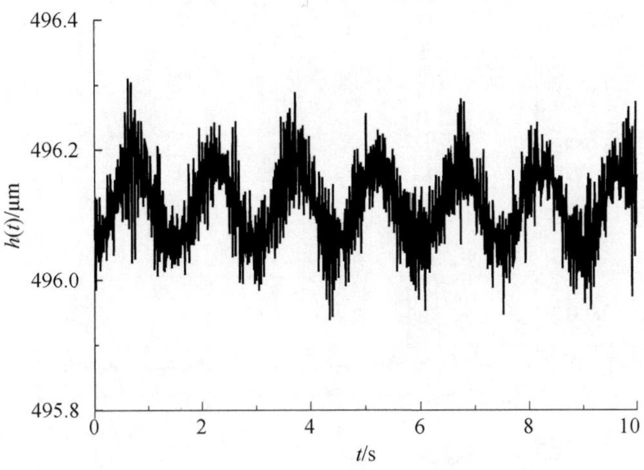

图 4-17　未加载冲量前位移随着时间变化的放大图

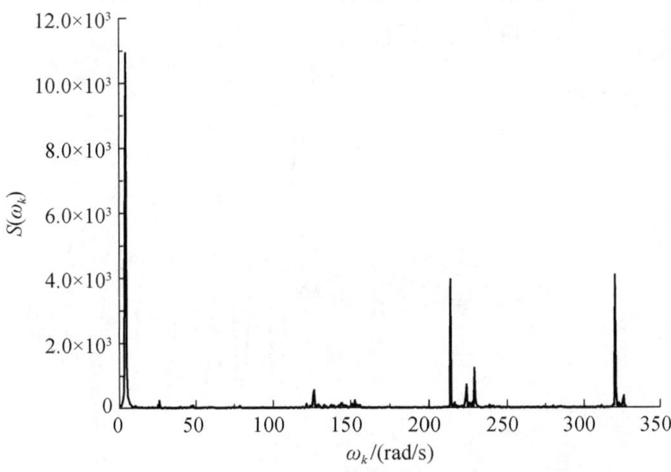

图 4-18　未加载冲量前功率谱密度随着频率变化的曲线

图 4-19 为加载冲量后功率谱密度随着频率变化的曲线。显然，测量系统振动频率约为 4rad/s。

以上实例表明，测量系统噪声主要是与测量系统振动频率相同的周期性噪声，以及随机性噪声。

2. 系统参数标定与误差

根据未加载冲量前水平线段数据，计算平均位移为 $4.961151\times10^{2}\mu m$，将位移随着时间变化数据转换为扭转角随着时间变化数据，进一步计算扭转角和扭转角

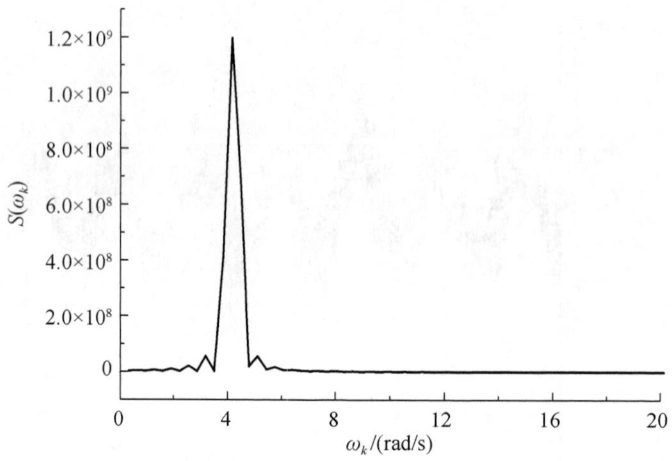

图 4-19　加载冲量后功率谱密度随着频率变化的曲线

的导数。扭转角的导数随着时间变化的曲线如图 4-20 所示。在图 4-20 中，扭转角导数急剧变化处就是冲量加载时刻。

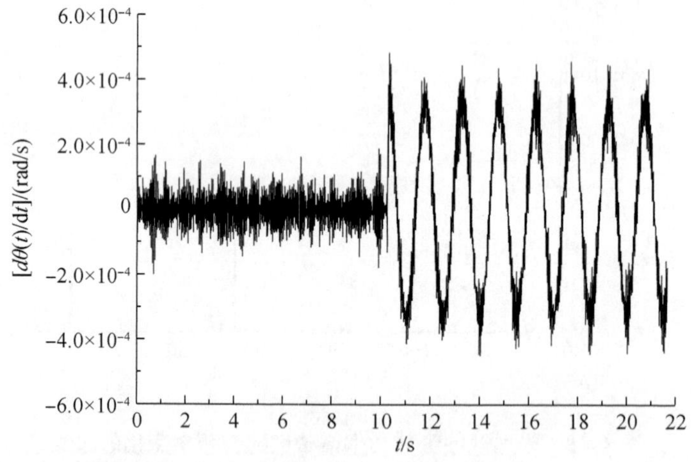

图 4-20　扭转角导数随着时间变化的曲线

根据扭转角随着时间变化的数据，计算测量系统振动频率为 $\hat{\omega}_d=4.200254\text{rad/s}$，标准差为 $\sigma_{\hat{\omega}_d}=4.046976\times10^{-3}\text{rad/s}$，半周期为 $\hat{T}_d/2=7.479530\times10^{-1}\text{s}$。

根据扭转角随着时间变化的数据，由第二个扭转角为零时刻，向前推半个周期 $\hat{T}_d/2=7.479530\times10^{-1}\text{s}$，补充第一个扭转角为零时刻，即确定了冲量加载时刻，以该时刻为零时刻，将扭转角随着时间变化数据转换为系统响应数据，如图 4-21

所示。

根据系统响应数据，利用扭转角极值点，计算阻尼比为 $\hat{\zeta}=1.156753\times10^{-3}$，标准差为 $\sigma_{\zeta}=4.642321\times10^{-4}\,\mathrm{rad/s}$。

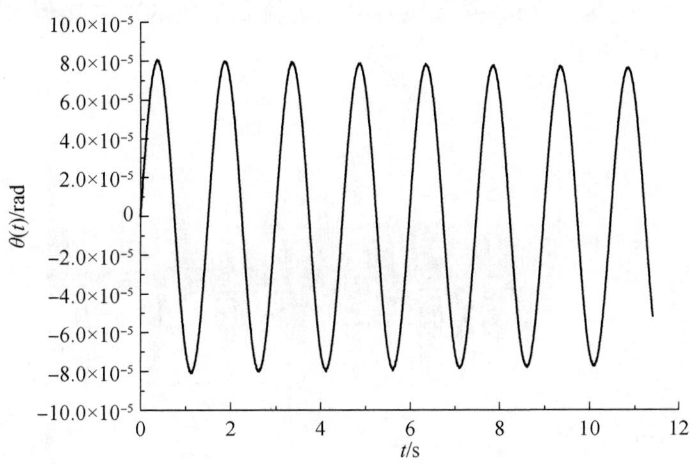

图 4-21　系统响应数据

3. 系统参数验校

通过标定，求得系统参数估计值和标准差条件下，验校系统参数是否符合要求。设扭转角的平均位置曲线为

$$\hat{\theta}(t)=S_c\vartheta(t)$$

$$S_c=\frac{SL_f}{J}$$

$$\vartheta(t)=\frac{1}{\hat{\omega}_d}\mathrm{e}^{-\frac{\hat{\zeta}}{\sqrt{1-\hat{\zeta}^2}}\hat{\omega}_d t}\sin(\hat{\omega}_d t)$$

式中，$\hat{\omega}_d$ 为振动频率估计值；$\hat{\zeta}$ 为阻尼比估计值；S_c 为未知量。

由实际系统响应测量值为 $[t_i,\Theta(t_i)]$ 可知，残差为

$$\delta_i=\hat{\theta}(t_i)-\Theta(t_i)$$

令其平方和最小，即

$$J=\sum_{i=1}^{n}\delta_i^2\rightarrow\min$$

采用最小二乘法，可得到最佳逼近的实际系统响应的平均位置曲线，此时，$S_c=3.388539\times10^{-4}$，其标准差为 $\sigma_{S_c}=6.913546\times10^{-8}$。

由振动频率估计值 $\hat{\omega}_d$、阻尼比估计值 $\hat{\zeta}$ 和 $\hat{S}_c$ 估计值可知 $\hat{\theta}(t)=\hat{S}_c\vartheta(t)$，其与实际系统响应的残差为

$$\delta_i = \hat{\theta}(t_i) - \Theta(t_i) = \hat{S}_c \vartheta(t) - \Theta(t_i)$$

通过残差随着时间变化的曲线，分析和校验系统参数是否符合实际测量值。

图 4-22 为残差随着时间变化的曲线。残差主要分布在区间[−0.5μrad，0.5μrad]，最大残差为 1μrad，并且残差出现正值和负值的次数接近，这说明系统参数与实测数据符合良好。

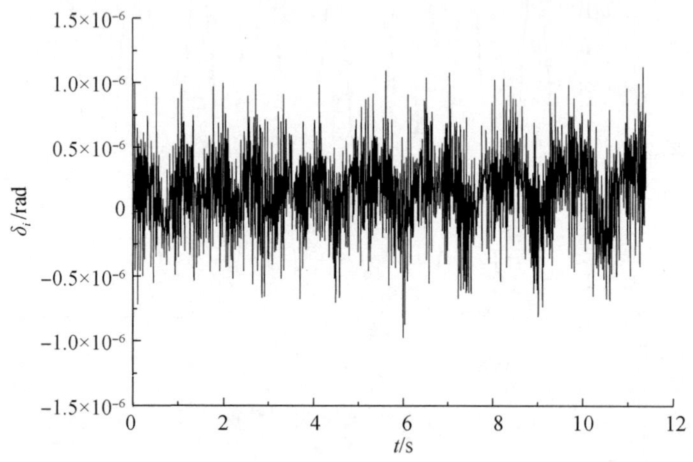

图 4-22 残差随着时间变化的曲线

图 4-23 为扭转角极值点处残差随着时间变化的曲线。在扭转角取极值处，最大残差为 1μrad，扭转角极值约为 80μrad，扭转角的最大误差不大于 1.3%，即在扭转角为 80μrad 时，扭转角的最大误差不大于 1.3%。

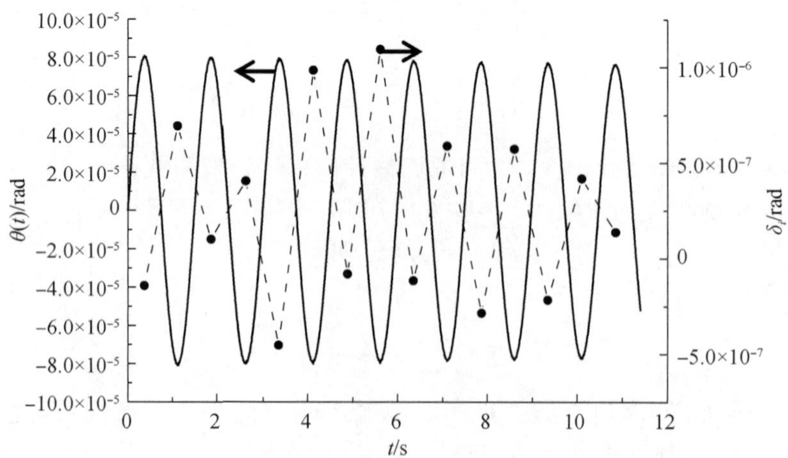

图 4-23 扭转角极值点处残差随着时间变化的曲线

4. 转动惯量标定与误差

一般系统参数标定采用标定力作用下的阶跃响应方法，通过标定扭转刚度系数，间接计算转动惯量。有时也可采用附加质量块方法，直接标定转动惯量。

下面介绍转动惯量标定的附加质量块方法。设扭摆系统的转动惯量(包括横梁、转动轴和配重等)为 J，附加的标准质量块转动惯量为 J_1，在有、无质量块两种情况下，测量得到的振动频率分别为 ω_n 和 ω_{n1}，附加质量块前后扭摆系统的扭转刚度系数不变，有关系式

$$k=\omega_n^2 J=\omega_{n1}^2(J+J_1)$$

可确定系统的转动惯量为

$$J=\frac{\omega_{n1}^2}{\omega_n^2-\omega_{n1}^2}J_1$$

当存在测量误差 $\mathrm{d}\omega_n$、$\mathrm{d}\omega_{n1}$ 和 $\mathrm{d}J_1$ 时，转动惯量的绝对误差和相对误差为

$$\mathrm{d}J=\frac{\omega_{n1}^2}{\omega_n^2-\omega_{n1}^2}\mathrm{d}J_1-\frac{2\omega_n\omega_{n1}^2}{(\omega_n^2-\omega_{n1}^2)^2}J_1\mathrm{d}\omega_n+\frac{2\omega_{n1}\omega_n^2}{(\omega_n^2-\omega_{n1}^2)^2}J_1\mathrm{d}\omega_{n1}$$

$$\frac{\mathrm{d}J}{J}=\frac{\mathrm{d}J_1}{J_1}-\frac{2\omega_n^2}{\omega_n^2-\omega_{n1}^2}\frac{\mathrm{d}\omega_n}{\omega_n}+\frac{2\omega_n^2}{\omega_n^2-\omega_{n1}^2}\frac{\mathrm{d}\omega_{n1}}{\omega_{n1}}$$

$$\left|\frac{\mathrm{d}J}{J}\right|\leqslant\left|\frac{\mathrm{d}J_1}{J_1}\right|+\frac{2\omega_n^2}{\omega_n^2-\omega_{n1}^2}\left|\frac{\mathrm{d}\omega_n}{\omega_n}\right|+\frac{2\omega_n^2}{\omega_n^2-\omega_{n1}^2}\left|\frac{\mathrm{d}\omega_{n1}}{\omega_{n1}}\right|$$

由于标准质量块尺寸采用千分尺测量，其相对误差可忽略不计，因此可得

$$\left|\frac{\mathrm{d}J}{J}\right|\leqslant\frac{2\omega_n^2}{\omega_n^2-\omega_{n1}^2}\left|\frac{\mathrm{d}\omega_n}{\omega_n}\right|+\frac{2\omega_n^2}{\omega_n^2-\omega_{n1}^2}\left|\frac{\mathrm{d}\omega_{n1}}{\omega_{n1}}\right|$$

固有频率与振动频率之间的关系为

$$\omega_n=\frac{\omega_d}{\sqrt{1-\zeta^2}}$$

它们之间的绝对误差和相对误差的关系为

$$\mathrm{d}\omega_n=\frac{1}{\sqrt{1-\zeta^2}}\mathrm{d}\omega_d+\frac{\omega_d\zeta}{(1-\zeta^2)^{3/2}}\mathrm{d}\zeta$$

$$\frac{\mathrm{d}\omega_n}{\omega_n}=\frac{\mathrm{d}\omega_d}{\omega_d}+\frac{\zeta^2}{1-\zeta^2}\frac{\mathrm{d}\zeta}{\zeta}$$

转动惯量标定的加载条件与冲量测量的加载条件可以有所不同。例如，转动惯量标定时可以在与待测冲量量级接近条件下多选择几组冲量加载。

5. 冲量测量与误差

采用波长 1064nm 和脉宽 8ns 的激光烧蚀铝制靶材，通过纹影成像方法可测得激光等离子体持续时间小于 100ns，即冲量作用时间 $T_0\leqslant10^{-7}$s，由于扭摆测量系统的周期为 $T_d\approx1.5$s，即 $T_0/T_d\leqslant10^{-7}$，因此可以采用冲量瞬间作用模型并且

冲量模型误差可忽略不计。

采用附加质量块方法标定转动惯量,转动惯量和相对误差分别为

$$J=3.744161\times10^{-4}\,\mathrm{kg\cdot m^2}$$

$$\left|\frac{\mathrm{d}J}{J}\right|\leqslant 3.432113\times10^{-2}\approx 3.4\%$$

由于

$$S_c=\frac{SL_f}{J}$$

$$S=\frac{S_cJ}{L_f}$$

因此冲量噪声误差和相对噪声误差分别为

$$\mathrm{d}S=\frac{J}{L_f}\mathrm{d}S_c+\frac{S_c}{L_f}\mathrm{d}J-\frac{S_cJ}{L_f^2}\mathrm{d}L_f$$

$$\frac{\mathrm{d}S}{S}=\frac{\mathrm{d}S_c}{S_c}+\frac{\mathrm{d}J}{J}-\frac{\mathrm{d}L_f}{L_f}$$

由于 $S_c=3.388539\times10^{-4}$ 和标准差 $\sigma_{S_c}=6.913546\times10^{-8}$,其相对误差不大于 0.1%,又由于力臂 $L_f=90\mathrm{mm}$ 采用千分尺测量,其相对误差也是 0.1%量级,因此两者相对误差影响可忽略不计,可得

$$\frac{\mathrm{d}S}{S}\approx\frac{\mathrm{d}J}{J}$$

即冲量噪声相对误差与转动惯量相对误差近似相等。

已知转动惯量和相对误差分别为 $J\approx3.744161\times10^{-4}\mathrm{kg\cdot m^2}$ 和 $|\mathrm{d}J/J|\leqslant$ 3.4%,将实验数据代入上述公式,可得

$$S=\frac{S_cJ}{L_f}=\frac{3.388539\times10^{-4}\times3.744161\times10^{-4}}{90\times10^{-3}}=1.409693\times10^{-6}(\mathrm{N\cdot s})$$

$$\left|\frac{\mathrm{d}S}{S}\right|\approx\left|\frac{\mathrm{d}J}{J}\right|\leqslant 3.4\%$$

所以,实现了微小冲量 $S=1.409693\times10^{-6}\mathrm{N\cdot s}$ 的测量,并且测量误差不大于 3.4%。

4.4 测量系统的基本要求

在冲量测量过程中,除了测量方法和误差分析方法之外,测量系统的基本设计方法也是重要内容之一,因此,有必要分析和讨论测量系统的基本设计要求。

4.4.1 振动频率

设脉冲力的作用时间 T_0 已知,力作用时间 T_0 与测量系统周期 T_d 比值为

$k_{T_0}=T_0/T_d$，为了减小冲量瞬间作用模型引起的冲量模型误差，要求 $k_{T_0}=T_0/T_d \ll 1$，即

$$\omega_d \ll \frac{2\pi}{T_0} \tag{4.27}$$

因此，力作用时间对测量系统振动频率有要求。

根据力与测量系统周期比值和阻尼比确定冲量模型误差之后，采用误差合成方法将冲量模型误差纳入冲量测量的总误差中。

4.4.2 小扭转角条件

当时间 $\omega_d t_{M1}=\pi/2$ 时，扭转角取最大值，为

$$\theta(t_{M1})=\frac{SL_f}{J\omega_d}e^{-\frac{\frac{\pi}{2}\zeta}{\sqrt{1-\zeta^2}}}$$

根据小扭转角条件，令 $\theta(t_{M1})\leqslant 5°$，可得

$$\theta(t_{M1})=\frac{SL_f}{J\omega_d}e^{-\frac{\frac{\pi}{2}\zeta}{\sqrt{1-\zeta^2}}}\leqslant\frac{5\pi}{180}=0.087266$$

可得

$$\frac{SL_f}{J\omega_d}e^{-\frac{\frac{\pi}{2}\zeta}{\sqrt{1-\zeta^2}}}\leqslant 0.087266 \tag{4.28}$$

因此，小扭转角条件对测量系统有要求，对冲量最大值提出了限制条件。

4.4.3 测量精度

第一个极值点的冲量值为

$$S=\frac{J\omega_d}{SL_f}e^{\frac{\frac{\pi}{2}\zeta}{\sqrt{1-\zeta^2}}}\theta(t_{M1})$$

式中，$\theta(t_{M1})$ 的标准差为 σ。冲量的标准差为

$$\sigma_S=\frac{J\omega_d}{SL_f}e^{\frac{\frac{\pi}{2}\zeta}{\sqrt{1-\zeta^2}}}\sigma \tag{4.29}$$

测量噪声造成的冲量相对噪声误差可表示为

$$\frac{\sigma_S}{S}=\frac{\sigma}{\theta(t_{M1})} \tag{4.30}$$

即冲量相对噪声误差等于扭转角相对误差。

如果要求冲量相对噪声误差为 5%，那么可得

$$\frac{\sigma_S}{S}=\frac{\sigma}{\theta(t_{M1})}\leqslant 5\%=0.05$$

进而可得

$$\theta(t_{M1}) \geqslant 20\sigma$$

因此，测量噪声对测量系统有要求。

由于

$$J\omega_d = \frac{k}{\omega_n^2}\omega_d = \frac{k(1-\zeta^2)}{\omega_d}$$

因此小扭转角条件(≤5°)和冲量相对噪声误差小于5%条件合写为

$$20\sigma \leqslant \frac{SL_f\omega_d}{k(1-\zeta^2)} e^{-\frac{\frac{\pi}{2}\zeta}{\sqrt{1-\zeta^2}}} \leqslant 0.087266 \tag{4.31}$$

令

$$C = \frac{1}{1-\zeta^2} e^{-\frac{\frac{\pi}{2}\zeta}{\sqrt{1-\zeta^2}}}$$

图4-24为系数C随着阻尼比变化的曲线。通常测量系统的阻尼比为$0.1 \leqslant \zeta \leqslant 0.4$，因此在设计和分析时，可认为$0.6 \leqslant C \leqslant 1$。

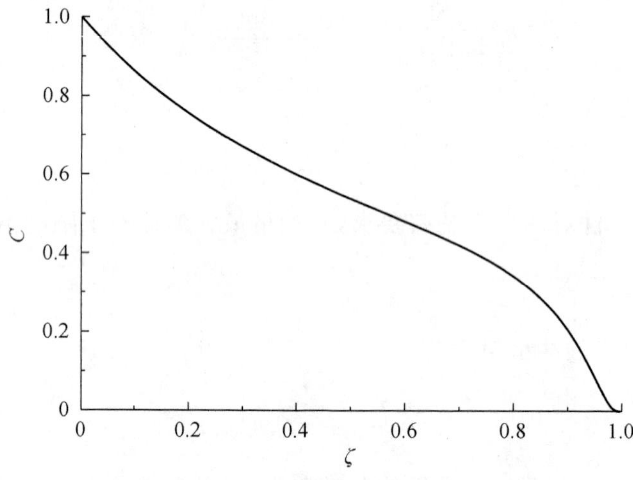

图4-24　系数C随着阻尼比ζ变化的曲线

4.4.4　测量系统的初步设计

根据冲量瞬间作用模型，测量系统响应为

$$\theta(t) = \frac{SL_f}{J\omega_d} e^{-\zeta\omega_n t} \sin(\omega_d t)$$

初步设计时忽略阻尼比影响，设阻尼比为零，最大系统响应为

$$\theta_{\max} = \frac{SL_f}{J\omega_n} = \frac{SL_f}{\sqrt{kJ}}$$

式中，$\omega_n = \sqrt{k/J}$。

设测量系统的冲量量程为 $[S_d, S_u]$，对应最大系统响应为

$$\begin{cases}\theta_{\max,d}=\dfrac{S_dL_f}{\sqrt{kJ}}\\\theta_{\max,u}=\dfrac{S_uL_f}{\sqrt{kJ}}\end{cases}$$

式中，$\theta_{\max,d}<\theta_{\max,u}$。

测量噪声造成的扭转角误差限为 $\Delta\theta$，测量噪声取决于环境噪声和传感器噪声，可通过环境噪声抑制方法和选用高精度传感器，尽量减小测量噪声造成的误差。

设冲量测量的相对误差限为 ε，由于冲量测量的相对误差限与扭转角测量的相对误差限相等，因此令

$$\frac{\Delta\theta}{\theta_{\max,d}}=\frac{\Delta\theta\sqrt{kJ}}{S_dL_f}\leqslant\frac{\varepsilon}{n}$$

$$\frac{\Delta\theta}{\theta_{\max,u}}=\frac{\Delta\theta\sqrt{kJ}}{S_uL_f}\leqslant\frac{\varepsilon}{n}$$

欲使上面两个公式成立，只需

$$\frac{\Delta\theta\sqrt{kJ}}{S_dL_f}\leqslant\frac{\varepsilon}{n}\tag{4.32}$$

式中，$n\geqslant 1$ 为裕度系数。

设位移传感器的误差限为 Δh_s，位移传感器造成的扭转角测量噪声误差限为 $(\Delta\theta)_s$，在小扭转角条件下（$\theta_{\max}\leqslant 5°$），有

$$\begin{cases}\dfrac{(\Delta\theta)_s}{\theta}\approx\dfrac{\Delta h_s}{h_s}\\\theta\approx\dfrac{h_s}{L_s}\end{cases}$$

要求位移传感器能够辨识环境造成的测量噪声，取

$$\begin{cases}(\Delta\theta)_s=\dfrac{\Delta h_s}{L_s}\leqslant\dfrac{\Delta\theta}{5}\\L_s\geqslant\dfrac{5\Delta h_s}{\Delta\theta}\end{cases}$$

令 $\theta_{\max,d}<\theta_{\max,u}\leqslant 5°$，可得

$$\frac{S_uL_f}{\sqrt{kJ}}\leqslant\frac{\pi}{36}\tag{4.33}$$

又由于 $\theta_{\max,u}=h_{\max,u}/L_s\leqslant 5°$，因此可得

$$h_{\max,u}\leqslant\frac{\pi}{36}L_s\tag{4.34}$$

又由于 $\Delta\theta/\theta_{\max,d}\leqslant\varepsilon/n$ 和 $\theta_{\max,d}=h_{\max,d}/L_s$，因此可得

$$h_{\max,d} \geqslant \frac{n\Delta\theta L_s}{\varepsilon} \tag{4.35}$$

设扭摆横梁的长度为 L，宽度为 a，高度为 h，密度为 ρ，则质量为 $m=\rho ahL$，其转动惯量为

$$J=\frac{1}{12}(L^2+a^2)m=\frac{1}{12}\rho Lah(L^2+a^2) \tag{4.36}$$

式中，$L \geqslant L_f$ 和 $L \geqslant L_s$。

冲量瞬间作用模型的模型误差忽略不计的要求是

$$\omega_n=\sqrt{\frac{k}{J}} \ll \frac{2\pi}{T_0} \tag{4.37}$$

4.4.5 应用举例

在脉冲激光作用下，采用纹影成像方法观察激光与靶材相互作用的等离子体羽流演化过程。当激光脉宽为纳秒量级时，可得到激光与靶材作用产生的脉冲力作用时间 $T_0 \leqslant 100\text{ns}$，要求测量脉冲力的冲量。

待测冲量范围为$10^{-6}\sim10^{-4}\text{N}\cdot\text{s}$，位移传感器的误差限为 $\Delta h_s=20\text{nm}$，要求冲量测量的相对误差不大于5%，在枢轴的货架产品中，选择一种枢轴，所提供扭转刚度系数为$k=5\times10^{-3}\text{N}\cdot\text{m/rad}$。根据以往经验，隔振平台的环境测量噪声引起的扭转角误差限为 $1\mu\text{rad}$。

1. 初步设计过程

初步设计时，冲量测量的相对误差为 $\varepsilon=5\%$，取裕度系数为 $n=2$，冲量测量量程的上下限分别为 $S_d=10^{-6}\text{N}\cdot\text{s}$ 和 $S_u=10^{-4}\text{N}\cdot\text{s}$，扭转角误差限为 $\Delta\theta=1\mu\text{rad}$，选择扭转刚度系数为 $k=5\times10^{-3}\text{N}\cdot\text{m/rad}$。

(1) 根据冲量测量的精度要求

$$\frac{\Delta\theta\sqrt{kJ}}{S_d L_f} \leqslant \varepsilon/n$$

有

$$\frac{J}{L_f^2} \leqslant \frac{1}{k}\left(\frac{\varepsilon S_d}{n\Delta\theta}\right)^2=\frac{1}{5\times10^{-3}}\frac{(5\times10^{-2})^2\times(10^{-6})^2}{4\times(10^{-6})^2}=1.25\times10^{-1}$$

(2) 根据小扭转角要求

$$\frac{S_u L_f}{\sqrt{kJ}} \leqslant \frac{\pi}{36}$$

有

$$\frac{J}{L_f^2} \geqslant \frac{1}{k}\left(\frac{36S_u}{\pi}\right)^2=\frac{1}{5\times10^{-3}}\frac{(36)^2\times(10^{-4})^2}{\pi^2}=2.626245\times10^{-4}$$

即有

$$2.626245 \times 10^{-4} \leqslant \frac{J}{L_f^2} \leqslant 1.25 \times 10^{-1}$$

(3) 根据冲量瞬间作用模型，为了达到模型误差忽略不计，设 $T_0/T_d \leqslant 10^{-6}$，力作用时间为 $T_0 = 10^{-7}\mathrm{s}$，有

$$\omega_n = \sqrt{\frac{k}{J}} \leqslant \frac{10^{-6}}{T_0} 2\pi = 20\pi$$

可得

$$J \geqslant \frac{k}{(20\pi)^2} = \frac{5 \times 10^{-3}}{(20\pi)^2} = 1.266515 \times 10^{-6}$$

令

$$2.626245 \times 10^{-4} L_f^2 \geqslant 1.266515 \times 10^{-6}$$

可得

$$L_f \geqslant \sqrt{\frac{1.266515 \times 10^{-6}}{2.626245 \times 10^{-4}}} = 6.944445 \times 10^{-2}(\mathrm{m})$$

综合上述分析，要求

$$\begin{cases} J \leqslant 1.25 \times 10^{-1} L_f^2 \\ L_f \geqslant 6.944445 \times 10^{-2}\mathrm{m} \end{cases}$$

(4) 根据位移传感器能够辨识环境造成的测量噪声，有

$$L_s \geqslant \frac{5\Delta h_s}{\Delta\theta} = \frac{5 \times 20 \times 10^{-9}}{10^{-6}} = 0.1(\mathrm{m})$$

(5) 通过上述分析，选择测量臂 $L_s = 0.15\mathrm{m}$、力臂 $L_f = 0.1\mathrm{m}$、横梁长度 $L = 0.34\mathrm{m}$，并要求转动惯量 $J \leqslant 1.25 \times 10^{-3}\mathrm{kg \cdot m^2}$。

由于转动惯量为

$$J = \frac{1}{12}(L^2 + a^2)m = \frac{1}{12}\rho Lah(L^2 + a^2)$$

$$\frac{\partial J}{\partial L}\frac{L}{J} = \frac{3L^2 + a^2}{L^2 + a^2} = 3 - \frac{2a^2}{L^2 + a^2}$$

$$\frac{\partial J}{\partial a}\frac{a}{J} = \frac{L^2 + 3a^2}{L^2 + a^2} = 3 - \frac{2L^2}{L^2 + a^2}$$

$$\frac{\partial J}{\partial h}\frac{h}{J} = \frac{L^2 + a^2}{L^2 + a^2} = 1$$

因此，当 $L > a$ 时有

$$\frac{\partial J}{\partial L}\frac{L}{J} > \frac{\partial J}{\partial a}\frac{a}{J} > \frac{\partial J}{\partial h}\frac{h}{J}$$

即扭摆横梁长度对转动惯量的影响最大，其次为宽度。为了减小扭摆转动惯量，选取密度较小的铝合金材料，其密度为 $\rho=2700\text{kg/m}^3$，较小宽度尺寸为 $a=5\times10^{-3}\text{m}$，同时为保证足够的抗弯刚度，选取较大高度尺寸为 $h=2\times10^{-2}\text{m}$，此时，横梁质量为

$$\begin{aligned} m &= \rho Lah = 2700\times3.4\times10^{-1}\times5\times10^{-3}\times2\times10^{-2} \\ &= 9.18\times10^{-2}(\text{kg}) \end{aligned}$$

横梁转动惯量为

$$\begin{aligned} J &= \frac{1}{12}(L^2+a^2)m \\ &= \frac{1}{12}\times[(3.4\times10^{-1})^2+(5\times10^{-3})^2]\times9.18\times10^{-2} \\ &= 8.845313\times10^{-4}(\text{kg}\cdot\text{m}^2) \end{aligned}$$

满足

$$J\leqslant1.25\times10^{-1}L_f^2=1.25\times10^{-1}\times(10^{-1})^2=1.25\times10^{-3}$$

(6) 由于选择测量臂 $L_s=0.15\text{m}$，因此小扭转角条件为

$$h_{\max,u}\leqslant\frac{\pi}{36}L_s=\frac{\pi}{36}\times0.15=1.308997\times10^{-2}(\text{m})$$

选取 $h_{\max,u}=1\times10^{-3}\text{m}$，并且要求

$$h_{\max,d}\geqslant\frac{n\Delta\theta L_s}{\varepsilon}=\frac{2\times10^{-6}\times0.15}{5\times10^{-2}}=6\times10^{-6}(\text{m})$$

对应扭转角为

$$\begin{cases} \theta_{\max,u}=\dfrac{h_{\max,u}}{L_s}=\dfrac{1\times10^{-3}}{0.15}=6.666666\times10^{-3}(\text{rad})=6.666666\times10^{3}(\mu\text{rad}) \\ \theta_{\max,d}=\dfrac{h_{\max,d}}{L_s}\geqslant\dfrac{6\times10^{-6}}{0.15}=4\times10^{-5}(\text{rad})=40(\mu\text{rad}) \end{cases}$$

2. *初步设计结果*

综合以上分析结论，初步设计结果为：

(1) 扭摆横梁为铝合金材料，密度 $\rho=2700\text{ kg/m}^3$、长度 $L=0.34\text{m}$、宽度 $a=5\times10^{-3}\text{m}$、高度 $h=2\times10^{-2}\text{m}$，此时，横梁质量 $m=9.18\times10^{-2}\text{kg}$，横梁转动惯量 $J=8.845313\times10^{-4}\text{kg}\cdot\text{m}^2$。

(2) 测量臂 $L_s=0.15\text{m}$、力臂 $L_f=0.1\text{m}$，此时，与冲量量程 $10^{-6}\sim10^{-4}\text{N}\cdot\text{s}$ 对应的位移传感器量程为 $6\times10^{-6}\sim1\times10^{-3}\text{m}$，对应的扭转角为 40～6666μrad。

通过上述讨论可知，冲量测量涉及计算模型、测量噪声、测量系统结构等诸多问题，具体情况如表 4-3 所示。

表 4-3　冲量测量问题

冲量测量	误差分析	结构设计
① 力作用时间小于 1/4 周期时,可认为是冲量测量问题; ② 力作用时间与周期比值足够小时,可认为是冲量瞬间作用	① 来源:瞬间作用模型引起冲量模型误差,测量噪声引起冲量噪声误差; ② 合成:两种误差可合成; ③ 力作用时间与周期比值足够小时,模型误差可忽略不计	① 周期:根据力作用时间设计; ② 小扭转角条件; ③ 测量精度(控制测量噪声); ④ 冲量量程、扭转角量程设计

参考文献

[1]欧阳华兵，徐温干．基于动态补偿技术的姿控发动机瞬态推力测量[J]．兵工学报，2007，28(5):608-612.

[2]辛朝军，金星，崔村燕，等．基于应变片的双脉冲推力测量初步实现[J]．推进技术，2007，28(5):542-545.

[3]方娟，洪延姬，叶继飞，等．激光干涉法在扭摆法测量微冲量中的应用[J]．推进技术，2010，31(1):119-122.

[4]王广宇，金星，叶继飞．激光干涉仪测微冲量原理[J]．推进技术，2007，28(5):530-533.

[5]方娟，金星，叶继飞，等．扭摆测量微冲量的计算方法[J]．机电产品开发与创新，2007，20(5):17-18.

[6]金星，洪延姬，陈景鹏，等．激光单脉冲冲量的扭摆测量方法[J]．强激光与粒子束，2006，18(11):1809-1812.

第 5 章　推力测量和误差分析方法

在推力和冲量测量中，如果与测量系统周期相比，推力作用时间足够大，那么可以根据测量系统响应分析和计算推力与时间关系曲线，同时，也可以根据测量系统响应分析和计算总冲与时间关系曲线，这就是推力测量。

5.1　推力积分方程反向计算问题

利用标定力，采用阶跃响应方法，得到测量系统的振动频率、阻尼比和扭转刚度系数等系统参数的标定值，并且系统参数验校之后，根据未知待测推力作用下的系统响应，可反向计算推力。

5.1.1　问题的提出

对于扭摆测量系统，推力与系统响应之间的关系可采用微分方程表示为

$$\ddot{\theta}+2\zeta\omega_n\dot{\theta}+\omega_n^2\theta=\frac{L_f}{J}f(t)$$

式中，ζ 为阻尼比；ω_n 为固有频率；J 为转动惯量。

上述推力与系统响应的微分方程也可表示为推力与系统响应的积分方程形式，即

$$\theta(t)=\frac{L_f}{J\omega_d}\int_0^t f(\tau)\mathrm{e}^{-\zeta\omega_n(t-\tau)}\sin[\omega_d(t-\tau)]\mathrm{d}\tau$$

在已知推力 $f(t)$ 的条件下，由推力与系统响应的微分方程可方便地高精度计算系统响应，这是推力微分方程的正向计算；在已知系统响应 $\theta(t)$ 的条件下，由推力与系统响应的积分方程也可计算推力，这是推力积分方程的反向计算。

在待测推力 $f(t)$ 作用下，没有测量噪声时，理想系统响应为

$$\theta(t)=\frac{L_f}{J\omega_d}\int_0^t f(\tau)\mathrm{e}^{-\zeta\omega_n(t-\tau)}\sin[\omega_d(t-\tau)]\mathrm{d}\tau \tag{5.1}$$

由于存在测量噪声 $\Delta\theta(t)$，因此测量系统的实际系统响应为

$$\Theta(t)=\theta(t)+\Delta\theta(t)$$

测量得到的实际系统响应为 $\Theta(t)=\theta(t)+\Delta\theta(t)$，令其满足以下积分方程：

$$\Theta(t)=\theta(t)+\Delta\theta(t)=\frac{L_f}{J\omega_d}\int_0^t F(\tau)\mathrm{e}^{-\zeta\omega_n(t-\tau)}\sin[\omega_d(t-\tau)]\mathrm{d}\tau \tag{5.2}$$

在根据实际系统响应 $\Theta(t)=\theta(t)+\Delta\theta(t)$。通过上述积分方程反向计算推力 $F(\tau)$ 过程中，由于推力未知，因此需要将积分方程离散化为有限和的形式，即

$$Q(t)=\frac{L_f}{J\omega_d}\int_0^t F(\tau)\mathrm{e}^{-\zeta\omega_n(t-\tau)}\sin[\omega_d(t-\tau)]\mathrm{d}\tau=Q_n(t)+\Delta Q_n(t)$$

$$Q_n(t)=\frac{L_f}{J\omega_d}\sum_{i=1}^{n}F(\tau_i)\mathrm{e}^{-\zeta\omega_n(t-\tau_i)}\sin[\omega_d(t-\tau_i)]\Delta\tau$$

式中，$\Delta Q_n(t)=Q(t)-Q_n(t)$ 表示积分方程离散化的截断误差(用有限和表示积分所造成的误差)，从而得到推力反向计算的离散化方程为

$$\theta(t)+\Delta\theta(t)-\Delta Q_n=\frac{L_f}{J\omega_d}\sum_{i=1}^{n}F(\tau_i)\mathrm{e}^{-\zeta\omega_n(t-\tau_i)}\sin[\omega_d(t-\tau_i)]\Delta\tau \tag{5.3}$$

由上述离散化方程，反向计算得到的推力为

$$F(t)=f(t)+\Delta f(t)$$

式中，$\Delta f(t)=F(t)-f(t)$ 为推力计算误差。其包括两部分：①测量噪声 $\Delta\theta(t)$ 引起的推力误差，称为推力噪声误差；②积分方程离散化时截断误差引起的推力误差，称为推力截断误差。

图 5-1 为待测推力作用下实际系统响应 $\Theta(t)=\theta(t)+\Delta\theta(t)$。受测量噪声 $\Delta\theta(t)$ 影响，待测推力作用下实际系统响应 $\Theta(t)$ 在理想系统响应 $\theta(t)$ 附近上下波动[或在均值曲线 $\theta(t)$ 附近上下波动]。

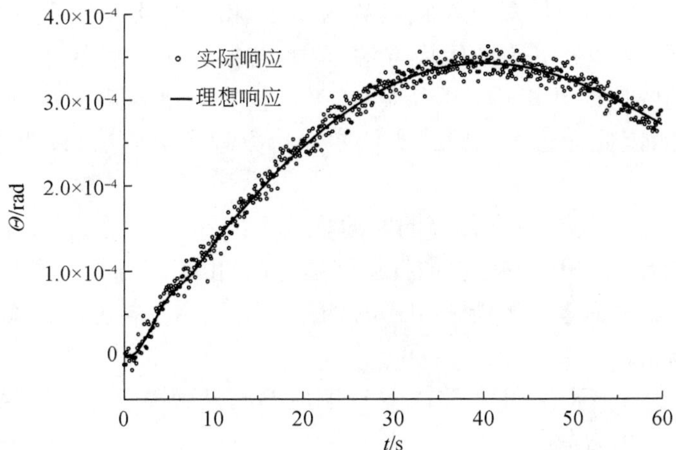

图 5-1　待测推力作用下实际系统响应 $\Theta(t)=\theta(t)+\Delta\theta(t)$

因此，根据实际系统响应测量值 $\Theta(t)$，由以下积分方程

$$\Theta(t)=\frac{L_f}{J\omega_d}\int_0^t F(\tau)\mathrm{e}^{-\zeta\omega_n(t-\tau)}\sin[\omega_d(t-\tau)]\mathrm{d}\tau$$

计算未知推力 $F(t)$，是推力积分方程的反向计算，由于 $\Theta(t)$ 包含测量噪声（环境、传感器、标定力、推力加载等干扰产生），因此易造成推力噪声误差；积分方程离散化造成推力截断误差，使得所计算推力 $F(t)$ 偏离真实推力 $f(t)$。

5.1.2 问题的难点

对于第二类沃尔泰拉方程已有各种计算求解方法，第二类沃尔泰拉方程为

$$y(x)=\lambda\int_a^x K(x,\tau)y(\tau)\mathrm{d}\tau+g(x)$$

式中，$g(x)$ 为自由项（已知函数）；$K(x,\tau)$ 为核（函数）；$y(x)$ 为未知待求函数。

推力积分方程的反向计算中，方程类型为

$$g(x)=\int_a^x K(x,\tau)y(\tau)\mathrm{d}\tau \tag{5.4}$$

该方程称为第一类沃尔泰拉方程。

推力积分方程的反向计算中，由于

$$\Theta(t)=\frac{L_f}{J\omega_d}\int_0^t F(\tau)\mathrm{e}^{-\zeta\omega_n(t-\tau)}\sin[\omega_d(t-\tau)]\mathrm{d}\tau$$

因此核函数

$$K(t,\tau)=\mathrm{e}^{-\zeta\omega_n(t-\tau)}\sin[\omega_d(t-\tau)],\quad K(t,t)=0 \tag{5.5}$$

当核函数 $K(t,t)=0$ 时，只有在核函数 $K(t,\tau)$ 和自由项 $\Theta(t)$ 关于时间 t 二阶导数连续条件下，才可采用变量代换方法，将其转换为第二类沃尔泰拉方程求解。推力积分方程的反向计算中，自由项 $\Theta(t)$ 是包含测量噪声的离散数据点，自身连续也不可能，因此无法采用第二类沃尔泰拉方程求解方法，只能采用数值计算方法。

综上，推力积分方程反向计算问题的难点为：

(1) 推力计算是积分方程反向计算问题，并且由于积分方程形式的特殊性（核函数在上边界点恒为零），不能采用已有的第二类沃尔泰拉方程计算方法，只能采用数值计算方法。

(2) 推力积分方程反向计算中，系统响应的测量噪声引起推力噪声误差；积分方程离散化引起推力截断误差。

(3) 推力积分方程反向计算中，推力截断误差与推力噪声误差相互耦合，进一步造成求解困难。

图 5-2 为推力积分方程反向计算的流程图。其反映了推力反向计算过程、推力误差和误差来源，关键是解决推力积分方程的反向数值计算方法，以及推力噪声误差和推力截断误差的分析方法。

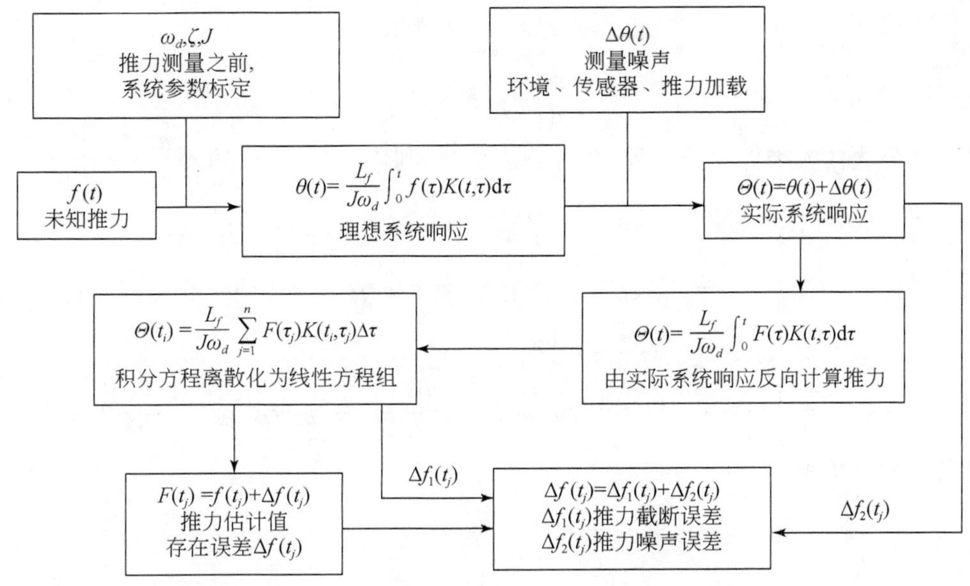

图5-2　推力积分方程反向计算的流程图

5.2　推力积分方程的数值积分离散化方法

推力积分方程反向计算是采用数值积分方法，将包含未知推力的积分方程组转换为线性方程组，从而达到求解未知推力的目的。积分方程组离散化为线性方程组，可采用梯形公式或辛普森公式，将积分方程组转换为线性方程组。

5.2.1　推力积分方程和总冲积分方程

推力积分方程是指推力与系统响应所满足的积分方程，为

$$\Theta(t)=\frac{L_f}{J\omega_d}\int_0^t F(\tau)\mathrm{e}^{-\zeta\omega_n(t-\tau)}\sin[\omega_d(t-\tau)]\mathrm{d}\tau \tag{5.6}$$

该式是由系统响应反向计算推力的基本方程。

在工程中，推力的总冲也是重要的设计参数，计算推力的总冲可采用两种方法：①根据推力和时间关系计算总冲；②直接根据系统响应计算总冲。

总冲积分方程是指总冲与系统响应所满足的积分方程，可根据推力积分方程推导得到。根据推力积分方程

$$\Theta(t)=\frac{L_f}{J\omega_d}\int_0^t F(\tau)\mathrm{e}^{-\zeta\omega_n(t-\tau)}\sin[\omega_d(t-\tau)]\mathrm{d}\tau$$

将其转换为总冲积分方程。在任意时刻t，推力的总冲为

$$\begin{cases} I(t) = \int_0^t F(\tau)\mathrm{d}\tau \\ \dfrac{\mathrm{d}I(\tau)}{\mathrm{d}\tau} = F(\tau) \end{cases} \tag{5.7}$$

将总冲公式代入推力积分方程，并且分步积分，利用 $I(0)=0$，可得

$$\begin{aligned} \frac{J\omega_d}{L_f}\Theta(t) &= \int_0^t \mathrm{e}^{-\zeta\omega_n(t-\tau)}\sin[\omega_d(t-\tau)]\mathrm{d}I(\tau) \\ &= \{\mathrm{e}^{-\zeta\omega_n(t-\tau)}\sin[\omega_d(t-\tau)]I(\tau)\}_0^t - \int_0^t I(\tau)\mathrm{e}^{-\zeta\omega_n(t-\tau)}\{\zeta\omega_n\sin[\omega_d(t-\tau)] \\ &\quad -\omega_d\cos[\omega_d(t-\tau)]\}\mathrm{d}\tau \\ &= -\int_0^t I(\tau)\mathrm{e}^{-\zeta\omega_n(t-\tau)}\{\zeta\omega_n\sin[\omega_d(t-\tau)] - \omega_d\cos[\omega_d(t-\tau)]\}\mathrm{d}\tau \end{aligned}$$

定义初相位角 φ_C 为

$$\varphi_C = \arctan\frac{\zeta\omega_n}{\omega_d} = \arctan\frac{\zeta}{\sqrt{1-\zeta^2}}$$

可得总冲积分方程为

$$\frac{J\omega_d}{\omega_n L_f}\Theta(t) = \int_0^t I(\tau)\mathrm{e}^{-\zeta\omega_n(t-\tau)}\cos[\omega_d(t-\tau)+\varphi_C]\mathrm{d}\tau \tag{5.8}$$

该式是由系统响应反向计算总冲的基本方程。

5.2.2 复化求积离散化方法

将积分方程组离散化为线性方程组，需要采用数值积分方法，常用的数值积分方法有梯形积分方法和辛普森积分方法。

梯形积分公式为

$$\int_{x_0}^{x_1} f(x)\mathrm{d}x = \frac{h}{2}[f(x_0)+f(x_1)], \quad x_1 = x_0 + h \tag{5.9}$$

3 点辛普森积分公式为

$$\int_{x_0}^{x_2} f(x)\mathrm{d}x = \frac{h}{3}[f(x_0)+4f(x_1)+f(x_2)], \quad x_i = x_0 + ih, \quad i=0,1,2 \tag{5.10}$$

4 点辛普森积分公式为

$$\int_{x_0}^{x_3} f(x)\mathrm{d}x = \frac{3h}{8}[f(x_0)+3f(x_1)+3f(x_2)+f(x_3)], \quad x_i = x_0 + ih, \quad i=0,1,2,3 \tag{5.11}$$

上述公式在每个子区间上反复使用，可得到复化积分公式。将积分区间 $[a,b]$ 进行 n 等分，子区间长度为 $h=(b-a)/n$，每个子区间上反复使用梯形积分公式，可得复化梯形公式为

$$\int_a^b f(x)\mathrm{d}x = \frac{h}{2}\left[f(a) + 2\sum_{i=1}^{n-1} f(x_i) + f(b)\right] \tag{5.12}$$

式中，$x_i = a + ih(i=0,1,2,\cdots,n)$。

将积分区间 $[a,b]$ 进行 $2n$ 等分，子区间长度为 $h=(b-a)/(2n)$，每个子区间上反复使用 3 点辛普森积分公式，可得复化辛普森公式为

$$\int_a^b f(x)\mathrm{d}x = \frac{h}{3}\left[f(a) + 4\sum_{i=1}^{n} f(x_{2i-1}) + 2\sum_{i=1}^{n-1} f(x_{2i}) + f(b)\right] \tag{5.13}$$

式中，$x_i = a+ih(i=0,1,2,\cdots,2n)$。由于 3 点辛普森积分公式仅适用于偶数个子区间，4 点辛普森积分公式仅适用于奇数个子区间，因此，采用辛普森积分公式需要分别交替使用 3 点和 4 点辛普森积分公式，这导致积分方程组离散化过程比较复杂。

5.3 推力积分方程的反向计算方法

设通过测量系统参数标定和验校，已知测量系统的振动频率、阻尼比和扭转刚度系数等系统参数，在此条件下，下面讨论推力积分方程的反向计算方法。

5.3.1 推力的复化梯形计算方法

推力积分方程为

$$C_f\Theta(t) = \int_0^t F(\tau)\mathrm{e}^{-\zeta\omega_n(t-\tau)}\sin[\omega_d(t-\tau)]\mathrm{d}\tau$$

式中，$C_f = J\omega_d/L_f$。

设已知实际系统响应测量值为 $[t_i,\Theta(t_i)](i=0,1,2,\cdots,n)$，采样时间步长为 h，$t_i=ih$，当 $t_0=0$ 时，$\Theta(t_0)=0$，令 $\Theta(t_i)=\Theta_i$ 和 $F(t_i)=F_i$。当 $t_i=ih$ 时，采样复化梯形积分公式，将积分方程组离散化为线性方程组，具体过程为

$$\begin{aligned} C_f\Theta_i &= \int_0^{ih} F(\tau)\mathrm{e}^{-\zeta\omega_n(ih-\tau)}\sin[\omega_d(ih-\tau)]\mathrm{d}\tau \\ &= \frac{h}{2}\mathrm{e}^{-\zeta\omega_n(ih)}\sin[\omega_d(ih)]F_0 + \sum_{j=1}^{i-1} h\mathrm{e}^{-\zeta\omega_n(i-j)h}\sin[\omega_d(i-j)h]F_j \end{aligned} \tag{5.14}$$

式中，$i=1,2,\cdots,n$。

令

$$a_{i0} = \frac{h}{2}\mathrm{e}^{-\zeta\omega_n(ih)}\sin[\omega_d(ih)], \quad i=1,2,\cdots,n$$

$$a_{ij} = h\mathrm{e}^{-\zeta\omega_n(i-j)h}\sin[\omega_d(i-j)h], \quad i=2,3,\cdots,n; j=1,2,\cdots,i-1$$

则有

$$\begin{bmatrix} a_{10} & 0 & 0 & \cdots & 0 \\ a_{20} & a_{21} & 0 & \cdots & 0 \\ \vdots & \vdots & \vdots & & \vdots \\ a_{n,0} & a_{n,1} & a_{n,2} & \cdots & a_{n,n-1} \end{bmatrix} \begin{bmatrix} F_0 \\ F_1 \\ \vdots \\ F_{n-1} \end{bmatrix} = \begin{bmatrix} C_f\Theta_1 \\ C_f\Theta_2 \\ \vdots \\ C_f\Theta_n \end{bmatrix} \tag{5.15}$$

从而将推力积分方程组离散化为推力线性方程组，系数矩阵为下三角矩阵。

计算线性方程组时，为了节省计算机内存，可采用以下递推计算方法：

$$a_{10}F_0 = C_f\Theta_1, \quad F_0 = \frac{C_f\Theta_1}{a_{10}}$$

$$\sum_{j=0}^{i-2} a_{ij}F_j + a_{i(i-1)}F_{i-1} = C_f\Theta_i, \quad F_{i-1} = \frac{C_f\Theta_i - \sum_{j=0}^{i-2} a_{ij}F_j}{a_{i(i-1)}}, \quad i = 2,3,\cdots,n \tag{5.16}$$

采用复化梯形计算方法，将推力积分方程组离散化为线性方程组，具有离散化过程简单的特点，但是由于复化梯形积分公式的截断误差与步长 h^2 成正比，因此计算精度不高。

5.3.2 推力的复化辛普森计算方法

采用复化辛普森积分公式，将以下积分方程离散化：

$$C_f\Theta(t) = \int_0^t F(\tau)\mathrm{e}^{-\zeta\omega_n(t-\tau)}\sin[\omega_d(t-\tau)]\mathrm{d}\tau$$

式中，$C_f = J\omega_d/L_f$。

设已知实际系统响应测量值为 $[t_i, \Theta(t_i)]$$(i=0,1,2,\cdots,n)$，采样时间步长为 h，$t_i = ih$，当 $t_0=0$ 时，$\Theta(t_0)=0$，令 $\Theta(t_i)=\Theta_i$ 和 $F(t_i)=F_i$。当 $t_i = ih$ 时，可知

$$C_f\Theta_i = \int_0^{ih} F(\tau)\mathrm{e}^{-\zeta\omega_n(ih-\tau)}\sin[\omega_d(ih-\tau)]\mathrm{d}\tau, \quad i=1,2,\cdots,n$$

采用复化辛普森积分公式，将推力积分方程组离散化为线性方程组，需要交替使用 3 点和 4 点辛普森积分公式，分以下 5 种情况讨论。

(1) 当 $i=1$ 时，由梯形积分公式可知

$$C_f\Theta_1 = \int_0^h F(\tau)\mathrm{e}^{-\zeta\omega_n(h-\tau)}\sin[\omega_d(h-\tau)]\mathrm{d}\tau = \frac{h}{2}\mathrm{e}^{-\zeta\omega_n h}\sin(\omega_d h)F_0$$

进而可得

$$\begin{cases} a_{10}F_0 = C_f\Theta_1 \\ a_{10} = \dfrac{h}{2}\mathrm{e}^{-\zeta\omega_n h}\sin(\omega_d h) \end{cases} \tag{5.17}$$

(2) 当 $i=2$ 时，由 3 点辛普森积分公式可知

$$C_f\Theta_2 = \int_0^{2h} F(\tau)\mathrm{e}^{-\zeta\omega_n(2h-\tau)}\sin[\omega_d(2h-\tau)]\mathrm{d}\tau$$

$$=\frac{h}{3}e^{-\zeta\omega_n(2h)}\sin[\omega_d(2h)]F_0+\frac{4h}{3}e^{-\zeta\omega_n(h)}\sin[\omega_d(h)]F_1$$

进而可得

$$a_{20}F_0+a_{21}F_1=C_f\Theta_2$$

$$\begin{cases}a_{20}=\dfrac{h}{3}e^{-\zeta\omega_n(2h)}\sin[\omega_d(2h)]\\[2ex] a_{21}=\dfrac{4h}{3}e^{-\zeta\omega_n(h)}\sin[\omega_d(h)]\end{cases}\tag{5.18}$$

(3) 当 $i=3$ 时,根据 4 点辛普森积分公式可知

$$\begin{aligned}C_f\Theta_3&=\int_0^{3h}F(\tau)e^{-\zeta\omega_n(3h-\tau)}\sin[\omega_d(3h-\tau)]d\tau\\&=\frac{3h}{8}e^{-\zeta\omega_n(3h)}\sin[\omega_d(3h)]F_0+\frac{9h}{8}e^{-\zeta\omega_n(2h)}\sin[\omega_d(2h)]F_1\\&\quad+\frac{9h}{8}e^{-\zeta\omega_n(h)}\sin[\omega_d(h)]F_2\end{aligned}$$

进而可得

$$a_{30}F_0+a_{31}F_1+a_{32}F_2=C_f\Theta_3$$

$$\begin{cases}a_{30}=\dfrac{3h}{8}e^{-\zeta\omega_n(3h)}\sin[\omega_d(3h)]\\[2ex] a_{31}=\dfrac{9h}{8}e^{-\zeta\omega_n(2h)}\sin[\omega_d(2h)]\\[2ex] a_{32}=\dfrac{9h}{8}e^{-\zeta\omega_n(h)}\sin[\omega_d(h)]\end{cases}\tag{5.19}$$

(4) 当 $i=2k(k=2,3,\cdots)$ 时,由 3 点辛普森积分公式可知

$$\begin{aligned}C_f\Theta_i&=\int_0^{ih}F(\tau)e^{-\zeta\omega_n(ih-\tau)}\sin[\omega_d(ih-\tau)]d\tau\\&=\frac{h}{3}e^{-\zeta\omega_n(ih)}\sin[\omega_d(ih)]F_0\\&\quad+\frac{4h}{3}\sum_{j=1}^{k-1}e^{-\zeta\omega_n[i-(2j-1)]h}\sin\{\omega_d[i-(2j-1)]h\}F_{2j-1}\\&\quad+\frac{2h}{3}\sum_{j=1}^{k-1}e^{-\zeta\omega_n(i-2j)h}\sin[\omega_d(i-2j)h]F_{2j}+\frac{4h}{3}e^{-\zeta\omega_n h}\sin(\omega_d h)F_{2k-1}\end{aligned}$$

进而可得

$$\begin{cases}a_{i0}F_0+\displaystyle\sum_{l=1}^{2k-1}a_{il}F_l=C_f\Theta_i\\[2ex] a_{i0}=\dfrac{h}{3}e^{-\zeta\omega_n(ih)}\sin[\omega_d(ih)]\end{cases}\tag{5.20}$$

$$a_{il}=\frac{4h}{3}e^{-\zeta\omega_n(i-l)h}\sin[\omega_d(i-l)h]F_l,\quad l=1,3,\cdots,2k-1 \tag{5.21}$$

$$a_{il}=\frac{2h}{3}e^{-\zeta\omega_n(i-l)h}\sin[\omega_d(i-l)h]F_l,\quad l=2,4,2k-2 \tag{5.22}$$

(5) 当 $i=2k+1(k=2,3,\cdots)$ 时，由 4 点辛普森积分公式可知

$$\begin{aligned}C_f\Theta_i&=\int_0^{ih}F(\tau)e^{-\zeta\omega_n(ih-\tau)}\sin[\omega_d(ih-\tau)]d\tau\\&=\frac{h}{3}e^{-\zeta\omega_n(ih)}\sin[\omega_d(ih)]F_0\\&\quad+\frac{4h}{3}\sum_{j=1}^{k-1}e^{-\zeta\omega_n[i-(2j-1)]h}\sin\{\omega_d[i-(2j-1)]h\}F_{2j-1}\\&\quad+\frac{2h}{3}\sum_{j=1}^{k-2}e^{-\zeta\omega_n(i-2j)h}\sin\omega_d(i-2j)hF_{2j}\\&\quad+\frac{h}{3}e^{-\zeta\omega_n[i-2(k-1)]h}\sin\{\omega_d[i-2(k-1)]h\}F_{2(k-1)}\\&\quad+\underline{\frac{3h}{8}e^{-\zeta\omega_n[i-(2k-2)]h}\sin\{\omega_d[i-(2k-2)]h\}F_{2k-2}}\\&\quad+\underline{\frac{9h}{8}e^{-\zeta\omega_n[i-(2k-1)]h}\sin\{\omega_d[i-(2k-1)]h\}F_{2k-1}}\\&\quad+\underline{\frac{9h}{8}e^{-\zeta\omega_n(i-2k)h}\sin[\omega_d(i-2k)h]F_{2k}}\end{aligned}$$

式中，在点 $i=2k+1=2(k-1)+3(k=2,3,\cdots)$ 中，最后的 $i=2k-2,2k-1,2k,2k+1$ 4 个点采用 4 点辛普森积分公式，之前的 $i=0,1,\cdots,2k-3,2k-2$ 采用 3 点辛普森积分公式。可得

$$a_{i0}F_0+\sum_{l=1}^{2k}a_{il}F_l=C_f\Theta_i$$

$$a_{i0}=\frac{h}{3}e^{-\zeta\omega_n(ih)}\sin[\omega_d(ih)] \tag{5.23}$$

$$a_{il}=\frac{4h}{3}e^{-\zeta\omega_n(i-l)h}\sin[\omega_d(i-l)h],\quad l=1,3,\cdots,2k-3 \tag{5.24}$$

$$a_{il}=\frac{2h}{3}e^{-\zeta\omega_n(i-l)h}\sin[\omega_d(i-l)h],\quad l=2,4,\cdots,2k-4 \tag{5.25}$$

$$a_{il}=\frac{17h}{24}e^{-\zeta\omega_n(i-l)h}\sin[\omega_d(i-l)h],\quad l=2k-2 \tag{5.26}$$

$$a_{il}=\frac{9h}{8}e^{-\zeta\omega_n(i-l)h}\sin[\omega_d(i-l)h],\quad l=2k-1,2k \tag{5.27}$$

式(5.17)～式(5.27)就是推力的复化辛普森积分公式，与推力的复化梯形积分公式相比，形式复杂。积分方程组采用复化辛普森离散化方法，与积分方程组采用复化梯形离散化方法相类似，都可转换为推力的线性方程组，也都可表示为矩阵

形式，系数矩阵为下三角矩阵。

推力的复化辛普森积分方法需要交替使用 3 点和 4 点辛普森积分公式，计算方法构造复杂，但是由于复化辛普森积分公式的截断误差与步长 h^4 成正比，因此计算精度大幅提高。

5.3.3　计算分析

根据上述提出的推力积分方程的反向计算方法，分析和讨论测量噪声对推力反向计算的影响，为了计算方便，以下计算采用了推力的复化梯形离散方法。

设推力测量系统的振动频率 $\omega_d = 1\mathrm{rad/s}$、阻尼比 $\zeta = 0.2$、扭转刚度系数 $k = 2.5\mathrm{N \cdot m/rad}$、力臂 $L_f = 0.5\mathrm{m}$。

1. 理想情况

在阶跃推力 $f(t) = 10^{-3}\mathrm{N}$ 作用下，真实系统响应曲线如图 5-3 所示。根据真实系统响应数据反向计算推力，结果如图 5-4 所示。其中，圆圈为反向计算得到的推力；实线为原始阶跃推力。两者相比，反向计算误差较小，在时间步长 $h = 0.02\mathrm{s}$ 的条件下，最大相对误差为 0.2%。

时间步长太大时，离散化计算的截断误差增大，造成推力截断误差增大。

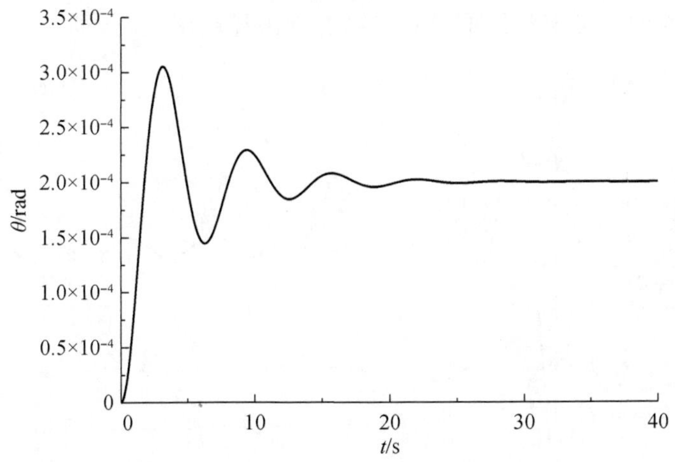

图 5-3　阶跃推力作用下真实系统响应

2. 周期性测量噪声影响

在阶跃推力 $f(t) = 10^{-3}\mathrm{N}$ 作用下，真实系统响应曲线如图 5-3 所示[稳态扭转角为 $\theta(\infty) = 2 \times 10^{-4}\mathrm{rad}$]，对真实系统响应附加周期性噪声 $\Delta\theta(t) =$

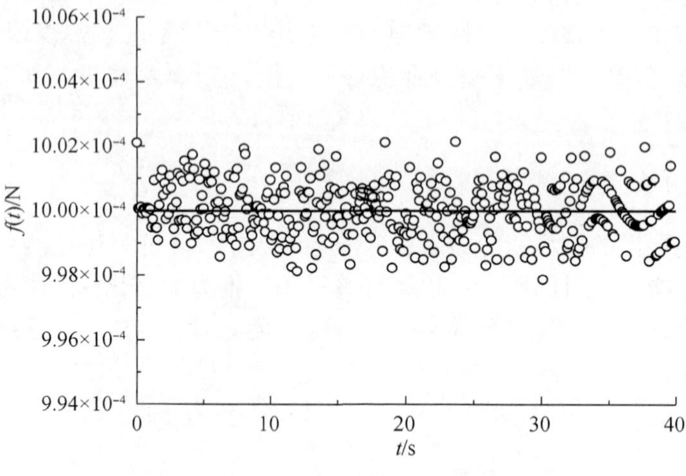

图 5-4　推力反向计算结果

$10^{-5}\sin(2\pi t/6)$，如图 5-5 所示。在周期性噪声下推力反向计算结果如图 5-6 所示（圆圈），实线为 $f(t)=10^{-3}$N 图形，两者相比，反向计算误差较小，在时间步长 $h=0.02$s 的条件下，最大相对误差为 2%。

计算结果表明，周期性噪声幅值给定条件下，噪声频率越大，推力噪声误差越大；周期性噪声频率给定条件下，幅值越大，推力噪声误差越大。

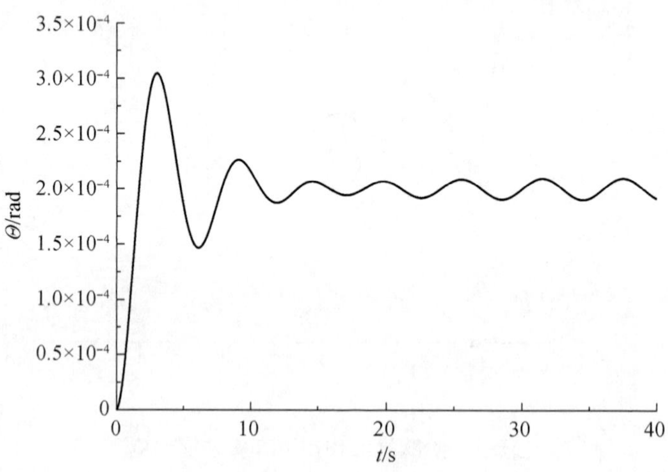

图 5-5　真实系统响应附加周期性噪声

3. 随机性测量噪声影响

在阶跃推力 $f(t)=10^{-3}$N 作用下，真实系统响应曲线如图 5-3 所示[稳态扭转

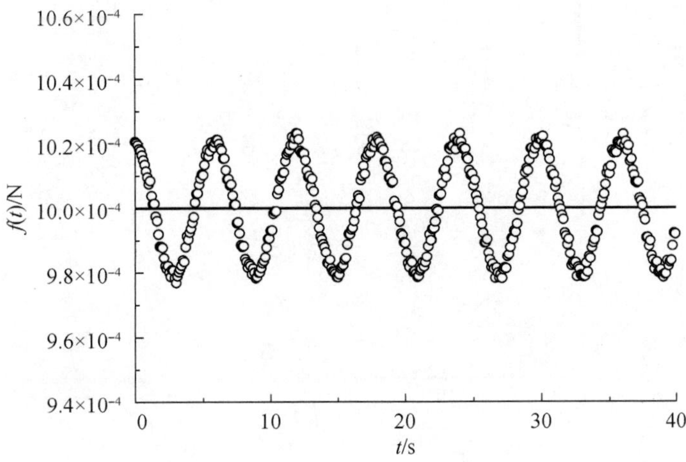

图 5-6　周期性噪声下推力反向计算结果

角为 $\theta(\infty)=2\times10^{-4}\mathrm{rad}$]，对真实系统响应附加随机性噪声 $\Delta\theta(t)\sim N[0,(10^{-5}/3)^2]$，如图 5-7 所示(相当于最大幅值为 10^{-5}，以便与同幅值周期性噪声比较)。在随机性噪声下，推力反向计算结果如图 5-8 所示(圆圈)，实线为 $f(t)=10^{-3}\mathrm{N}$ 图形。两者相比，反向计算误差很大，在时间步长 $h=0.02\mathrm{s}$ 的条件下，无法确定推力。

计算结果表明，随机性噪声幅值越大，推力噪声误差越大，并且随机性噪声引起的推力噪声误差最大(远大于周期性噪声)。

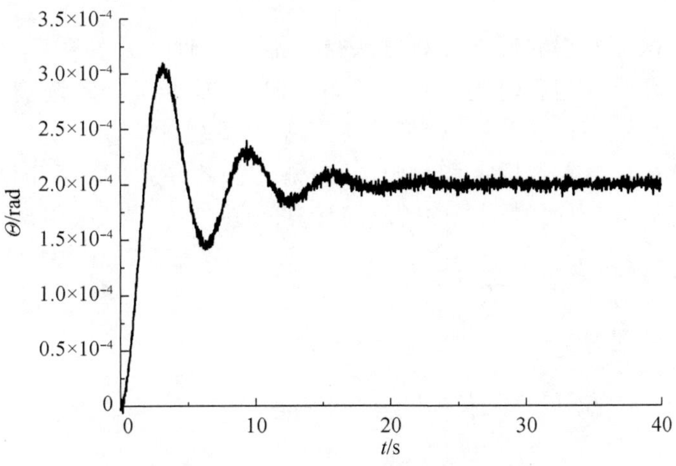

图 5-7　真实系统响应附加随机性噪声

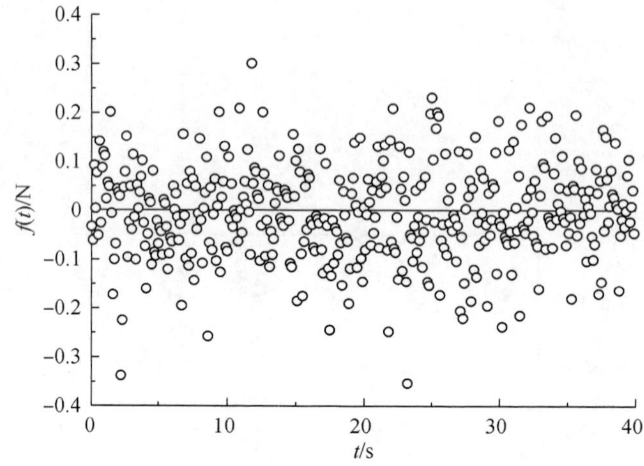

图 5-8 随机性噪声下推力反向计算结果

通过上述分析可知：

(1) 在没有测量噪声条件下，推力反向计算的复化梯形方法引入的推力截断误差较小，但时间步长过大时，推力截断误差增大。

(2) 系统响应的周期性噪声和随机性噪声是引起推力反向计算误差的主要原因。其中，随机性噪声引起的推力噪声误差远大于周期性噪声引起的推力噪声误差，并且在两种测量噪声条件下，计算误差在零均值附近具有对称分布特点。

5.4 总冲积分方程的反向计算方法

利用推力积分方程的反向计算方法得到推力和时间的关系后，可采用数值积分方法近似计算总冲随着时间变化的关系。但是，根据实际系统响应测量值直接计算总冲随着时间变化的关系，计算精度更高、计算更加方便。

设通过测量系统参数标定和验校，已知测量系统的振动频率、阻尼比和扭转刚度系数等系统参数，下面讨论总冲的反向计算问题。

5.4.1 总冲的复化梯形计算方法

总冲积分方程为

$$C_I\Theta(t)=\int_0^t I(\tau)\mathrm{e}^{-\zeta\omega_n(t-\tau)}\cos[\omega_d(t-\tau)+\varphi_C]\mathrm{d}\tau$$

$$\varphi_C=\arctan\frac{\zeta\omega_n}{\omega_d}=\arctan\frac{\zeta}{\sqrt{1-\zeta^2}}$$

式中，$C_I=J\omega_d/(\omega_n L_f)$。

设已知实际系统响应测量值为$[t_i,\Theta(t_i)]$($i=0,1,2,\cdots,n$)，采样时间步长为h，$t_i=ih$，当$t_0=0$时，$\Theta(t_0)=0$，令$\Theta(t_i)=\Theta_i$和$I(t_i)=I_i$。当$t_i=ih$时，采用复化梯形公式，将总冲积分方程组离散化为线性方程组，具体过程为

$$\begin{aligned}&\frac{h}{2}\mathrm{e}^{-\zeta\omega_n(ih-0)}\cos[\omega_d(ih-0)+\varphi_C]I(0)\\&+\sum_{j=1}^{i-1}h\mathrm{e}^{-\zeta\omega_n(ih-jh)}\cos[\omega_d(ih-jh)+\varphi_C]I(jh)\\&+\frac{h}{2}\mathrm{e}^{-\zeta\omega_n(ih-ih)}\cos[\omega_d(ih-ih)+\varphi_C]I(ih)\\=&C_I\Theta(ih)\end{aligned}$$

由于$I(0)=0$进一步简化，因此可得

$$\sum_{j=1}^{i-1}h\mathrm{e}^{-\zeta\omega_n(ih-jh)}\cos[\omega_d(ih-jh)+\varphi_C]I(jh)+\frac{h}{2}\cos\varphi_C I(ih)=C_I\Theta(ih)$$

令$I(ih)=I_i$和$\Theta(ih)=\Theta_i$，可得

$$\sum_{j=1}^{i-1}h\mathrm{e}^{-\zeta\omega_n(ih-jh)}\cos[\omega_d(ih-jh)+\varphi_C]I_j+\frac{h}{2}\cos\varphi_C I_i=C_I\Theta_i,\quad i=1,2,\cdots,n$$

令

$$a_{ij}=h\mathrm{e}^{-\zeta\omega_n(i-j)h}\cos[\omega_d(i-j)h+\varphi_C],\quad i=2,3,\cdots,n;j=1,2,\cdots,i-1$$

$$a_{ii}=\frac{h}{2}\cos\varphi_C,\quad i=1,2,\cdots,n$$

则有

$$\begin{bmatrix}a_{11}&0&0&\cdots&0\\a_{21}&a_{22}&0&\cdots&0\\\vdots&\vdots&\vdots&&\vdots\\a_{n,1}&a_{n,2}&a_{n,3}&\cdots&a_{n,n}\end{bmatrix}\begin{bmatrix}I_1\\I_2\\\vdots\\I_n\end{bmatrix}=\begin{bmatrix}C_I\Theta_1\\C_I\Theta_2\\\vdots\\C_I\Theta_n\end{bmatrix}\tag{5.28}$$

该式是总冲反向计算的线性方程组，系数矩阵为下三角矩阵。

计算线性方程组时，为了节省计算机内存，可采用以下递推计算方法：

$$a_{11}I_1=C_I\Theta_1,\quad I_1=\frac{C_I\Theta_1}{a_{11}}$$

$$\sum_{j=1}^{i-1}a_{ij}I_j+a_{ii}I_i=C_I\Theta_i,\quad I_i=\frac{C_I\theta_i-\sum_{j=1}^{i-1}a_{ij}I_j}{a_{ii}},\quad i=2,3,\cdots,n\tag{5.29}$$

5.4.2 总冲的复化辛普森计算方法

总冲积分方程为

$$C_I\Theta(t)=\int_0^t I(\tau)\mathrm{e}^{-\zeta\omega_n(t-\tau)}\cos[\omega_d(t-\tau)+\varphi_C]\mathrm{d}\tau$$

式中，$C_I = J\omega_d/(\omega_n L_f)$。

设已知实际系统响应测量值为$[t_i, \Theta(t_i)]$$(i=0,1,2,\cdots,n)$，采样时间步长为$h$，$t_i=ih$，当$t_0=0$时，$\Theta(t_0)=0$，令$\Theta(t_i)=\Theta_i$和$I(t_i)=I_i$。当$t_i=ih$时，采用复化辛普森公式，将总冲积分方程组离散化为线性方程组，分以下5种情况讨论。

(1) 当$i=1$时，由梯形积分公式可知

$$\begin{aligned}C_I\Theta_1 &= \int_0^h I(\tau)\mathrm{e}^{-\zeta\omega_n(h-\tau)}\cos[\omega_d(h-\tau)+\varphi_C]\mathrm{d}\tau \\ &= \frac{h}{2}\mathrm{e}^{-\zeta\omega_n h}\cos(\omega_d h+\varphi_C)I_0 + \frac{h}{2}\cos\varphi_C I_1 \\ &= \frac{h}{2}\cos\varphi_C I_1\end{aligned}$$

由$I_0=0$可得

$$\begin{cases}a_{11}I_1 = C_I\Theta_1 \\ a_{11} = \dfrac{h}{2}\cos\varphi_C\end{cases} \tag{5.30}$$

(2) 当$i=2$时，由3点辛普森积分公式可知

$$\begin{aligned}C_I\Theta_2 &= \int_0^{2h} I(\tau)\mathrm{e}^{-\zeta\omega_n(2h-\tau)}\cos[\omega_d(2h-\tau)+\varphi_C]\mathrm{d}\tau \\ &= \frac{4h}{3}\mathrm{e}^{-\zeta\omega_n h}\cos(\omega_d h+\varphi_C)I_1 + \frac{h}{3}\cos\varphi_C I_2\end{aligned}$$

进而可得

$$\begin{gathered}a_{21}I_1 + a_{22}I_2 = C_I\Theta_2 \\ \begin{cases}a_{21} = \dfrac{4h}{3}\mathrm{e}^{-\zeta\omega_n h}\cos(\omega_d h+\varphi_C) \\ a_{22} = \dfrac{h}{3}\cos\varphi_C\end{cases}\end{gathered} \tag{5.31}$$

(3) 当$i=3$时，由4点辛普森积分公式可知

$$\begin{aligned}C_I\Theta_3 &= \int_0^{3h} I(\tau)\cdot\mathrm{e}^{-\zeta\omega_n(3h-\tau)}\cos[\omega_d(3h-\tau)+\varphi_C]\mathrm{d}\tau \\ &= \frac{9h}{8}\mathrm{e}^{-\zeta\omega_n 2h}\cos[\omega_d(2h)+\varphi_C]I_1 + \frac{9h}{8}\mathrm{e}^{-\zeta\omega_n h}\cos(\omega_d h+\varphi_C)I_2 + \frac{3h}{8}\cos\varphi_C I_3\end{aligned}$$

进而可得

$$\begin{gathered}a_{31}I_1 + a_{32}I_2 + a_{33}I_3 = C_I\Theta_3 \\ \begin{cases}a_{31} = \dfrac{9h}{8}\mathrm{e}^{-\zeta\omega_n 2h}\cos[\omega_d(2h)+\varphi_C] \\ a_{32} = \dfrac{9h}{8}\mathrm{e}^{-\zeta\omega_n h}\cos(\omega_d h+\varphi_C) \\ a_{33} = \dfrac{3h}{8}\cos\varphi_C\end{cases}\end{gathered} \tag{5.32}$$

(4) 当 $i=2k(k=2,3,\cdots)$ 时，由 3 点辛普森积分公式可知

$$
\begin{aligned}
C_I\Theta_i &= \int_0^{ih} I(\tau)\mathrm{e}^{-\zeta\omega_n(ih-\tau)}\cos[\omega_d(ih-\tau)+\varphi_C]\mathrm{d}\tau \\
&= \frac{4h}{3}\sum_{j=1}^{k}\mathrm{e}^{-\zeta\omega_n[i-(2j-1)]h}\cos\{[i-(2j-1)]h+\varphi_C\}I_{2j-1} \\
&\quad + \frac{2h}{3}\sum_{j=1}^{k-1}\mathrm{e}^{-\zeta\omega_n(i-2j)h}\cos[\omega_d(i-2j)h+\varphi_C]I_{2j} + \frac{h}{3}\cos\varphi_C I_{2k}
\end{aligned}
$$

进而可得

$$
\sum_{l=1}^{2k} a_{il} I_l = C_I\Theta_i
$$

$$
a_{il} = \frac{4h}{3}\mathrm{e}^{-\zeta\omega_n(i-l)h}\cos[\omega_d(i-l)h+\varphi_C], \quad l=1,3,\cdots,2k-1 \tag{5.33}
$$

$$
a_{il} = \frac{2h}{3}\mathrm{e}^{-\zeta\omega_n(i-l)h}\cos[\omega_d(i-l)h+\varphi_C], \quad l=2,4,\cdots,2k-2 \tag{5.34}
$$

$$
a_{i(2k)} = \frac{h}{3}\cos\varphi_C \tag{5.35}
$$

(5) 当 $i=2k+1(k=2,3,\cdots)$ 时，在点 $i=2k+1=2(k-1)+3(k=2,3,\cdots)$ 中，最后的 $i=2k-2,2k-1,2k,2k+1$ 采用 4 点辛普森积分公式，之前的 $i=0,1,\cdots,2k-3,2k-2$ 采用 3 点辛普森积分公式可知

$$
\begin{aligned}
C_I\Theta_i &= \int_0^{ih} I(\tau)\mathrm{e}^{-\zeta\omega_n(ih-\tau)}\cos[\omega_d(ih-\tau)+\varphi_C]\mathrm{d}\tau \\
&= \frac{4h}{3}\sum_{j=1}^{k-1}\mathrm{e}^{-\zeta\omega_n[i-(2j-1)]h}\cos\{\omega_d[i-(2j-1)]h+\varphi_C\}I_{2j-1} \\
&\quad + \frac{2h}{3}\sum_{j=1}^{k-2}\mathrm{e}^{-\zeta\omega_n(i-2j)h}\cos[\omega_d(i-2j)h+\varphi_C]I_{2j} \\
&\quad + \frac{h}{3}\mathrm{e}^{-\zeta\omega_n[i-(2k-2)]h}\cos\{\omega_d[i-(2k-2)]h+\varphi_C\}I_{2(k-1)} \\
&\quad + \frac{3h}{8}\mathrm{e}^{-\zeta\omega_n[i-(2k-2)]h}\cos\{\omega_d[i-(2k-2)]h+\varphi_C\}I_{2k-2} \\
&\quad + \frac{9h}{8}\mathrm{e}^{-\zeta\omega_n[i-(2k-1)]h}\cos\{\omega_d[i-(2k-1)]h+\varphi_C\}I_{2k-1} \\
&\quad + \frac{9h}{8}\mathrm{e}^{-\zeta\omega_n(i-2k)h}\cos[\omega_d(i-2k)h+\varphi_C]I_{2k} + \frac{3h}{8}\cos\varphi_C I_{2k+1}
\end{aligned}
$$

进而可得

$$\sum_{l=1}^{2k+1} a_{il} I_l = C_I \Theta_i$$

$$a_{il} = \frac{4h}{3} \mathrm{e}^{-\zeta\omega_n (i-l)h} \cos[\omega_d (i-l)h + \varphi_C], \quad l = 1,3,\cdots,2k-3 \tag{5.36}$$

$$a_{il} = \frac{2h}{3} \mathrm{e}^{-\zeta\omega_n (i-l)h} \cos[\omega_d (i-l)h + \varphi_C], \quad l = 2,4,\cdots,2k-4 \tag{5.37}$$

$$a_{il} = \frac{17h}{24} \mathrm{e}^{-\zeta\omega_n (i-l)h} \cos[\omega_d (i-l)h + \varphi_C], \quad l = 2k-2 \tag{5.38}$$

$$a_{il} = \frac{9h}{8} \mathrm{e}^{-\zeta\omega_n (i-l)h} \cos[\omega_d (i-l)h + \varphi_C], \quad l = 2k-1, 2k \tag{5.39}$$

$$a_{i(2k+1)} = \frac{3h}{8} \cos\varphi_C \tag{5.40}$$

式(5.30)～式(5.40)就是总冲的复化辛普森计算公式，与总冲的复化梯形计算公式相比，形式复杂。积分方程组采用辛普森离散化方法，与积分方程组采用梯形离散化方法相类似，都可转换为离散化线性方程组，也都可表示为矩阵形式，系数矩阵为下三角矩阵。

总冲的复化辛普森计算方法需要交替使用 3 点和 4 点辛普森积分公式，计算方法构造复杂，但是由于复化辛普森公式的截断误差与步长 h^4 成正比，因此计算精度大幅提高。

5.4.3 计算分析

根据上述提出的总冲反向计算方法，分析和讨论测量噪声对总冲反向计算的影响，为了计算方便，以下采用总冲的复化梯形计算方法。

设推力测量系统的振动频率 $\omega_d = 1\mathrm{rad/s}$、阻尼比 $\zeta = 0.2$、扭转刚度系数 $k = 2.5\mathrm{N\cdot m/rad}$，力臂 $L_f = 0.5\mathrm{m}$。

1. 理想情况

在阶跃推力 $f(t) = 10^{-3}\mathrm{N}$ 作用下，真实系统响应曲线如图 5-3 所示。对应真实总冲为 $I(t) = 10^{-3}t$，根据真实系统响应数据反向计算总冲，结果如图 5-9 所示（无测量噪声）。与总冲真实值 $I(t) = 10^{-3}t$ 相比，总冲反向计算的相对误差如图 5-10 所示。反向计算误差较小，在时间步长 $h = 0.02\mathrm{s}$ 的条件下，最大相对误差不大于 0.04%。

2. 周期性测量噪声影响

在阶跃推力 $f(t) = 10^{-3}\mathrm{N}$ 作用下，真实系统响应曲线如图 5-3 所示[稳态扭转角为 $\theta(\infty) = 2 \times 10^{-4}\mathrm{rad}$]。对真实系统响应附加周期性噪声 $\Delta\theta(t) =$

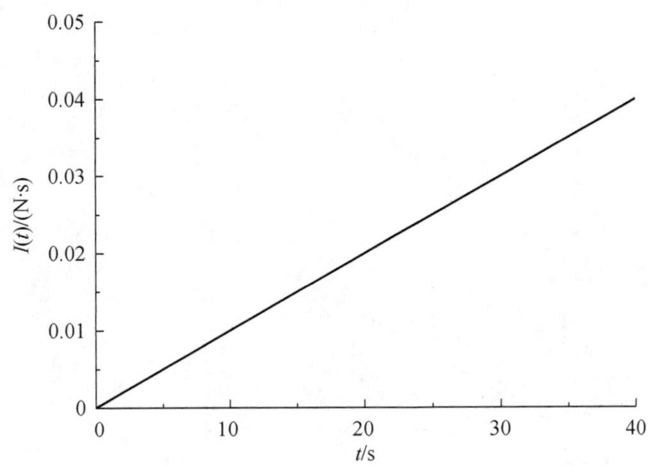

图 5-9　无测量噪声下总冲反向计算结果

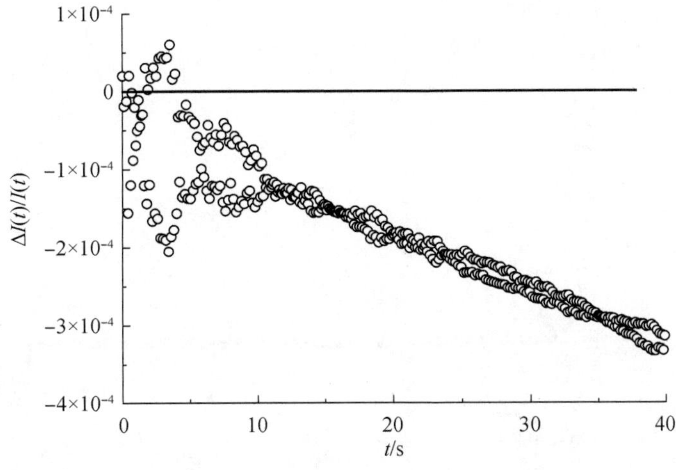

图 5-10　总冲反向计算的相对误差

$10^{-5}\sin(2\pi t/6)$，如图 5-5 所示。周期性噪声下总冲计算结果如图 5-11 所示。相对误差随着时间变化的曲线如图 5-12 所示。与真实值相比，在时间步长 $h=0.02\text{s}$ 的条件下，前期相对误差较大，但是后期最大相对误差为 0.2%。

计算结果表明，周期性噪声幅值给定条件下，噪声频率越大，总冲噪声误差越大；周期性噪声频率给定条件下，幅值越大，总冲噪声误差越大。

3. 随机性测量噪声影响

在阶跃推力 $f(t)=10^{-3}\text{N}$ 作用下，真实系统响应曲线如图 5-3 所示[稳态扭转

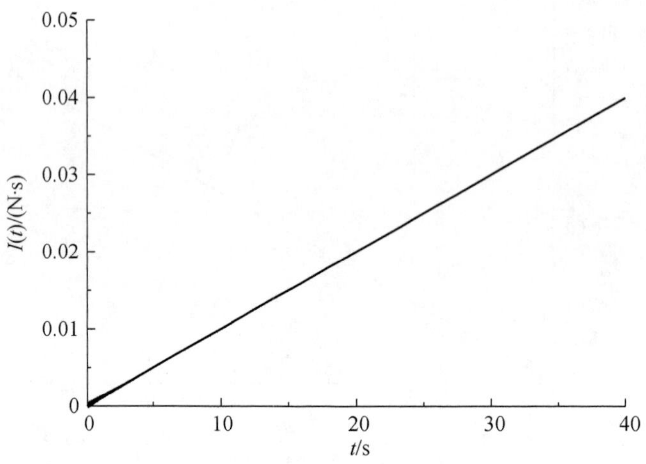

图 5-11　周期性噪声下总冲反向计算结果

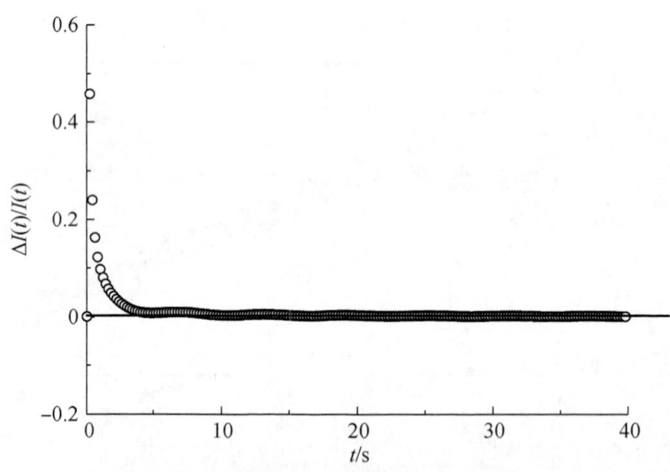

图 5-12　周期性噪声下总冲反向计算相对误差

角为 $\theta(\infty)=2\times10^{-4}\mathrm{rad}$]。对真实系统响应附加随机性噪声 $\Delta\theta(t)\sim N[0,(10^{-5}/3)^2]$，如图 5-7 所示(相当于最大幅值为 10^{-5}，以便与同幅值周期性噪声影响比较)。随机性噪声下总冲反向计算结果如图 5-13 所示。实线为真实值，圆圈点为计算值，两者相比，反向计算误差很大。在时间步长 $h=0.02\mathrm{s}$ 的条件下，前期相对误差很大，如图 5-14 所示。

计算结果表明，随机性噪声幅值越大，总冲噪声误差越大，并且随机性噪声引起的总冲噪声误差最大(远大于周期性噪声)。

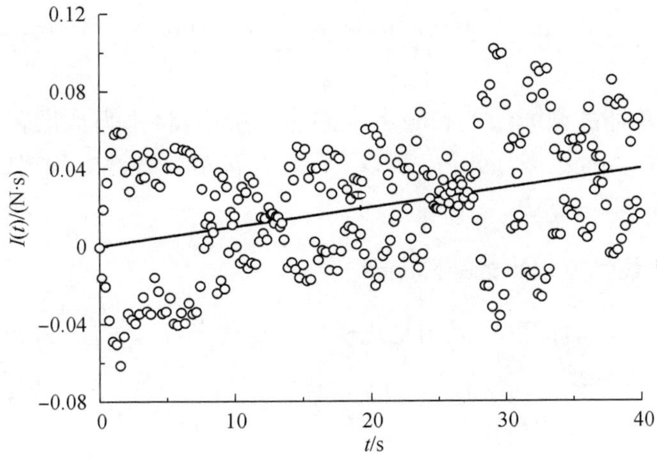

图 5-13　随机性噪声下总冲反向计算结果

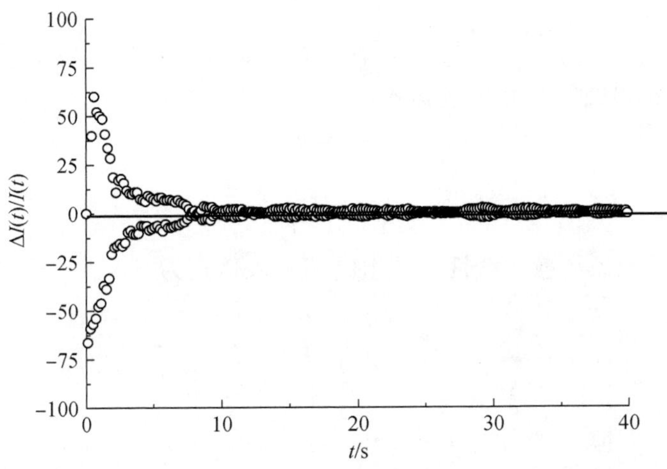

图 5-14　随机性噪声下总冲反向计算相对误差

由上述分析可知：

(1) 在没有测量噪声条件下，采用复化梯形方法反向计算总冲，引入的总冲截断误差较小。

(2) 系统响应的周期性噪声和随机性噪声是引起总冲反向计算误差的主要原因。其中，随机性噪声引起的总冲噪声误差远大于周期性噪声引起的总冲噪声误差，并且在两种测量噪声条件下，计算误差在零均值附近具有对称分布特点。

5.5 推力离散化线性方程组的矩阵表示

在推力与总冲的截断误差和噪声误差的分析中，将推力离散化线性方程组或总冲离散化线性方程组采用矩阵表示，下面讨论离散化线性方程组的矩阵表达式，以及下三角矩阵求逆方法。

5.5.1 离散化线性方程组的矩阵表示

推力和总冲反向计算中，采用复化梯形或复化辛普森方法，将积分方程组离散化后，得到线性方程组

$$\begin{bmatrix} a_{11} & 0 & 0 & \cdots & 0 \\ a_{21} & a_{22} & 0 & \cdots & 0 \\ \vdots & \vdots & \vdots & & \vdots \\ a_{n,1} & a_{n,2} & a_{n,3} & \cdots & a_{n,n} \end{bmatrix} \begin{bmatrix} x_1 \\ x_2 \\ \vdots \\ x_n \end{bmatrix} = \begin{bmatrix} b_1 \\ b_2 \\ \vdots \\ b_n \end{bmatrix} \tag{5.41}$$

令

$$\boldsymbol{A} = [a_{ij}]_{n\times n}, \quad \boldsymbol{x} = [x_1, x_2, \cdots, x_n]^{\mathrm{T}}, \quad \boldsymbol{b} = [b_1, b_2, \cdots, b_n]^{\mathrm{T}}$$

上述线性方程组可改写为矩阵表达式，即

$$\boldsymbol{Ax} = \boldsymbol{b}$$

解得

$$\boldsymbol{x} = \boldsymbol{A}^{-1}\boldsymbol{b}$$

【例题 1】 推力离散化线性方程组的矩阵表达式为

$$\begin{bmatrix} a_{11} & 0 & 0 & \cdots & 0 \\ a_{21} & a_{22} & 0 & \cdots & 0 \\ \vdots & \vdots & \vdots & & \vdots \\ a_{n,1} & a_{n,2} & a_{n,3} & \cdots & a_{n,n} \end{bmatrix} \begin{bmatrix} F_0 \\ F_1 \\ \vdots \\ F_{n-1} \end{bmatrix} = \begin{bmatrix} C_f\Theta_1 \\ C_f\Theta_2 \\ \vdots \\ C_f\Theta_n \end{bmatrix} \tag{5.42}$$

式中，$C_f = J\omega_d / L_f$。由于$a_{ij} \neq 0 (j \leqslant i)$，因此系数矩阵为下三角矩阵并且非奇异。

推力反向计算中，矩阵元素改写为

$$a_{i1} = \frac{h}{2} \mathrm{e}^{-\zeta\omega_n(ih)} \sin[\omega_d(ih)], \quad i = 1, 2, \cdots, n$$

$$a_{ij} = h\mathrm{e}^{-\zeta\omega_n(i-j+1)h} \sin[\omega_d(i-j+1)h], \quad i = 2, 3, \cdots, n; j = 2, 3, \cdots, i$$

令

$$\boldsymbol{A} = [a_{ij}]_{n\times n}, \quad \boldsymbol{F} = [F_0, F_1, \cdots, F_{n-1}]^{\mathrm{T}}, \quad \boldsymbol{\Theta} = [C_f\Theta_1, C_f\Theta_2, \cdots, C_f\Theta_n]^{\mathrm{T}}$$

上述方程组可改写为

$$\boldsymbol{AF} = \boldsymbol{\Theta}$$

方程两边分别左乘$\boldsymbol{A}^{-1}$，可得

$$\boldsymbol{F}=\boldsymbol{A}^{-1}\boldsymbol{\Theta}$$

式中，系数矩阵为 $\boldsymbol{A}=[a_{ij}]_{n\times n}$，逆阵为 $\boldsymbol{A}^{-1}=[a_{ij}^{-1}]_{n\times n}$。推力的分量形式表达式为

$$F_{i-1}=\sum_{k=1}^{n}a_{ik}^{-1}\Theta_k,\quad i=1,2,\cdots,n \tag{5.43}$$

【例题 2】 总冲离散化线性方程组的矩阵表达式为

$$\begin{bmatrix} a_{11} & 0 & 0 & \cdots & 0 \\ a_{21} & a_{22} & 0 & \cdots & 0 \\ \vdots & \vdots & \vdots & & \vdots \\ a_{n,1} & a_{n,2} & a_{n,3} & \cdots & a_{n,n} \end{bmatrix}\begin{bmatrix} I_1 \\ I_2 \\ \vdots \\ I_n \end{bmatrix}=\begin{bmatrix} C_I\Theta_1 \\ C_I\Theta_2 \\ \vdots \\ C_I\Theta_n \end{bmatrix} \tag{5.44}$$

式中，$C_I=J\omega_d/(\omega_n L_f)$。由于 $a_{ij}\neq 0(j\leqslant i)$，因此系数矩阵为下三角矩阵并且非奇异。

总冲反向计算中，矩阵元素为

$$a_{ii}=\frac{h}{2}\cos\varphi_C,\quad i=1,2,\cdots,n$$

$$a_{ij}=h\mathrm{e}^{-\zeta\omega_n(i-j)h}\cos[\omega_d(i-j)h+\varphi_C],\quad i=2,3,\cdots,n;j=1,2,\cdots,i-1$$

$$\varphi_C=\arctan\frac{\zeta}{\sqrt{1-\zeta^2}}$$

令

$$\boldsymbol{A}=[a_{ij}]_{n\times n},\quad \boldsymbol{I}=[I_1,I_2,\cdots,I_n]^{\mathrm{T}},\quad \boldsymbol{\Theta}=[C_I\Theta_1,C_I\Theta_2,\cdots,C_I\Theta_n]^{\mathrm{T}}$$

线性方程组改写为

$$\boldsymbol{AI}=\boldsymbol{\Theta},\quad \boldsymbol{I}=\boldsymbol{A}^{-1}\boldsymbol{\Theta}$$

总冲的分量形式表达式为

$$I_i=\sum_{k=1}^{n}a_{ik}^{-1}\Theta_k,\quad i=1,2,\cdots,n \tag{5.45}$$

5.5.2　下三角矩阵的求逆方法

推力和总冲反向计算中，系数矩阵是下三角矩阵，推力和总冲反向计算过程中涉及下三角矩阵的求逆，为此讨论下三角矩阵的求逆方法。下三角矩阵为

$$\boldsymbol{A}=\begin{bmatrix} a_{11} & 0 & 0 & \cdots & 0 \\ a_{21} & a_{22} & 0 & \cdots & 0 \\ \vdots & \vdots & \vdots & & \vdots \\ a_{n,1} & a_{n,2} & a_{n,3} & \cdots & a_{n,n} \end{bmatrix}$$

其行列式的值为

$$|\boldsymbol{A}|=a_{11}a_{22}\cdots a_{n,n}$$

其逆矩阵为

$$
\boldsymbol{A}^{-1}=\begin{bmatrix} a_{11}^{-1} & 0 & 0 & \cdots & 0 \\ a_{21}^{-1} & a_{22}^{-1} & 0 & \cdots & 0 \\ \vdots & \vdots & \vdots & & \vdots \\ a_{n,1}^{-1} & a_{n,2}^{-1} & a_{n,3}^{-1} & \cdots & a_{n,n}^{-1} \end{bmatrix}
$$

式中

$$
a_{ii}^{-1}=\frac{1}{a_{ii}},\quad i=1,2,\cdots,n \tag{5.46}
$$

$$
a_{ij}^{-1}=-\frac{1}{a_{ii}}\sum_{k=j}^{i-1}a_{ik}a_{kj}^{-1},\quad i=2,3,\cdots,n;j=1,2,\cdots,i-1 \tag{5.47}
$$

5.6　推力离散化线性方程组的病态特性

推力和总冲的积分方程组离散化后得到的线性方程组具有病态特性。下面简单介绍病态线性方程组的概念，并讨论推力离散化线性方程组的病态特性。

5.6.1　病态方程组的概念

向量 $\boldsymbol{x}=(x_1,x_2,\cdots,x_n)^{\mathrm{T}}$ 的范数为

$$
\|\boldsymbol{x}\|_{\infty}=\max_{1\leqslant i\leqslant n}|x_i|
$$

即向量分量绝对值的最大值。

矩阵 $\boldsymbol{A}=[a_{ij}]_{n\times n}$ 的范数为

$$
\|\boldsymbol{A}\|_{\infty}=\max_{1\leqslant i\leqslant n}\sum_{j=1}^{n}|a_{ij}|
$$

即矩阵每行元素绝对值之和的最大值。

对于方程组 $\boldsymbol{Ax}=\boldsymbol{b}$（或 $\boldsymbol{x}=\boldsymbol{A}^{-1}\boldsymbol{b}$），若 $\|\Delta\boldsymbol{A}\|\,\|\boldsymbol{A}^{-1}\|<1$，则有

$$
\frac{\|\Delta\boldsymbol{x}\|}{\|\boldsymbol{x}\|}\leqslant\frac{\|\boldsymbol{A}\|\,\|\boldsymbol{A}^{-1}\|}{1-\|\boldsymbol{A}^{-1}\|\,\|\Delta\boldsymbol{A}\|}\left(\frac{\|\Delta\boldsymbol{A}\|}{\|\boldsymbol{A}\|}+\frac{\|\Delta\boldsymbol{b}\|}{\|\boldsymbol{b}\|}\right) \tag{5.48}
$$

式中，系数矩阵的范数可以是 $\|\boldsymbol{A}\|_1$、$\|\boldsymbol{A}\|_2$ 和 $\|\boldsymbol{A}\|_{\infty}$。$\|\boldsymbol{A}\|\,\|\boldsymbol{A}^{-1}\|$ 越大，系数矩阵相对误差或右端向量相对误差对解向量相对误差影响越大。

对于线性方程组 $\boldsymbol{Ax}=\boldsymbol{b}$，系数矩阵 $\boldsymbol{A}$ 非奇异，如果条件数 $\mathrm{cond}(\boldsymbol{A})_{\infty}=\|\boldsymbol{A}\|_{\infty}\|\boldsymbol{A}^{-1}\|_{\infty}$ 越大，那么系数矩阵和右端向量的相对误差对方程组解的相对误差影响越大，方程组 $\boldsymbol{Ax}=\boldsymbol{b}$ 出现病态。

一般系数矩阵 A 的行列式很小；列主元素远小于 1；系数矩阵元素的数量级差别很大，方程可能是病态的。

病态方程组的病态特性不严重时，可采用以下求解方法：

(1) 病态方程求解的平衡方法。对于 $\boldsymbol{Ax}=\boldsymbol{b}$，$\boldsymbol{A}$ 非奇异，计算 $s_i=\max\limits_{1\leqslant j\leqslant n}|a_{ij}|$

($i=1,2,\cdots,n$)，构成对角矩阵

$$\boldsymbol{S}=\mathrm{diag}(1/s_1,1/s_2,\cdots,1/s_n)$$

$\boldsymbol{Ax}=\boldsymbol{b}$ 与 $\boldsymbol{SAx}=\boldsymbol{Sb}$ 为同解方程组，求解同解方程组 $\boldsymbol{SAx}=\boldsymbol{Sb}$ 得到原方程组的解。

(2) 病态方程求解的残差校正方法。$\boldsymbol{A}$ 非奇异，条件数 $\mathrm{cond}(\boldsymbol{A})_\infty=\|\boldsymbol{A}\|_\infty\|\boldsymbol{A}^{-1}\|_\infty$ 不是特别大，方程组病态特性不严重。首先计算近似解 $\boldsymbol{A}\tilde{\boldsymbol{x}}=\boldsymbol{b}$，其次计算残差 $\boldsymbol{r}=\boldsymbol{b}-\boldsymbol{A}\tilde{\boldsymbol{x}}$，再次求解 $\boldsymbol{A}\Delta\boldsymbol{x}=\boldsymbol{r}$，最后校正 $\tilde{\tilde{\boldsymbol{x}}}=\tilde{\boldsymbol{x}}+\Delta\tilde{\boldsymbol{x}}$，反复校正直到满足精度要求。计算中可采用 Doolittle 分解方法，将系数矩阵分解为下三角矩阵和上三角矩阵。

5.6.2　推力离散化线性方程组为严重病态

在推力反向计算中，系数矩阵的每个元素都与积分步长 h 相关，由于 $a_{ij}\neq 0(j\leqslant i)\propto h$，因此当积分步长 $h\to 0$ 时，系数矩阵的行列式的值 $a_{11}a_{22}\cdots a_{nn}\to 0$，并且矩阵元素数量级相差很大，推力离散化线性方程组出现病态。

如表 5-1 所示，采用复化梯形离散化方法时，积分步长越小，系数矩阵的条件数越大，使得实际系统响应的测量噪声造成很大的推力噪声误差。

表 5-1　系数矩阵的范数和条件数变化

积分步长	$h=0.05$	$h=0.03$	$h=0.01$	$h=0.005$	$h=0.0025$
矩阵范数	6.161178	6.155592	6.160937	6.160928	6.160928
逆阵范数	1.599667×10^3	4.444111×10^3	3.999967×10^4	1.599997×10^5	6.399997×10^5
矩阵条件数	9.855830×10^3	2.735614×10^4	2.464354×10^5	9.857464×10^5	3.942992×10^6

注：扭转刚度系数 $k=2.5\mathrm{N\cdot m/rad}$，振动频率 $\omega_d=1.0\mathrm{rad/s}$，阻尼比 $\zeta=0$，力作用时间 $T_0=10\mathrm{s}$。

例如，根据推力离散化线性方程组计算推力，系数矩阵元素的舍入误差忽略不计，认为 $\Delta\boldsymbol{A}=\boldsymbol{0}$，有

$$\frac{\|\Delta\boldsymbol{x}\|_\infty}{\|\boldsymbol{x}\|_\infty}\leqslant\|\boldsymbol{A}\|_\infty\|\boldsymbol{A}^{-1}\|_\infty\frac{\|\Delta\boldsymbol{b}\|_\infty}{\|\boldsymbol{b}\|_\infty}$$

由表 5-1 可知，当 $h=0.01$ 时，$\|\boldsymbol{A}\|_\infty\|\boldsymbol{A}^{-1}\|_\infty=2.464354\times10^5$，如果扭转角 $\theta=2\times10^{-4}\mathrm{rad}$，误差限 $\Delta\theta=10^{-5}\mathrm{rad}$，即扭转角相对误差为 5%，那么造成推力相对噪声误差为

$$2.464354\times10^5\times5\times10^{-2}=1.232177\times10^4=1.232177\times10^6\%$$

与推力离散化线性方程组类似，总冲积分方程离散化后得到的线性方程组也具有病态特性。

由上述分析可知：

(1) 在积分方程组离散化为线性方程组反向计算推力中，如果没有测量噪声，那么通过较小积分步长方法，可减小推力截断误差(或可将推力截断误差控制在要

求的程度)。

(2) 在积分方程组离散化为线性方程组反向计算推力中,随着积分步长减小,离散化线性方程组的病态特性加剧恶化,即使微小的测量噪声,也将造成很大的推力噪声误差,并且随机性测量噪声引起的推力噪声误差远大于周期性测量噪声引起的推力噪声误差。

因此,采用推力的复化辛普森计算方法具有两方面优势:①可在较大积分步长条件下(或较少划分区间数目条件下)减小推力截断误差;②积分步长较大(或划分区间数目较少),降低了系数矩阵条件数,使得离散化线性方程组的病态特性显著改善,可减小推力噪声误差。

5.7 推力反向计算的截断误差分析方法

推力和总冲的反向计算中,推力计算误差来源于推力截断误差和推力噪声误差。首先分析和讨论推力截断误差影响因素,并提出推力截断误差分析方法。由于推力截断误差分析方法与总冲截断误差分析方法类似,因此这里以推力截断误差分析方法为例,进行分析和讨论。

5.7.1 推力截断误差的影响因素

不考虑测量噪声条件下,在推力 $f(t)$ 作用下,真实系统响应 $\theta(t)$ 满足

$$\theta(t)=\frac{L_f}{J\omega_d}\int_0^t f(\tau)\mathrm{e}^{-\zeta\omega_n(t-\tau)}\sin[\omega_d(t-\tau)]\mathrm{d}\tau$$

将积分方程离散化为

$$\begin{aligned}\theta(t)&=\frac{L_f}{J\omega_d}\int_0^t f(\tau)\mathrm{e}^{-\zeta\omega_n(t-\tau)}\sin[\omega_d(t-\tau)]\mathrm{d}\tau\\&=\frac{L_f}{J\omega_d}\sum_{j=1}^{n}F(\tau_j)\mathrm{e}^{-\zeta\omega_n(t-\tau_j)}\sin[\omega_d(t-\tau_j)]\Delta\tau+\Delta Q_n(t)\end{aligned}$$

由于存在积分方程离散化的截断误差 $\Delta Q_n(t)$,因此根据离散化方程

$$\theta(t)=\frac{L_f}{J\omega_d}\sum_{j=1}^{n}F(\tau_j)\mathrm{e}^{-\zeta\omega_n(t-\tau_j)}\sin[\omega_d(t-\tau_j)]\Delta\tau$$

求解的推力为 $F(t_j)$,与真实推力 $f(t_j)$ 相比,存在推力截断误差,为

$$\Delta f(t_j)=F(t_j)-f(t_j) \tag{5.49}$$

推力相对截断误差为

$$\frac{\Delta f(t_j)}{f(t_j)}=\frac{F(t_j)-f(t_j)}{f(t_j)} \tag{5.50}$$

积分方程为

$$\theta(t)=\frac{L_f}{J\omega_d}\int_0^t f(\tau)\mathrm{e}^{-\zeta\omega_n(t-\tau)}\sin[\omega_d(t-\tau)]\mathrm{d}\tau$$

令 $y=\tau/t$，可得

$$\theta(t)=\frac{L_f}{J\omega_d}\int_0^1 f(ty)\mathrm{e}^{-\zeta\omega_n(t-ty)}\sin[\omega_d(t-ty)t]\mathrm{d}y$$

$$=\frac{L_f}{k}\frac{\omega_d t}{1-\zeta^2}\int_0^1 f(ty)\mathrm{e}^{-\frac{\zeta}{\sqrt{1-\zeta^2}}\omega_d t(1-y)}\sin[\omega_d t(1-y)]\mathrm{d}y$$

式中，$k=J\omega_n^2$ 为扭转刚度系数。

设推力作用时间为 T_0，将区间 $[0,T_0]$ 进行 n 等分，$h=T_0/n$，$t_i=ih(i=0,1,2,\cdots,n)$，可得

$$\theta(t_i)=\frac{L_f}{k}\frac{\omega_d ih}{1-\zeta^2}\int_0^1 f(ihy)\mathrm{e}^{-\frac{\zeta}{\sqrt{1-\zeta^2}}\omega_d ih(1-y)}\sin[\omega_d ih(1-y)]\mathrm{d}y$$

测量系统的振动周期为 $T_d=2\pi/\omega_d$，则有

$$\omega_d h=\frac{2\pi}{n}\frac{T_0}{T_d}$$

积分方程离散化后，$t_i=ih(i=0,1,2,\cdots,n)$，$\tau_j=jh(j=0,1,2,\cdots,i)$，则有

$$\theta(t_i)=\frac{L_f}{J\omega_d}\sum_{j=1}^{n}F(\tau_j)\mathrm{e}^{-\zeta\omega_n(t_i-\tau_j)}\sin[\omega_d(t_i-\tau_j)]\Delta\tau$$

$$=\frac{L_f}{k}\frac{\omega_d h}{1-\zeta^2}\sum_{j=1}^{i}F(jh)\mathrm{e}^{-\frac{\zeta}{\sqrt{1-\zeta^2}}\omega_d(i-j)h}\sin[\omega_d(i-j)h]$$

比较以下两式：

$$\theta(t_i)=\frac{L_f}{k}\frac{\omega_d ih}{1-\zeta^2}\int_0^1 f(ihy)\mathrm{e}^{-\frac{\zeta}{\sqrt{1-\zeta^2}}\omega_d ih(1-y)}\sin[\omega_d ih(1-y)]\mathrm{d}y$$

$$\theta(t_i)=\frac{L_f}{k}\frac{\omega_d h}{1-\zeta^2}\sum_{j=1}^{i}F(jh)\mathrm{e}^{-\frac{\zeta}{\sqrt{1-\zeta^2}}\omega_d(i-j)h}\sin[\omega_d(i-j)h]$$

可知推力截断误差影响因素为：①推力随着时间变化的关系 $f(\tau)$；②推力作用时间与周期的比值 T_0/T_d；③阻尼比 ζ；④划分区间数目 n 或时间步长 $h=T_0/n$。

5.7.2　推力截断误差的分析方法

推力的截断误差影响因素有：①推力随着时间变化的关系；②推力作用时间与周期的比值；③阻尼比；④划分区间数目 n（或时间步长）。需要研究上述 4 个影响因素对推力截断误差的影响，并且给出影响规律。

推力截断误差的分析方法为：

(1) 任意给定测量系统的扭转刚度系数 k、振动周期 T_d 和力臂 L_f（这些参数不影响推力相对截断误差），设推力作用时间与周期的比值为 $C_T=T_0/T_d$，推力作用时间为 $T_0=C_T T_d$，将区间 $[0,T_0]$ 进行 n 等分，$h=T_0/n$，$t_i=ih(i=0,1,2,\cdots,n)$。

(2) 选取典型的推力函数 $f(t)$（能够表征待测推力随着时间变化的关系），在

$f(t_i)(i=0,1,2,\cdots,n)$作用下，计算系统响应

$$\theta_i=\theta(t_i)=\frac{L_f}{J\omega_d}\int_0^{t_i}f(\tau)\mathrm{e}^{-\zeta\omega_n(t_i-\tau)}\sin[\omega_d(t_i-\tau)]\mathrm{d}\tau \tag{5.51}$$

(3) 积分方程离散化后，离散化线性方程组的矩阵表达式在推力反向计算中为 $\boldsymbol{F}=\boldsymbol{A}^{-1}\boldsymbol{\theta}$，其中

$$\boldsymbol{A}=[a_{ij}]_{n\times n}$$
$$\boldsymbol{F}=[F_0,F_1,\cdots,F_{n-1}]^{\mathrm{T}}$$
$$\boldsymbol{\theta}=[C_f\theta_1,C_f\theta_2,\cdots,C_f\theta_n]^{\mathrm{T}}$$
$$\boldsymbol{A}^{-1}=[a_{ij}^{-1}]_{n\times n}$$

推力的分量表达式为

$$F_{i-1}=\sum_{k=1}^{n}a_{ik}^{-1}C_f\theta_k,\quad i=1,2,\cdots,n \tag{5.52}$$

(4) 不考虑测量噪声条件下，计算推力截断误差和相对截断误差，分别为

$$\Delta f_{i-1}=F_{i-1}-f_{i-1},\quad \frac{\Delta f_{i-1}}{f_{i-1}}=\frac{F_{i-1}-f_{i-1}}{f_{i-1}} \tag{5.53}$$

通过上述分析方法可分析和计算推力截断误差，以及各种因素的影响程度。

5.7.3 计算分析

设推力测量系统的振动频率 $\omega_d=1\mathrm{rad/s}$、阻尼比 $\zeta=0$、扭转刚度系数 $k=2.5\mathrm{N\cdot m/rad}$、力臂 $L_f=0.5\mathrm{m}$ 和推力 $f=1\mathrm{mN}$。

1. 采用复化梯形计算方法时推力截断误差

推力测量中要求 $C_T=T_0/T_d\geqslant 1/4$，将区间$[0,T_0]$进行 n 等分，时间步长为

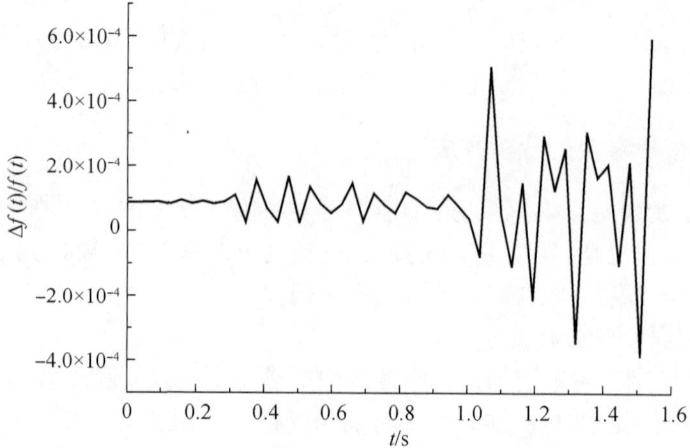

图 5-15 $C_T=0.25$ 和 $n=50$ 条件下推力相对截断误差

$h=T_0/n$。图 5-15 为 $C_T=0.25$ 和 $n=50$ 条件下，推力相对截断误差随着时间变化的曲线。由该图可知，推力相对截断误差小于 0.06%，表明划分区间数目为 50 时，推力截断误差足够小。

已知 $\omega_d h=2\pi C_T/n$，在 $C_T/n=1/200$ 条件下，研究推力相对截断误差。图 5-16 和图 5-17 为 $C_T=1.0$ 和 $n=200$ 条件下，以及 $C_T=8.0$ 和 $n=1600$ 条件下，推力相对截断误差随着时间变化的曲线。由于 C_T/n 不变，因此尽管划分区间数目不同，但是推力相对截断误差基本一致，在上述两种情况下推力相对截断误差小于 0.1%。

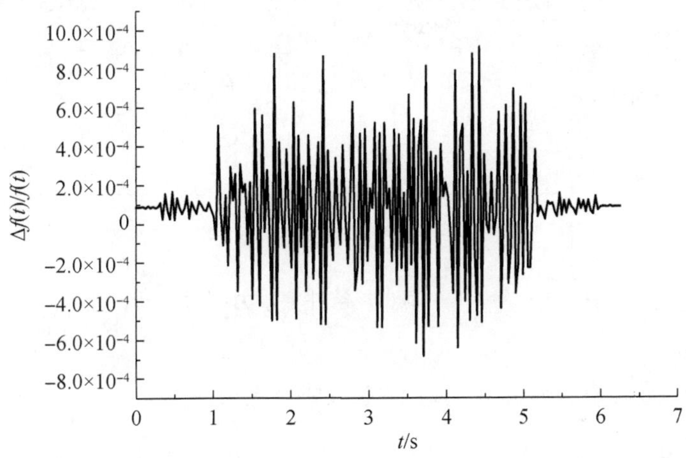

图 5-16　$C_T=1.0$ 和 $n=200$ 条件下推力相对截断误差

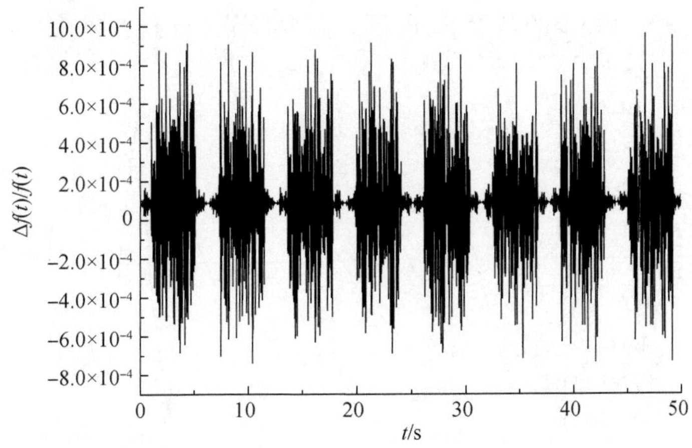

图 5-17　$C_T=8.0$ 和 $n=1600$ 条件下推力相对截断误差

图 5-18 为 $C_T=1.0$ 和 $n=200$ 条件下，当 $\zeta=0$（圆圈）、$\zeta=0.2$（正方形）和 $\zeta=0.4$（三角形）时，推力相对截断误差随着时间变化的曲线。计算表明，当阻尼比小于 0.4 时，阻尼比对推力截断误差影响不明显。

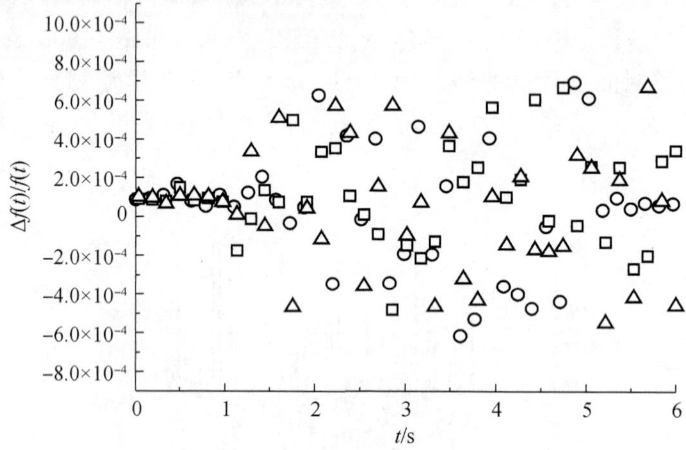

图 5-18　$\zeta=0/0.2/0.4$ 条件下推力相对截断误差

2. 采用复化辛普森计算方法时推力截断误差

推力测量中要求 $C_T=T_0/T_d\geqslant 1/4$，将区间$[0,T_0]$进行 n 等分，时间步长 $h=T_0/n$。图 5-19 为 $C_T=0.25$ 和 $n=30$ 条件下，推力相对截断误差随着时间变化的曲线。由该图可知，推力相对截断误差小于 0.02%，显然，采用复化辛普森计算方法，在区间划分数目较少的条件下，可将推力截断误差保持在较低水平。

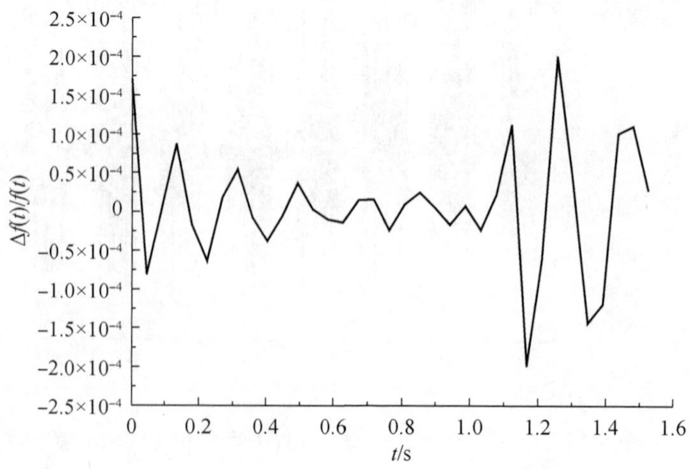

图 5-19　$C_T=0.25$ 和 $n=30$ 条件下推力相对截断误差

已知 $\omega_d h=2\pi C_T/n$，在 $C_T/n=1/120$ 条件下，研究推力相对截断误差。图 5-20 和图 5-21 为 $C_T=1.0$ 和 $n=120$ 条件下，以及 $C_T=8.0$ 和 $n=960$ 条件下，推力相对截断误差随着时间变化的曲线，由于 C_T/n 不变，因此尽管划分区间数目不同，但是推力相对截断误差基本一致，在上述两种情况下推力相对截断误差小于 0.03%。显然，采用复化辛普森计算方法，显著降低推力相对截断误差。

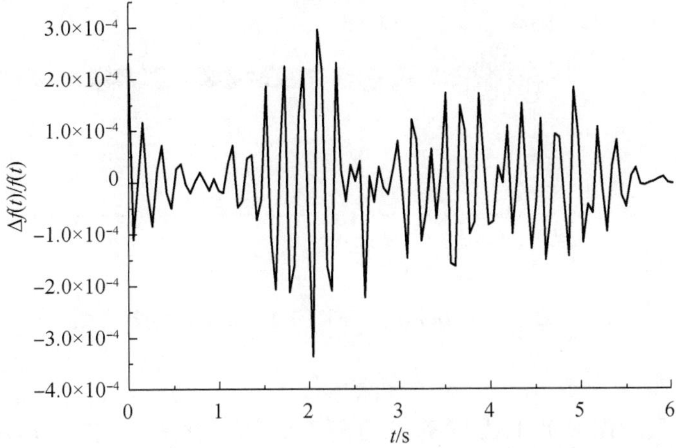

图 5-20　$C_T=1.0$ 和 $n=120$ 条件下推力相对截断误差

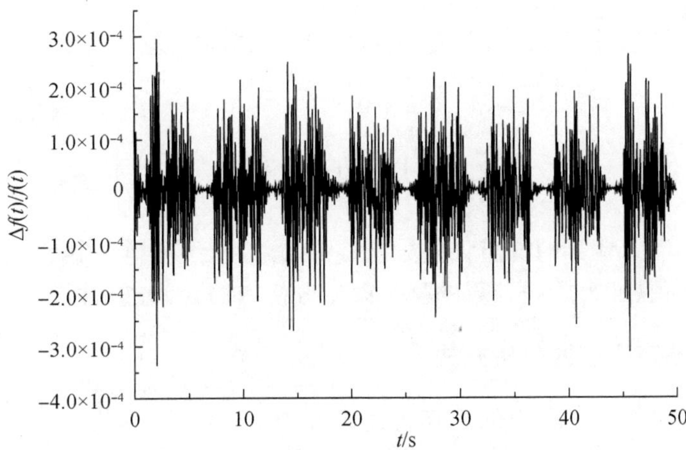

图 5-21　$C_T=8.0$ 和 $n=960$ 条件下推力相对截断误差

图 5-22 为 $C_T=1.0$ 和 $n=120$ 条件下，当 $\zeta=0$（圆圈）、$\zeta=0.2$（正方形）和 $\zeta=0.4$（三角形）时，推力相对截断误差随着时间变化的曲线。计算表明，开始阶段，阻尼比越大，推力相对截断误差越大；中后阶段，当阻尼比小于 0.4 时，阻尼比影响不

明显。

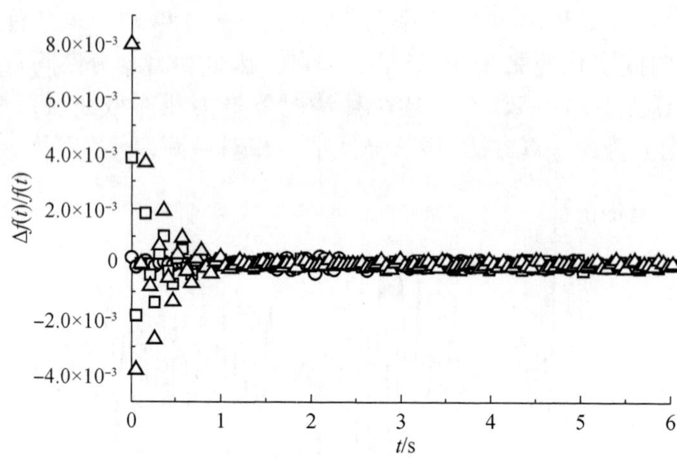

图 5-22 $\zeta=0/0.2/0.4$ 条件下下推力相对截断误差

在忽略测量噪声条件下，上述分析表明：

(1) 推力截断误差影响因素有推力随着时间变化关系、推力作用时间与周期的比值、阻尼比、划分区间数目 n(或时间步长)。

(2) 与采用复化梯形计算方法相比，采用复化辛普森计算方法时，在区间划分数目较少条件下，其推力截断误差显著降低。

(3) 随着阻尼比增大，开始阶段增大推力截断误差，中后期阻尼比影响不明显。

5.8 推力反向计算的噪声误差分析方法

由于推力反向计算的噪声误差分析方法与总冲反向计算的噪声误差分析方法类似，因此下面以推力反向计算的噪声误差分析方法为例进行讨论。

5.8.1 推力噪声误差的分析方法

推力离散化线性方程组的矩阵表达式为

$$\begin{bmatrix} a_{11} & 0 & 0 & \cdots & 0 \\ a_{21} & a_{22} & 0 & \cdots & 0 \\ \vdots & \vdots & \vdots & & \vdots \\ a_{n,1} & a_{n,2} & a_{n,3} & \cdots & a_{n,n} \end{bmatrix} \begin{bmatrix} F_0 \\ F_1 \\ \vdots \\ F_{n-1} \end{bmatrix} = \begin{bmatrix} C_f\Theta_1 \\ C_f\Theta_2 \\ \vdots \\ C_f\Theta_n \end{bmatrix}$$

式中，$C_f = J\omega_d / L_f$，由于 $a_{ij} \neq 0(j \leqslant i)$，因此系数矩阵为下三角矩阵并且非奇异。令

$$\boldsymbol{A}=[a_{ij}]_{n\times n},\quad \boldsymbol{F}=[F_0,F_1,\cdots,F_{n-1}]^{\mathrm{T}},\quad \boldsymbol{\Theta}=[C_f\Theta_1,C_f\Theta_2,\cdots,C_f\Theta_n]^{\mathrm{T}}$$

上述线性方程组可改写为

$$\boldsymbol{AF}=\boldsymbol{\Theta}$$

方程两边分别左乘$\boldsymbol{A}^{-1}$,可得

$$\boldsymbol{F}=\boldsymbol{A}^{-1}\boldsymbol{\Theta} \tag{5.54}$$

式中,系数矩阵为 $\boldsymbol{A}=[a_{ij}]_{n\times n}$ 和逆阵为 $\boldsymbol{A}^{-1}=[a_{ij}^{-1}]_{n\times n}$，推力的分量表达式为

$$F_{i-1}=\sum_{k=1}^{n}a_{ik}^{-1}\Theta_k,\quad i=1,2,\cdots,n \tag{5.55}$$

设系统响应无测量噪声的理想情况下,推力真实值为 $\boldsymbol{f}=\boldsymbol{A}^{-1}\boldsymbol{\theta}$,由于 $\boldsymbol{\Theta}=\boldsymbol{\theta}+\Delta\boldsymbol{\theta}$ 和 $\boldsymbol{F}=\boldsymbol{f}+\Delta\boldsymbol{f}$, 因此可得

$$\Delta\boldsymbol{f}=\boldsymbol{A}^{-1}\Delta\boldsymbol{\theta} \tag{5.56}$$

如果 $\boldsymbol{A}=[a_{ij}]_{n\times n}$ 和$\boldsymbol{A}^{-1}=[a_{ij}^{-1}]_{n\times n}$，那么上述方程的分量形式表达式为

$$\begin{cases}F_{i-1}=\displaystyle\sum_{k=1}^{n}a_{ik}^{-1}\Theta_k\\ f_{i-1}=\displaystyle\sum_{k=1}^{n}a_{ik}^{-1}\theta_k\end{cases} \tag{5.57}$$

及

$$\Delta f_{i-1}=\sum_{k=1}^{n}a_{ik}^{-1}\Delta\theta_k \tag{5.58}$$

由于测量噪声 $\Delta\theta_k\sim N(0,\sigma^2)$ 为零均值正态分布随机变量,并且彼此独立,因此等式两边取均值和方差,可得

$$\begin{cases}E(\Delta f_{i-1})=\displaystyle\sum_{k=1}^{n}a_{ik}^{-1}E(\Delta\theta_k)=0\\ \sigma_{\Delta f_{i-1}}^2=D(\Delta f_{i-1})=\displaystyle\sum_{k=1}^{n}(a_{ik}^{-1})^2D(\Delta\theta_k)=\left[\sum_{k=1}^{n}(a_{ik}^{-1})^2\right]\sigma^2\end{cases} \tag{5.59}$$

并且有

$$\frac{\sigma_{\Delta f_{i-1}}}{f_{i-1}}=\frac{\sqrt{\displaystyle\sum_{k=1}^{n}(a_{ik}^{-1})^2}\,\sigma}{\displaystyle\sum_{k=1}^{n}a_{ik}^{-1}\theta_k}=\frac{\sqrt{\displaystyle\sum_{k=1}^{n}(a_{ik}^{-1})^2}\,\theta_i}{\displaystyle\sum_{k=1}^{n}a_{ik}^{-1}\theta_k}\frac{\sigma}{\theta_i}=C_{\theta_i}\frac{\sigma}{\theta_i} \tag{5.60}$$

定义相对噪声误差放大倍数为

$$C_{\theta_{i-1}}=\frac{\sqrt{\displaystyle\sum_{k=1}^{n}(a_{ik}^{-1})^2}\,\theta_i}{\displaystyle\sum_{k=1}^{n}a_{ik}^{-1}\theta_k}=\frac{\sqrt{\displaystyle\sum_{k=1}^{i}(a_{ik}^{-1})^2}}{\displaystyle\sum_{k=1}^{i}a_{ik}^{-1}(\theta_k/\theta_i)} \tag{5.61}$$

式中，$a_{ij}^{-1}\neq 0(j\leqslant i)$。 式(5.61)即为推力反向计算的推力相对噪声误差分析模

型。显然,推力相对噪声误差取决于扭转角的相对误差,以及相对误差放大倍数。

同理,在总冲反向计算中,令

$$\boldsymbol{A}=[a_{ij}]_{n\times n},\quad \boldsymbol{I}=[I_1,I_2,\cdots,I_n]^{\mathrm{T}},\quad \boldsymbol{\Theta}=[C_I\Theta_1,C_I\Theta_2,\cdots,C_I\Theta_n]^{\mathrm{T}}$$

方程组改写为

$$\boldsymbol{AI}=\boldsymbol{\Theta},\quad \boldsymbol{I}=\boldsymbol{A}^{-1}\boldsymbol{\Theta},\quad \Delta\boldsymbol{I}=\boldsymbol{A}^{-1}\Delta\boldsymbol{\theta}$$

同样可得到类似结论。

5.8.2 计算分析

当存在测量噪声 $\Delta\theta\sim N(0,\sigma^2)$ 时,推力相对噪声误差放大倍数为 $C_{\theta_{i-1}}$,反映了推力反向计算中,实际系统响应的测量噪声相对误差 σ/θ_i 对推力相对噪声误差的影响程度。

在推力反向计算中,$\Delta\boldsymbol{f}=\boldsymbol{A}^{-1}\Delta\boldsymbol{\theta}$,$\boldsymbol{A}^{-1}=[a_{ij}^{-1}]_{n\times n}$,设给定推力作用时间为 T_0,积分步长 $h=T_0/n$,分析和讨论推力相对噪声误差放大倍数的变化情况。

下面以阶跃力作用情况为例进行分析和讨论。图 5-23 为 $C_T=0.25$ 和 $n=25$ 条件下,推力反向计算中,推力相对噪声误差放大倍数 $C_{\theta_{i-1}}$ 变化的曲线。随着时间增大 $[t_{i-1}=(i-1)h]$,相对噪声误差放大倍数越来越大,说明噪声相对误差递推增大。如图 5-24 所示,此时,推力相对截断误差很小,不大于 0.05%,系数矩阵的条件数为 1.012545×10^3,说明离散化线性方程组的病态特性比较严重。

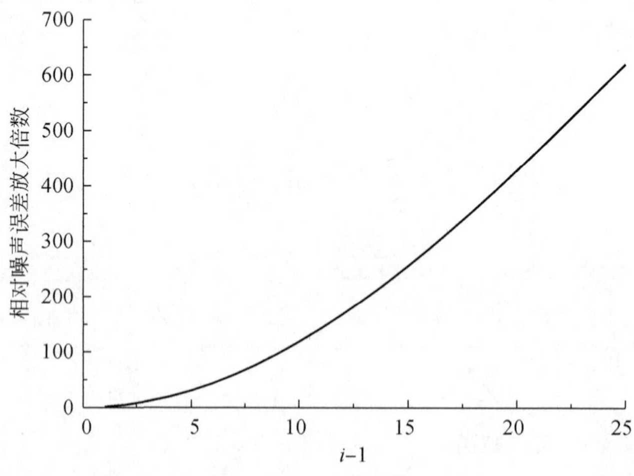

图 5-23　$C_T=0.25$ 和 $n=25$ 条件下相对噪声误差放大倍数

图 5-25 为 $C_T=0.25$ 和 $n=50$ 条件下,推力反向计算中,推力相对噪声误差放大倍数 $C_{\theta_{i-1}}$ 变化的曲线。随着时间增大 $[t_{i-1}=(i-1)h]$,噪声相对误差放大倍数

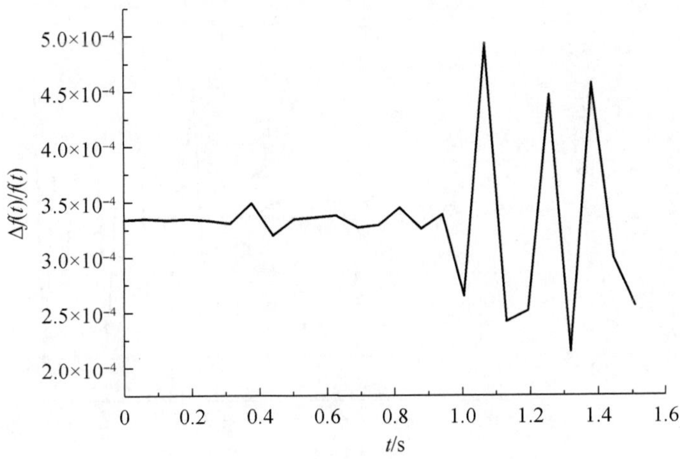

图 5-24　$C_T=0.25$ 和 $n=25$ 条件下相对截断误差

越来越大，说明推力相对噪声误差递推增大，并且由于区间划分数目增大，噪声相对误差放大倍数急剧增大。如图 5-26 所示，此时，推力相对截断误差很小，不大于 0.06%，系数矩阵的条件数为 4.052181×10^3，由于区间划分数目增大，离散化线性方程组的病态特性进一步加剧恶化。

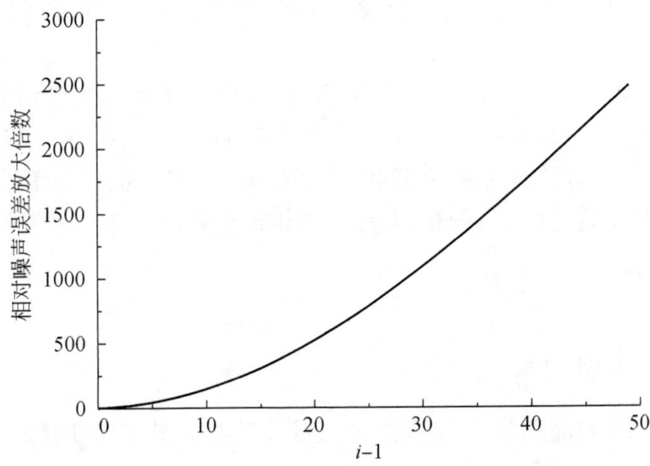

图 5-25　$C_T=0.25$ 和 $n=50$ 条件下相对噪声误差放大倍数

由上述分析和讨论可知：

(1) 通过积分方程离散化为线性方程组，进行推力反向计算时，推力相对噪声误差放大倍数反映了实际系统响应的测量噪声相对误差对推力相对噪声误差的影响程度。

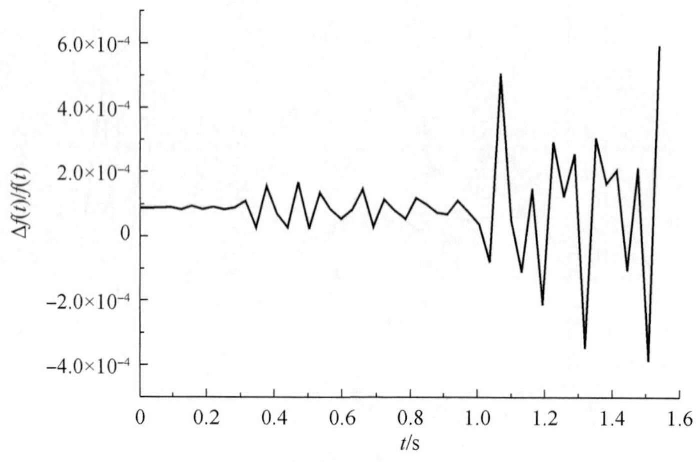

图 5-26 $C_T=0.25$ 和 $n=50$ 条件下相对截断误差

(2) 通过积分方程离散化为线性方程组，进行推力反向计算时，随着划分区间数目增大，系数矩阵的条件数快速增大，离散化线性方程组的病态特性急剧恶化，推力噪声误差急剧增大。

5.9 推力反向计算的平滑降噪优化方法

前面分析和讨论了推力反向计算问题、推力积分方程的数值积分离散化方法、推力反向计算方法、离散化线性方程组的病态特性、推力截断误差和推力噪声误差等，从而对推力反向计算误差的来源和影响规律、推力反向计算问题的难点等有了清晰的理解。下面通过归纳、分析、总结，提出推力反向计算的平滑降噪优化方法。

5.9.1 平滑降噪优化的思路

1. 推力反向计算问题

通过实际系统响应测量值计算推力问题是推力反向计算问题，主要体现在以下几个方面：

(1) 推力积分方程是第一类沃尔泰拉积分方程，由于其核函数在上边界点恒为零且自由项(系统响应)为时序数据点不连续，因此只能采用数值积分方法，将推力积分方程组离散化为线性方程组，根据实际系统响应测量值反向计算推力。

(2) 在推力积分方程组离散化为线性方程组的过程中，采用数值积分方法引起的截断误差将造成推力计算误差，称为推力截断误差。由于推力积分方程的核是振荡函数，因此划分区间数目足够多时，才能控制推力截断误差。

(3) 推力积分方程组离散化为线性方程组后，该线性方程组具有严重的病态特性。随着划分区间数目增大，病态特性急剧恶化，即使是实际系统响应的微弱测量噪声，也会造成推力计算的很大误差，称为推力噪声误差。由于离散化线性方程组具有病态特性和系统响应测量值包含测量噪声，因此划分区间数目多时，造成推力噪声误差急剧增大。

(4) 推力反向计算的难点在于推力截断误差和推力噪声误差相互制约限制。划分区间数目少时，造成推力截断误差增大；划分区间数目多时，造成推力噪声误差急剧增大。

2. 平滑降噪优化的基本思路

推力反向计算中，只能采用数值积分方法将积分方程离散化，这必然带来推力截断误差；积分方程离散化为线性方程组后严重病态，必然导致推力噪声误差急剧增大。针对推力截断误差与推力噪声误差相互制约等难点问题，本章提出了以下平滑降噪优化的基本思路：

(1) 采用高精度数值积分离散化方法，从计算方法上减小推力误差；采用实际系统响应测量值平滑降噪方法，从整个计算过程中降低测量噪声影响；采用推力计算值平滑降噪方法，从计算结果上减小推力噪声误差，最终获得推力估计值。首先，针对积分方程离散化的划分区间数目造成推力截断误差和推力噪声误差相互制约的难点，采用复化辛普森(3点和4点交替运用)数值积分方法，代替复化梯形数值积分方法，在划分区间数目较少的前提下，尽量减小推力截断误差和推力噪声误差，达到减小推力误差的目的；其次，针对实际系统响应的测量噪声将影响整个计算过程，造成推力噪声误差急剧增大的难点，采用实际系统响应测量值(扭转角随着时间变化的时序数据点)平滑降噪方法，降低测量噪声的影响，再通过离散化线性方程组反向计算推力，此时，残留的测量噪声仍然造成推力计算值上下波动；最后，针对测量噪声的周期性和随机性分量造成的推力噪声误差在平均位置曲线附近上下波动的特点，采用推力计算值平滑降噪处理方法，再次降低残留的测量噪声对推力计算值的影响，最终获得推力估计值。但是，该推力估计值是否为真实推力需要检验。

(2) 采用对推力估计值样条函数进行插值的方法，获得推力的连续函数；采用振动微分方程正向计算方法，获得系统响应预测值；采用系统响应预测值与实际系统响应测量值相比较的方法，验证推力估计值的优化程度，在一系列推力估计值中确定最佳的推力估计值。首先，由已知推力计算系统响应是二阶微分方程正向计算问题，且可获得高精度数值解，但由于推力是连续函数，因此推力估计值(时序数据点)，采用样条函数插值方法，获得推力的连续函数，再采用高精度的二阶振动微分方程正向数值计算方法，获得系统响应预测值；其次，针对系统响应预测值与实际系统响应测量值的符合程度反映推力估计值与真实推力符合程度的特点，采用系统响应预测值与实际系统响应测量值相比较的方法，验证推力估计值的优化程度，结合不同划分区间数目、不同平滑降噪函数选择并反复试算方法，在一系列推力估计值中确定最佳的推力估计值。

平滑降噪优化的基本思路如图 5-27 所示。

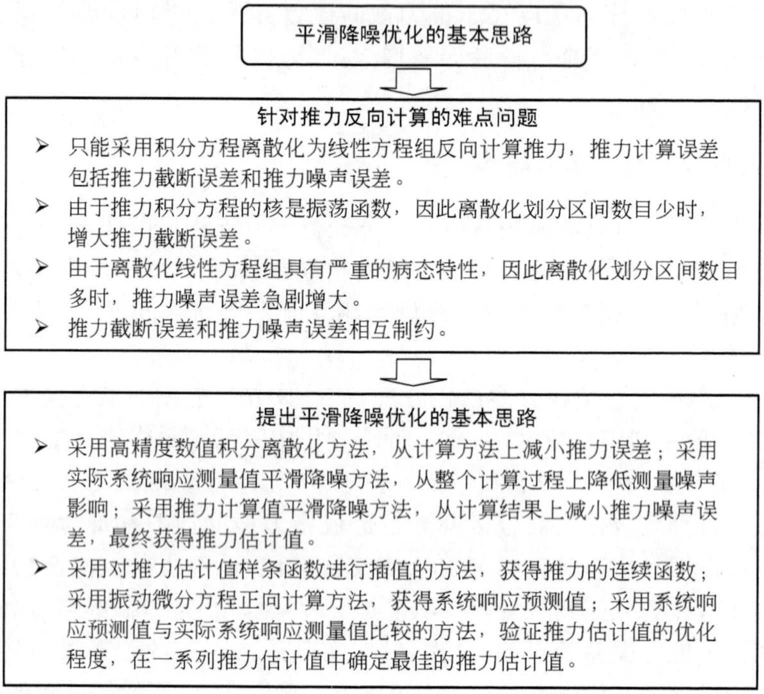

针对推力反向计算的难点问题

- 只能采用积分方程离散化为线性方程组反向计算推力，推力计算误差包括推力截断误差和推力噪声误差。
- 由于推力积分方程的核是振荡函数，因此离散化划分区间数目少时，增大推力截断误差。
- 由于离散化线性方程组具有严重的病态特性，因此离散化划分区间数目多时，推力噪声误差急剧增大。
- 推力截断误差和推力噪声误差相互制约。

提出平滑降噪优化的基本思路

- 采用高精度数值积分离散化方法，从计算方法上减小推力误差；采用实际系统响应测量值平滑降噪方法，从整个计算过程上降低测量噪声影响；采用推力计算值平滑降噪方法，从计算结果上减小推力噪声误差，最终获得推力估计值。
- 采用对推力估计值样条函数进行插值的方法，获得推力的连续函数；采用振动微分方程正向计算方法，获得系统响应预测值；采用系统响应预测值与实际系统响应测量值比较的方法，验证推力估计值的优化程度，在一系列推力估计值中确定最佳的推力估计值。

图 5-27　平滑降噪优化的基本思路

5.9.2　平滑降噪优化的技术路线

针对高精度标定系统参数、离散化线性方程组病态特性、推力截断误差和推力噪声误差的影响特点等，根据平滑降噪优化的基本思路，提出平滑降噪优化的技术路线为：

(1) 根据最佳系统参数的标定值，应使其平均位置曲线与实际系统响应之间，残差最小且对称分布的原则，提高系统参数的标定精度。系统参数标定过程中，环境、位移传感器和标定力等干扰都会产生测量噪声，造成实际系统响应数据在平均位置曲线附近上下波动。首先，采用正交多项式局部滑动拟合方法，通过对实际系统响应测量值的平滑降噪处理，降低测量噪声造成的波动影响，确定系统响应的平均位置曲线 $\hat{\theta}(t)$，根据该平均位置曲线，采用统计分析方法，确定测量系统的扭转刚度系数、振动频率和阻尼比等系统参数的估计值和置信区间；其次，采用最小二乘法，进行系统参数的验校并微调修正，在系统参数的估计值附近和置信区间内搜索与微调，使得由系统参数标定值表示的平均位置曲线 $\hat{\theta}(t)$ 与实际系统响应曲线 $\Theta(t)$ 之间的残差最小并对称分布，获得最佳系统参数的标定值，提高系统参数的标定精度。

(2) 综合权衡推力截断误差与推力噪声误差，合理控制推力误差(或合理选择最小划分区间数目)。通过系统参数标定和验校，获得最佳的系统参数条件下，首先，采用精度较高的 3 点和 4 点交替的复化辛普森数值积分方法，将推力积分方程离散化为线性方程组，以便在划分区间数目较少下减小推力截断误差和推力噪声误差；其次，采用离散化线性方程组反向计算方法，通过初步试算，选择与待测推力相似的模拟推力(模拟推力随着时间变化关系相似)，在无测量噪声的模拟推力作用下，根据推力截断误差控制要求通过反复试算，合理确定最小划分区间数目，既实现了针对待测推力特点合理选择推力截断误差要求，又实现了减少划分区间数目、降低线性方程组的病态特性来减小推力噪声误差要求。

(3) 多次正交多项式局部滑动拟合降噪处理，离散化线性方程组反向计算推力估计值，样条函数插值获得推力的连续函数，二阶振动微分方程正向计算获得系统响应预测值。通过合理选择最小划分区间数目，合理控制推力误差后，首先，采用正交多项式局部滑动拟合方法，对实际系统响应测量值进行平滑降噪处理，再采用离散化线性方程组反向计算推力，再采用正交多项式局部滑动拟合方法，对推力计算值进行平滑降噪处理，获得推力估计值；其次，由推力估计值，采用样条函数插值方法，获得推力的连续函数，再采用高精度的二阶振动微分方程正向计算方法，获得系统响应预测值。此时，如果划分区间数目过少，影响样条函数插值效果，将增大系统响应预测值的误差。

(4) 系统响应预测值与实际系统响应比较，确定最佳推力估计值，分析推力误差。在合理选择最小划分区间数目，确定平滑降噪方法、推力反向计算方法、微分方程正向计算系统响应预测值方法之后，首先，采用正交多项式局部滑动拟合方法，根据实际系统响应测量值，确定实际系统响应的平均位置曲线和上下包络线；其次，从最小划分区间数目开始，逐步增大划分区间数目及不同平滑降噪函数选择，综合运用步骤(3)的计算方法，通过反复试算，获得一系列推力估计值与对应的一系列系统响应预测值；再次，将系统响应预测值与实际系统响应的上下包络线比较，当系统响应预测值包含在实际系统响应的上下包络线之内，并且在实际系统响应的平均位置曲线附近上下波动最小时，在一系列系统响应预测值中寻找到了最佳值，该最佳系统响应预测值对应的推力估计值，就是最佳推力估计值；最后，根据最佳推力估计值，确定推力估计值上下包络线，进行推力的误差分析。

平滑降噪优化的技术路线如图 5-28 所示。

(1) 高精度标定系统参数

- 采用高精度阶跃标定力，采用阶跃响应方法，进行系统参数标定。
- 采用正交多项式局部滑动拟合方法，确定实际系统响应的平均位置曲线。
- 由实际系统响应的平均位置曲线，采用统计计算方法，确定系统参数的估计值和置信区间。
- 采用系统参数验校和微调方法，确定系统参数的最佳值。

(2) 合理选择最小划分区间数目

- 采用复化辛普森积分方法，通过积分方程离散化线性方程组，反向计算推力。
- 采用与待测推力相似的模拟推力，通过反复试算，合理确定最小划分区间数目，减小推力的计算误差。

(3) 综合运用多次平滑降噪、积分方程离散化、样条函数插值和微分方程正向计算等方法

- 采用正交多项式局部滑动拟合方法，确定实际系统响应的平均位置曲线。
- 由实际系统响应的平均位置曲线，采用离散化线性方程组反向计算推力方法，获得推力计算值。
- 采用正交多项式局部滑动拟合方法，对推力计算值进行滑动降噪处理，得到推力估计值。
- 由推力估计值，采用样条函数插值方法，获得推力的连续函数，采用微分方程正向计算方法，计算系统响应预测值。

(4) 采用系统响应预测值与实际系统响应测量值比较方法，确定最佳推力估计值

- 采用正交多项式局部滑动拟合方法，确定实际系统响应的平均位置曲线和上下包络线。
- 从最小划分区间数目开始，逐步增大划分区间数目及不同平滑降噪函数选择，综合运用步骤(3)方法，产生一系列推力估计值与对应的一系列系统响应预测值。
- 采用系统响应预测值与实际系统响应测量值比较方法，在一系列系统响应预测值中，选择在实际系统响应测量值的包络线之内，并且在实际系统响应测量值的平均位置曲线附近上下波动最小的系统响应预测值，该系统响应预测值对应的推力估计值就是最佳推力估计值。

图 5-28　平滑降噪优化的技术路线

5.9.3　平滑降噪优化方法

1. 高精度标定系统参数

(1) 采用正交多项式局部滑动拟合方法，确定系统响应的平均位置曲线 $\hat{\theta}(t)$ ，根据该平均位置曲线，采用统计分析方法，确定测量系统的振动频率、阻尼比的估计值和置信区间。

首先需要将初始测量数据转换为实际系统响应测量值。测量系统的初始测量数据是相对位移与相对时间关系的采样数据，由于位移是相对位移，而不是以平衡位置为零位移的真实位移，因此需要将其转换至以平衡位置为零位移的真实位移；由于记录时间是相对时间，而不是以加载时刻为零时刻的真实时间，需要将其转换至以加载时刻为零时刻的加载时间。

在阶跃标定力 f_0 作用下，扭摆测量系统的实际系统响应为

$$\begin{aligned}\Theta(t) &= \frac{f_0 L_f}{J\omega_n^2} - \frac{f_0 L_f}{J\omega_d\omega_n} e^{-\zeta\omega_n t}\sin(\omega_d t + \alpha) + \Delta\theta(t) \\ &= \theta(\infty) - \theta(\infty)\frac{1}{\sqrt{1-\zeta^2}} e^{-\frac{\zeta}{\sqrt{1-\zeta^2}}\omega_d t}\sin(\omega_d t + \alpha) + \Delta\theta(t)\end{aligned} \tag{5.62}$$

$$\alpha = \arctan\frac{\sqrt{1-\zeta^2}}{\zeta},\quad \theta(\infty) = \frac{f_0 L_f}{J\omega_n^2} = \frac{f_0 L_f}{k}$$

式中，$\Delta\theta(t) \sim N(0,\sigma^2)$ 为标定过程中环境、位移传感器和标定力等产生的测量噪声。

采用正交多项式局部滑动拟合方法，对实际系统响应测量值进行平滑降噪处理后，确定系统响应的平均位置曲线 $\hat{\theta}(t)$，以及极值点对应时间和扭转角；采用统计分析方法，确定振动频率、阻尼比的估计值和标准差。

极值点对应时间为

$$t_{Mi} = \frac{i\pi}{\omega_d},\quad i = 1,2,\cdots \tag{5.63}$$

振动频率的估计值为

$$\omega_{di} = \frac{i\pi}{t_{Mi}},\quad i = 1,2,\cdots \tag{5.64}$$

通过多次测量极值点对应时间，采用统计分析方法，确定振动频率的估计值和标准差。

极值点对应扭转角为

$$\hat{\theta}(t_{Mi}) = \theta(\infty) - (-1)^i\theta(\infty) e^{-\frac{\zeta}{\sqrt{1-\zeta^2}} i\pi},\quad i = 1,2,\cdots \tag{5.65}$$

可得

$$\frac{\hat{\theta}(t_{Mi})}{\hat{\theta}(t_{M1})} = \frac{1-(-1)^i e^{-\frac{\zeta}{\sqrt{1-\zeta^2}} i\pi}}{1 + e^{-\frac{\zeta}{\sqrt{1-\zeta^2}}\pi}},\quad i = 2,3,\cdots$$

令

$$x_\zeta = e^{-\frac{\zeta}{\sqrt{1-\zeta^2}}\pi},\quad \zeta = \frac{\left|\frac{1}{\pi}\ln x_\zeta\right|}{\sqrt{1+\left(\frac{1}{\pi}\ln x_\zeta\right)^2}}$$

式中，$0 \leqslant x_\zeta \leqslant 1$。得到 x_ζ 的方程为

$$(-1)^i\hat{\theta}(t_{M1})x_\zeta^i + \hat{\theta}(t_{Mi})x_\zeta - [\hat{\theta}(t_{M1}) - \hat{\theta}(t_{Mi})] = 0, \quad i = 2,3,\cdots \tag{5.66}$$

可解得阻尼比为

$$\zeta = \frac{\left|\dfrac{1}{\pi}\ln x_\zeta\right|}{\sqrt{1+\left(\dfrac{1}{\pi}\ln x_\zeta\right)^2}} \tag{5.67}$$

通过多次测量极值点对应扭转角，采用统计分析方法，确定阻尼比的估计值和标准差。

(2) 在已知振动频率、阻尼比的估计值 $\hat{\omega}_d$ 和 $\hat{\zeta}$ 的条件下，采用最小二乘法进行系统参数的验校和微调修正。

设系统响应的平均位置曲线为

$$\hat{\theta}(t) = \theta(\infty)\gamma(t)$$

$$\gamma(t) = 1 - \frac{1}{\sqrt{1-\hat{\zeta}^2}} \mathrm{e}^{-\frac{\hat{\zeta}}{\sqrt{1-\hat{\zeta}^2}}\hat{\omega}_d t} \sin(\hat{\omega}_d t + \hat{\alpha})$$

$$\hat{\alpha} = \arctan\frac{\sqrt{1-\hat{\zeta}^2}}{\hat{\zeta}}$$

$$\theta(\infty) = \frac{f_0 L_f}{k}$$

式中，$\theta(\infty)$ 为待估计量。

由实际系统响应测量值 $\Theta(t_i)(i=1,2,\cdots,n)$ 和平均位置曲线估计值 $\hat{\theta}(t_i)$，可得残差为 $\Delta\theta(t_i) = \Theta(t_i) - \hat{\theta}(t_i)$，采用最小二乘法使得残差的平方和最小。由实际系统响应的测量值为$[t_i, \Theta(t_i)]$ 可知，残差为

$$\delta_i = \Theta(t_i) - \hat{\theta}(t_i)$$

令其平方和为最小，即

$$J = \sum_{i=1}^{n} \delta_i^2 \to \min$$

可得稳态扭转角 $\theta(\infty)$ 的估计值 $\hat{\theta}(\infty)$ 为

$$\hat{\theta}(\infty) = \frac{\sum_{i=1}^{n} \Theta(t_i)\gamma(t_i)}{\sum_{i=1}^{n} \gamma^2(t_i)} \tag{5.68}$$

其方差为

$$\hat{\sigma}_{\hat{\theta}(\infty)}^2 = \frac{\sum_{i=1}^{n} [\Theta(t_i) - \hat{\theta}(\infty)\gamma(t_i)]^2}{(n-1)\sum_{i=1}^{n} \gamma^2(t_i)} \tag{5.69}$$

此时，扭转刚度系数的估计值为

$$\hat{k}=\frac{f_0 L_f}{\hat{\theta}(\infty)} \tag{5.70}$$

其绝对误差和相对误差分别为

$$\mathrm{d}\hat{k}=\frac{L_f}{\hat{\theta}(\infty)}\mathrm{d}f_0+\frac{f_0}{\hat{\theta}(\infty)}\mathrm{d}L_f-\frac{f_0 L_f}{\hat{\theta}^2(\infty)}\mathrm{d}\hat{\theta}(\infty)$$

$$\frac{\mathrm{d}\hat{k}}{\hat{k}}=\frac{\mathrm{d}f_0}{f_0}+\frac{\mathrm{d}L_f}{L_f}-\frac{\mathrm{d}\hat{\theta}(\infty)}{\hat{\theta}(\infty)}$$

从而得到平均位置曲线为

$$\hat{\theta}(t)=\hat{\theta}(\infty)\gamma(t)=\hat{\theta}(\infty)\left[1-\frac{1}{\sqrt{1-\hat{\xi}^2}}\mathrm{e}^{-\frac{\xi}{\sqrt{1-\xi^2}}\hat{\omega}_d t}\sin(\hat{\omega}_d t+\hat{\alpha})\right] \tag{5.71}$$

然后，根据残差 $\delta_i=\Theta(t_i)-\hat{\theta}(t_i)$ 变化，以残差平方和最小、残差在平均位置曲线附近上下对称分布为目标，在置信区间内对系统参数进行搜索和微调，确定最佳系统参数。

2. 合理选择最小划分区间数目

设推力作用时间 T_0 与振动周期 $\hat{T}_d=2\pi/\hat{\omega}_d$ 已知，即 $T_0/\hat{T}_d$ 已知，并且阻尼比 $\hat{\xi}$ 已知；推力随着时间变化的关系 $f(\tau)$ 可根据实际系统响应测量值初步估算，用于表示待测推力变化范围和趋势，因此，推力截断误差的影响因素中，仅剩下划分区间数目 n 需要进一步确定。

采用与待测推力变化范围和趋势相似的模拟推力 $f(\tau)$（连续函数表示），在测量噪声忽略不计的条件下，确定最小划分区间数目。

采用 3 点和 4 点交替运用的复化辛普森数值积分方法，将积分方程离散化为线性方程组，离散化线性方程组的矩阵表达式在推力反向计算中为 $\boldsymbol{F}=\mathbf{A}^{-1}\boldsymbol{\theta}$，其中

$$\mathbf{A}=[a_{ij}]_{n\times n},\quad F=[F_0,F_1,\cdots,F_{n-1}]^{\mathrm{T}}$$

$$\boldsymbol{\theta}=[\hat{C}_f\theta_1,\hat{C}_f\theta_2,\cdots,\hat{C}_f\theta_n]^{\mathrm{T}},\quad \mathbf{A}^{-1}=[a_{ij}^{-1}]_{n\times n}$$

式中，$\hat{C}_f=\hat{J}\hat{\omega}_d/L_f$，分量形式表达式为

$$F_{i-1}=\sum_{k=1}^{n}a_{ik}^{-1}\hat{C}_f\theta_k,\quad i=1,2,\cdots,n \tag{5.72}$$

推力的绝对误差和相对误差分别为

$$\begin{cases}\Delta f_{i-1}=F_{i-1}-f_{i-1}\\ \dfrac{\Delta f_{i-1}}{f_{i-1}}=\dfrac{F_{i-1}-f_{i-1}}{f_{i-1}}\end{cases} \tag{5.73}$$

在模拟推力作用时间区间 $[0,T_0]$ 内，合理选择最小划分区间数目 $n_{\min}$，将推力截断误差控制在要求范围内，由于划分区间数目最小，因此达到了降低推力噪声误差的目的。例如，将推力的截断误差控制在 0.1%～0.5%范围内，选择最小划

分区间数目。

3. 计算系统响应预测值

(1) 采用正交多项式局部滑动拟合方法,对实际系统响应测量值进行平滑降噪处理,确定系统响应的平均位置曲线。

根据实际系统响应测量值 $[t_i,\Theta(t_i)]$,采用正交多项式局部滑动拟合方法,确定系统响应的平均位置曲线$[t_i,\hat{\theta}(t_i)]$;通过分析残差 $\delta_i=\Theta(t_i)-\hat{\theta}(t_i)$,确定测量噪声的分布规律和方差。

一般为了讨论方便,实际系统响应表示为 $\Theta(t_i)=\hat{\theta}(t_i)+\Delta\theta(t_i)$,测量噪声表示为正态分布 $\Delta\theta(t_i)\sim N(0,\sigma^2)$。

(2) 由实际系统响应的平均位置曲线数据,采用离散化线性方程组反向计算推力。由于离散化线性方程组的病态特性,计算得到的推力值波动较大,采用正交多项式局部滑动拟合方法,对计算得到的推力值进行平滑降噪处理,确定推力估计值。

在推力离散化线性方程中,代入实际系统响应的平均位置曲线数据 $[t_i,\hat{\theta}(t_i)]$,计算推力值

$$F_{i-1}=\sum_{k=1}^{n}a_{ik}^{-1}\hat{C}_f\hat{\theta}_k,\quad i=1,2,\cdots,n \tag{5.74}$$

并采用正交多项式局部滑动拟合方法,对计算得到的推力值进行平滑降噪处理,确定推力估计值为

$$\hat{F}_{i-1},\quad i=1,2,\cdots,n \tag{5.75}$$

从而达到了以下目的:①通过实际系统响应测量值平滑降噪,减小测量噪声,从而减小了离散化线性方程组的病态特性对推力噪声误差的影响;②通过离散化线性方程组反向计算推力值的再次平滑降噪处理,进一步减小了推力噪声误差。

(3) 采用样条函数插值方法获得推力的连续函数,采用振动微分方程正向计算方法计算系统响应预测值。

针对振动微分方程正向计算高精度但要求推力是连续函数的特点,由推力估计值 $\hat{F}_{i-1}(i=1,2,\cdots,n)$,采用样条函数插值方法获得推力的连续函数,采用振动微分方程正向计算方法计算系统响应预测值。

利用样条函数具有函数光滑和导数连续的特点,采用样条函数插值方法获得推力的连续函数。已知推力的估计值 $(t_i,\hat{F}_i)(i=0,1,2,\cdots,n-1)$,设 $F_i=F(t_i)=\hat{F}_i$,将时间区间$[0,T_0]$划分为 $n'=n-1$ 个小区间(节点数目为 $n'+1$),有

$$0=t_0<t_1<t_2<\cdots<t_{n'-1}<t_{n'}=T_0$$

小区间长度为 $h_{i-1}=t_i-t_{i-1}(1\leqslant i\leqslant n')$,在子区间$[t_{i-1},t_i](1\leqslant i\leqslant n')$上,三次样条函数为

$$S(t)=F_{i-1}+F(t_{i-1},t_i)(t-t_{i-1})+[a_i(t-t_{i-1})+b_i(t-t_i)](t-t_{i-1})(t-t_i) \tag{5.76}$$

式中，$F(t_{i-1},t_i)=(F_i-F_{i-1})/(t_i-t_{i-1})$ 为一阶均差；a_i 和 b_i 为待定系数。

当 $i=1,2,\cdots,n'-1$ 时，可得方程

$$\mu_i M_{i-1}+2M_i+\lambda_i M_{i+1}=d_i$$

其中

$$\mu_i=\frac{h_{i-1}}{h_{i-1}+h_i}$$

$$\lambda_i=1-\mu_i$$

$$d_i=\frac{6}{h_{i-1}+h_i}\left(\frac{F_{i+1}-F_i}{h_i}-\frac{F_i-F_{i-1}}{h_{i-1}}\right)$$

显然，插值区间等分时，$\mu_i=\lambda_i=1/2$。

需要补充两个边界条件方程，推力的左边和右边边界看做第一类边界问题，已知 F'_0 和 F'_n，补充得到如下两个方程：

$$2M_0+M_1=\frac{6}{h_0}\left(\frac{F_1-F_0}{h_0}-F'_0\right),\quad d_0=\frac{6}{h_0}\left(\frac{F_1-F_0}{h_0}-F'_0\right)$$

$$M_{n-1}+2M_n=\frac{6}{h_{n-1}}\left(F_{n'}-\frac{F_n-F_{n-1}}{h_{n-1}}\right),\quad d_n=\frac{6}{h_{n-1}}\left(F_{n'}-\frac{F_n-F_{n-1}}{h_{n-1}}\right)$$

从而得到三对角方程

$$\begin{bmatrix} 2 & 1 & & & & \\ \mu_1 & 2 & \lambda_1 & & & \\ & \mu_2 & 2 & \lambda_2 & & \\ & & & \vdots & & \\ & & & \mu_{n'-1} & 2 & \lambda_{n'-1} \\ & & & & 1 & 2 \end{bmatrix}\begin{bmatrix} M_0 \\ M_1 \\ M_2 \\ \vdots \\ M_{n'-1} \\ M_{n'} \end{bmatrix}=\begin{bmatrix} d_0 \\ d_1 \\ d_2 \\ \vdots \\ d_{n'-1} \\ d_{n'} \end{bmatrix} \tag{5.77}$$

解得 $M_i(i=0,1,\cdots,n')$，可求得待定系数 $a_i(i=1,2,\cdots,n')$ 和 $b_i(i=1,2,\cdots,n')$ 为

$$a_i=\frac{M_{i-1}+2M_i}{6h_{i-1}},\quad b_i=-\frac{2M_{i-1}+M_i}{6h_{i-1}} \tag{5.78}$$

式中，小区间长度 $h_{i-1}=t_i-t_{i-1}$。其中，F'_0 和 F'_n 可采用数值微分公式计算，如

$$F'_0\approx\frac{1}{2h}[-3F(t_0)+4F(t_1)-F(t_2)]$$

$$F'_n\approx\frac{1}{2h}[F(t_{n'-2})-4F(t_{n'-1})+3F(t_{n'})]$$

利用微分方程数值计算可方便地获得高精度数值解，采用振动微分方程正向计算方法计算系统响应预测值。扭摆振动微分方程表示为

$$\ddot{\theta}+2\hat{\zeta}\hat{\omega}_n\dot{\theta}+\hat{\omega}_n^2\theta=\frac{L_f}{J}S(t) \tag{5.79}$$

式中，$\hat{\omega}_n=\hat{\omega}_d/\sqrt{1-\xi^2}$；$S(t)$ 为推力的样条插值函数。已知推力估计值 $(t_i,\hat{F}_i)$ $(i=0,1,2,\cdots,n-1)$，振动微分方程正向计算的系统响应预测值为 $[t_i,\theta_p(t_i)]$ $(i=1,2,\cdots,n)$，其中 $t_0=0$ 和 $\theta_p(0)=0$。

在振动微分方程正向计算中，推力估计值的插值点数目过少（或积分方程离散化的划分区间数目过少），样条插值函数不能准确表示推力随着时间变化，造成系统响应预测值的误差。因此，划分区间数目不但影响推力截断误差和推力噪声误差，还影响系统响应预测值的误差。

4. 采用系统响应预测值与实际系统响应测量值比较方法，确定最佳的推力估计值

(1) 采用正交多项式局部滑动拟合方法，确定实际系统响应的平均位置曲线和上下包络线。

根据实际系统响应测量值 $[t_i,\Theta(t_i)]$，采用正交多项式局部滑动拟合方法，确定实际系统响应的平均位置曲线$[t_i,\hat{\theta}(t_i)]$，以及实际系统响应测量值的上包络线 $[t_i,\Theta_u(t_i)]$ 和下包络线$[t_i,\Theta_d(t_i)]$。

(2) 从最小划分区间数目开始，逐步增大划分区间数目并选择不同的平滑降噪函数，综合运用步骤(3)的方法，产生一系列推力估计值和对应的一系列系统响应预测值。

根据实际系统响应测量值 $[t_i,\Theta(t_i)]$，从最小划分区间数目 $n_{\min}$ 开始，逐步增大划分区间数目并选择不同的平滑降噪函数，综合运用步骤(3)的方法，得到一系列推力估计值 $(\hat{F}_i)^j$ 和对应的一系列系统响应预测值 $[\theta_p(t_i)]^j$：

$$(\hat{F}_i)^j,\quad i=0,1,2,\cdots,n-1;j=n_{\min},n_{\min}+1,\cdots \tag{5.80}$$

$$[\theta_p(t_i)]^j,\quad i=1,2,\cdots,n;j=n_{\min},n_{\min}+1,\cdots \tag{5.81}$$

(3) 采用系统响应预测值与实际系统响应测量值比较方法，确定最佳的推力估计值。

针对真实推力应使系统响应预测值包含在实际系统响应测量值的上下包络线之内的特点，令 $\Theta_d(t_i)\leqslant[\theta_p(t_i)]^j\leqslant\Theta_u(t_i)$。

针对真实推力应使系统响应预测值在实际系统响应的平均位置曲线附近上下波动最小的特点，考察残差 $\delta_i=[\theta_p(t_i)]^j-\hat{\theta}(t_i)$ 随着时间变化的情况。当残差 δ_i 在实际系统响应的平均位置曲线 $\hat{\theta}(t_i)$ 附近波动最小且对称分布时，寻找到最佳的推力估计值。

5.9.4 应用举例

采用扭摆测量系统测量某型冷喷推力器的推力性能，得到系统响应曲线，如图 5-29 所示。下面分析该冷喷推力器的推力性能。

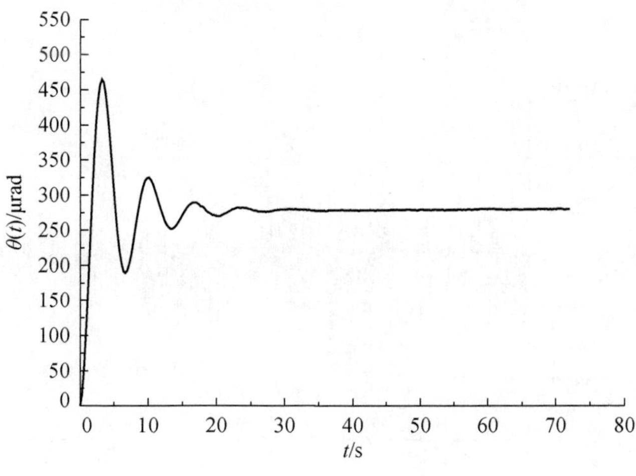

图 5-29　冷喷推力器的系统响应

1. 高精度标定系统参数

为了标定系统参数，对测量系统施加 $f_0=1\mathrm{mN}$ 的标定力，标定力作用下扭转角随着时间变化，如图 5-30 所示。为了分析测量噪声的特点，截取标定力加载前扭转角随着时间变化的数据，如图 5-31 所示(图 5-30 中的水平线段)。显然，测量噪声为随机性噪声，噪声起伏波动幅值为 $-2\sim2\mu\mathrm{rad}$。

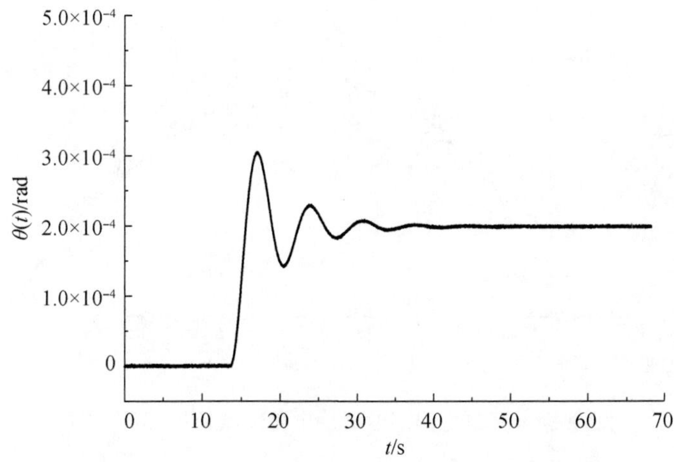

图 5-30　标定力作用下扭转角随着时间变化的曲线

受测量噪声影响，实际系统响应测量值在平均位置曲线附近上下波动，给极值点对应扭转角测量造成误差，采用正交多项式局部滑动拟合方法进行平滑降噪处理后，再判读极值点对应扭转角。

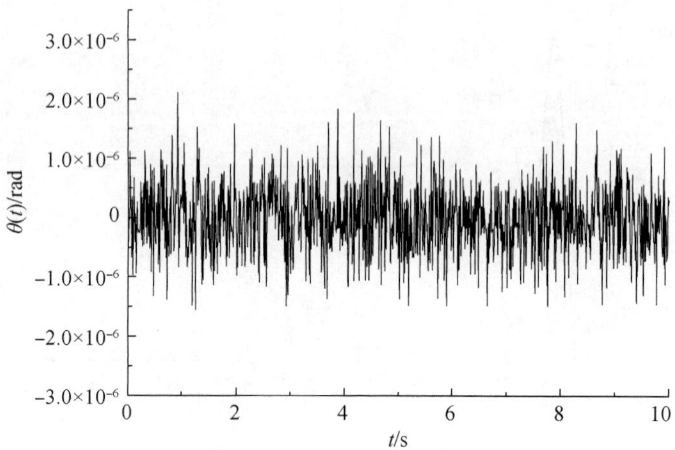

图 5-31　标定力加载前扭转角随着时间变化的曲线

图 5-32 为标定力作用下第一个极值点处局部放大图。其中，上下波动数据为实际系统响应测量值，光滑曲线为正交多项式局部滑动拟合处理后的结果，显然，正交多项式局部滑动拟合方法具有良好的局部平滑降噪处理能力。

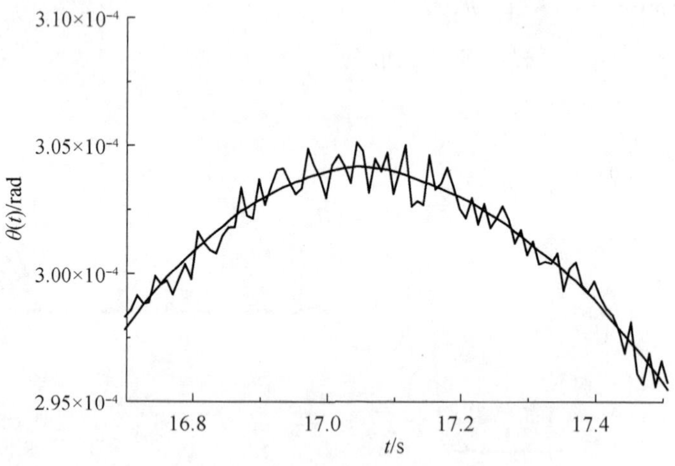

图 5-32　标定力作用下第一个极值点处局部放大图

实际系统响应测量值经过平滑降噪处理后，判读极值点对应时间和扭转角，如表 5-2 所示。根据极值点对应时间和扭转角，计算得到的振动频率 $\hat{\omega}_d = 9.192848 \times 10^{-1}$ rad/s，标准差 $\hat{\sigma}_{\omega_d} = 3.182637 \times 10^{-3}$ rad/s，阻尼比 $\hat{\zeta} = 2.077803 \times 10^{-1}$，标准差 $\hat{\sigma}_{\zeta} = 1.798741 \times 10^{-2}$。

表 5-2　极值点对应时间和扭转角

极值点对应时间/s	极值点对应扭转角/rad
1.704286×10	3.041871×10^{-4}
2.044234×10	1.424810×10^{-4}
2.390545×10	2.285878×10^{-4}
2.731403×10	1.825048×10^{-4}
3.070442×10	2.071631×10^{-4}

根据振动半周期 $T_d/2=3.417431\text{s}$，由第一极值点时间向前外推半周期，补齐标定力加载时刻，以该时刻为零基准，将初始扭转角随着时间变化的数据转换至以加载时刻为零时刻的扭转角随着时间变化的数据，即转换为系统响应测量值，如图 5-33 所示。

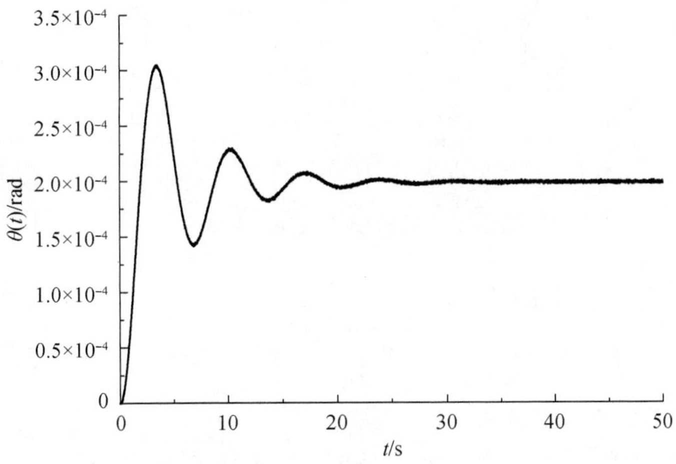

图 5-33　标定力作用下的系统响应

已知振动频率的估计值 $\hat{\omega}_d=9.192848\times10^{-1}\text{rad/s}$，阻尼比的估计值 $\hat{\zeta}=2.077803\times10^{-1}$，设实际系统响应的平均位置曲线方程为

$$\hat{\theta}(t)=\hat{\theta}(\infty)\gamma(t)=\hat{\theta}(\infty)\left[1-\frac{1}{\sqrt{1-\hat{\zeta}^2}}\mathrm{e}^{-\frac{\hat{\zeta}}{\sqrt{1-\hat{\zeta}^2}}\hat{\omega}_d t}\sin(\hat{\omega}_d t+\hat{\alpha})\right]$$

式中，稳态扭转角 $\hat{\theta}(\infty)$ 为待估计量。

根据标定力作用下实际系统响应测量值 $\Theta(t_i)$ 构造残差 $\delta_i=\Theta(t_i)-\hat{\theta}(t_i)$，采用最小二乘法令残差平方和最小，并对振动频率和阻尼比在置信区间内进行微调，振动频率不变，仍为 $\hat{\omega}_d=9.192848\times10^{-1}\text{rad/s}$，阻尼比调整为 $\hat{\zeta}=0.1975$，此时，稳态扭转角估计值为 $\hat{\theta}(\infty)=1.986109\times10^{-4}\text{rad}$，标准差为 $\hat{\sigma}_{\hat{\theta}(\infty)}=9.770325\times10^{-9}\text{rad}$。

残差 $\delta_i = \Theta(t_i) - \hat{\theta}(t_i)$ 随着时间变化的曲线如图 5-34 所示。根据残差的变化，对系统参数估计质量进行分析。如图 5-34 所示，除了加载开始个别点处残差为 -3μrad 外，其他点处残差均为 $-2\sim2\mu$rad，与图 5-31 所示的测量噪声波动幅值为 $-2\sim2\mu$rad 比较，说明系统参数估计值的精度很高，平均位置曲线很好地反映了无测量噪声的理想状态。

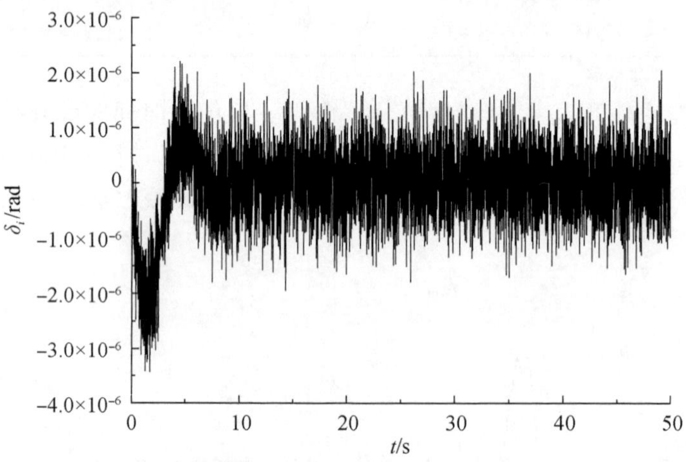

图 5-34　残差随着时间变化的曲线

此时，扭转刚度系数的估计值为

$$\hat{k} = \frac{f_0 L_f}{\hat{\theta}(\infty)} = \frac{10^{-3} \times 0.52}{1.986109 \times 10^{-4}} = 2.618185(\mathrm{N \cdot m/rad})$$

扭转刚度系数的相对误差为

$$\frac{\mathrm{d}\hat{k}}{\hat{k}} = \frac{\mathrm{d}f_0}{f_0} + \frac{\mathrm{d}L_f}{L_f} - \frac{\mathrm{d}\hat{\theta}(\infty)}{\hat{\theta}(\infty)}$$

其中，力臂采用千分尺测量，力臂 $L_f = 0.52\mathrm{m}$，$\mathrm{d}L_f = 10^{-3}\,\mathrm{mm}$，当标定力 $f_0 = 1\mathrm{mN}$ 时，$\mathrm{d}f_0 = 6 \times 10^{-3}\,\mathrm{mN}$，稳态扭转角 $\hat{\theta}(\infty) = 1.986109 \times 10^{-4}\,\mathrm{rad}$ 的误差限取 3 倍于标准差，即 $\mathrm{d}\hat{\theta}(\infty) = 3\hat{\sigma}_{\hat{\theta}(\infty)} = 3 \times 9.770325 \times 10^{-9}\,\mathrm{rad}$，扭转刚度系数的相对误差为

$$\begin{aligned}\left|\frac{\mathrm{d}\hat{k}}{\hat{k}}\right| &\leqslant \left|\frac{\mathrm{d}f_0}{f_0}\right| + \left|\frac{\mathrm{d}L_f}{L_f}\right| + \left|\frac{\mathrm{d}\hat{\theta}(\infty)}{\hat{\theta}(\infty)}\right| \\ &= \frac{6 \times 10^{-3}}{1} + \frac{1 \times 10^{-6}}{0.52} + \frac{3 \times 9.770325 \times 10^{-9}}{1.986109 \times 10^{-4}} \\ &= 6 \times 10^{-3} + 1.923077 \times 10^{-6} + 1.475799 \times 10^{-4} \\ &\approx 5.850497 \times 10^{-3}\end{aligned}$$

显然，扭转刚度系数的相对误差主要取决于标定力的相对误差，这就是需要高精度标定力的原因。

2. 合理选择最小区间划分数目

在冷喷推力器的冷喷推力作用下，扭转角随着时间变化，如图 5-35 所示。冷喷推力加载前扭转角随着时间变化的曲线，如图 5-36 所示。测量噪声变化范围为 $-1.5 \sim 1.5\mu\text{rad}$，为了分析方便，可认为其是零均值和标准差为 $0.5\mu\text{rad}$ 的正态分布随机过程。将图 5-35 所示的初始测量数据转换为实际系统响应数据，如图 5-37 所示。

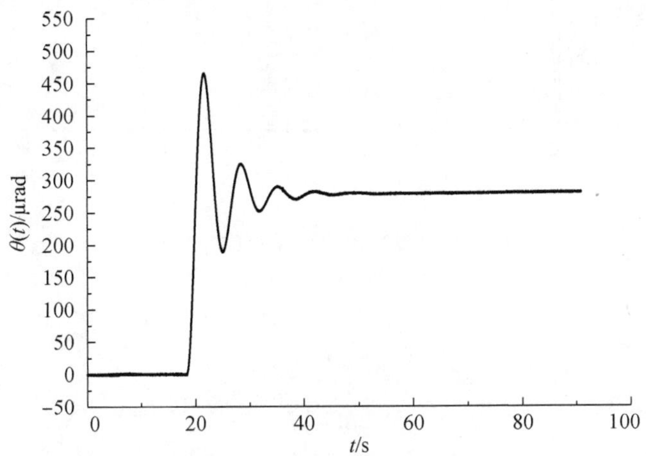

图 5-35　冷喷推力下扭转角随着时间变化的曲线

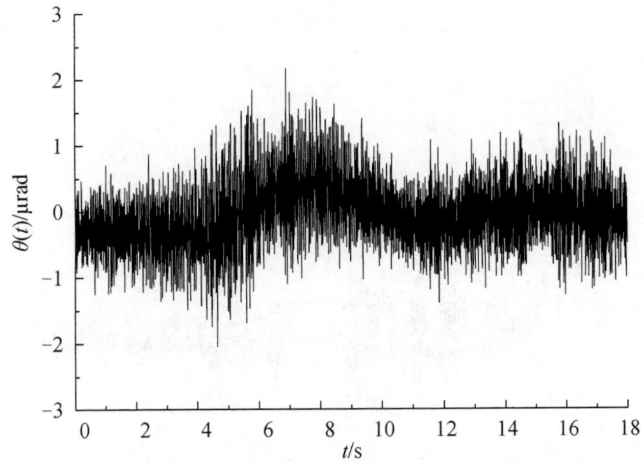

图 5-36　冷喷推力作用前扭转角随着时间变化的曲线

冷喷推力作用时间为 $T_0 = 7.204534 \times 10\text{s}$，此时，冷喷推力作用时间与测量系

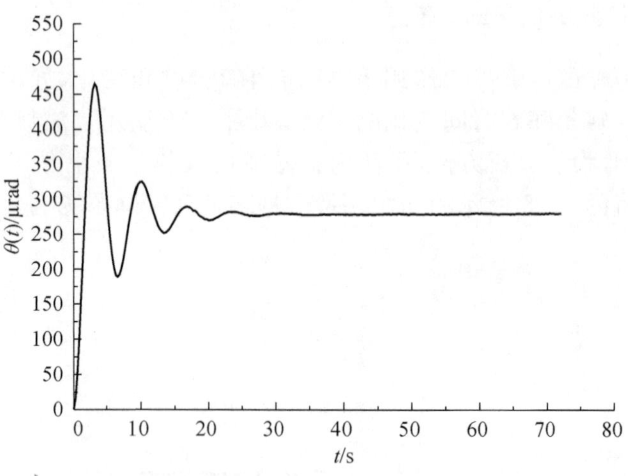

图 5-37 冷喷推力作用下的系统响应

统周期比值为

$$\frac{T_0}{T_d}=\frac{7.204534\times10}{2\times3.417431}\approx11$$

在划分区间数目 $n=450$ 的条件下，根据实际系统响应测量值，采用离散化线性方程组计算的冷喷推力随着时间变化，如图 5-38 所示。由于离散化线性方程组的病态特性和测量噪声对推力噪声误差的影响，以及推力截断误差的影响，冷喷推力计算误差较大，但是，可判断冷喷推力近似为阶跃推力，并且变化范围为1000～2000μN。

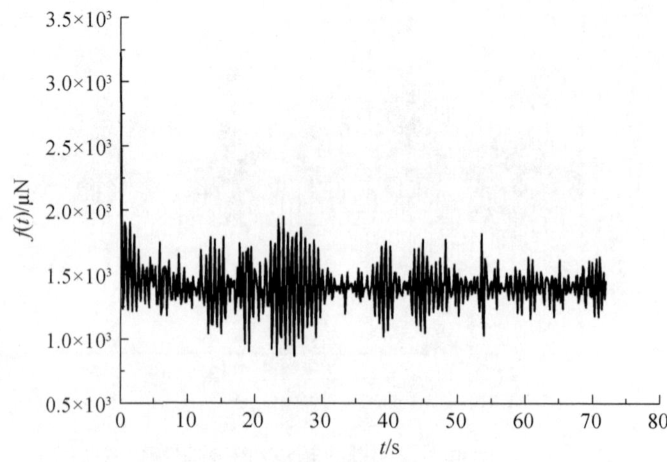

图 5-38 $n=450$ 时冷喷推力随着时间变化的曲线

因此，取模拟推力为 1400μN，在无测量噪声条件下，以模拟推力作用下最大相对截断误差≤1%为目标，通过试算选择最小划分区间数目，当划分区间数目 $n=250$ 时，模拟推力相对截断误差的变化曲线如图 5-39 所示。冷喷推力作用时间小于 5s 时，推力相对截断误差≤1%；冷喷推力作用时间大于 5s 时，推力相对截断误差<0.04%。即最小划分区间数目为 $n_{\min}=250$ 时，在推力相对截断误差满足≤1%要求的前提下，使得推力噪声误差尽量小。

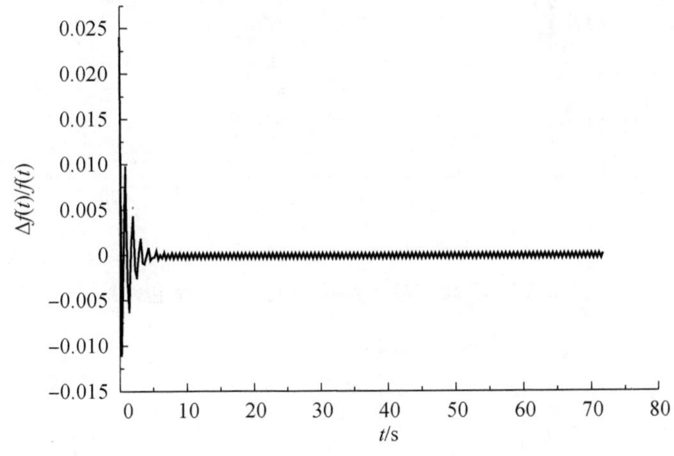

图 5-39　$n=250$ 时相对截断误差变化的曲线

3. 确定最佳的推力估计值

图 5-37 中，扭转角最大值可达 450μrad，测量噪声误差限范围仅为 1.5μrad，看不出实际系统响应测量值上下波动。采用正交多项式局部滑动拟合方法（抛物线形拟合，每个点局部采用中心对称的 51 个点滑动拟合），确定实际系统响应的平均位置曲线和上下包络线，图 5-40 所示。实际系统响应测量值相对平均位置曲线的残差变化（即测量噪声变化）如图 5-41 所示。该图表明，在环境干扰、传感器干扰和推力干扰等综合影响下，测量噪声的变化范围为－1.5～1.5μrad，与图 5-36 无推力作用情况比较，说明推力干扰引入的测量噪声对总测量噪声影响不大。

综合运用多次平滑降噪、积分方程离散化反向计算推力、样条函数插值获得推力连续函数、微分方程正向计算系统响应预测值等方法，从最小划分区间数目 $n_{\min}=250$ 开始，逐步增大划分区间数目（平滑降噪采用抛物线形拟合，每个点局部采用中心对称的 3 个点滑动拟合），产生一系列推力估计值和对应的一系列系统响应预测值。当划分区间数目 $n=300$ 时，预测残差（灰线表示）与实际残差（黑线表

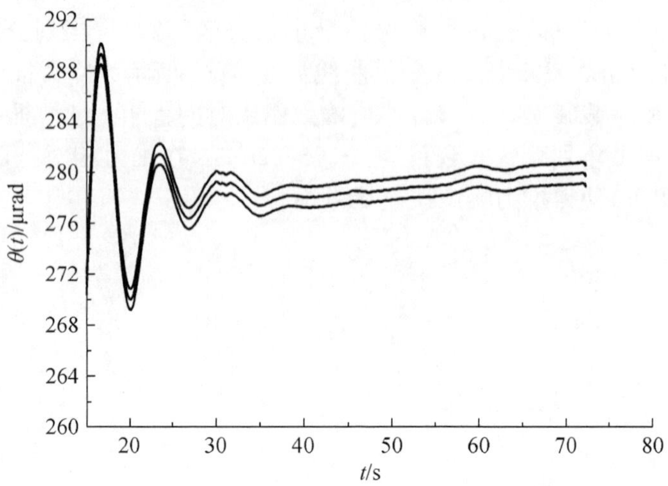

图 5-40　系统响应平均位置曲线和上下包络线

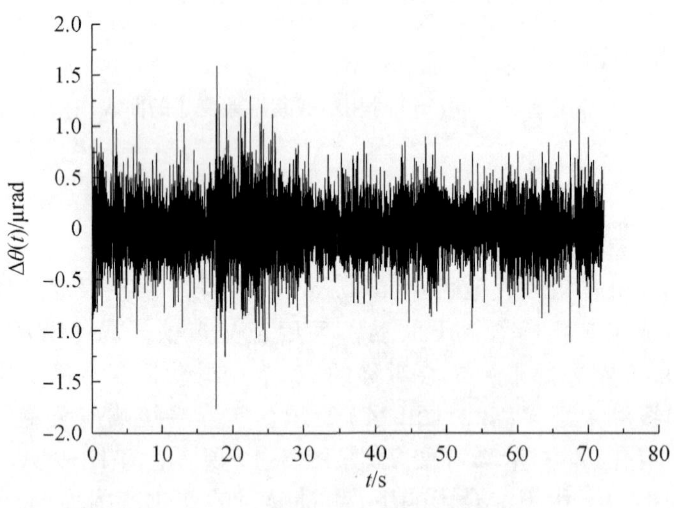

图 5-41　残差随着时间变化

示)随着时间变化的曲线如图 5-42 所示。预测残差为系统响应预测值与实际系统响应平均位置曲线数据之差;实际残差为实际系统响应测量值与实际系统响应平均位置曲线数据之差(即测量噪声)。

如图 5-42 所示,预测残差包含在测量噪声中,并且预测残差波动较小且对称分布,可推断是优化的推力估计值。

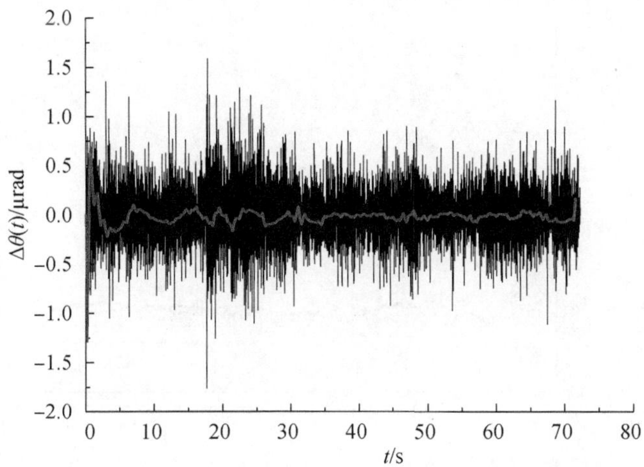

图 5-42　系统响应的预测残差与实际残差随着时间变化的曲线

此时，推力随着时间变化，如图 5-43 所示。图 5-44 为推力估计值的上下包络线，真实推力介于上下包络线之间。刚刚开启冷喷推力器阀门时，由于冷喷气流与大气环境作用，因此推力存在大幅波动；之后，推力以较小幅度变化；当时间为 22.5s 时，推力最大误差限小于 20μN，取平均推力约为 1400μN，推力最大相对误差小于 1.43%。

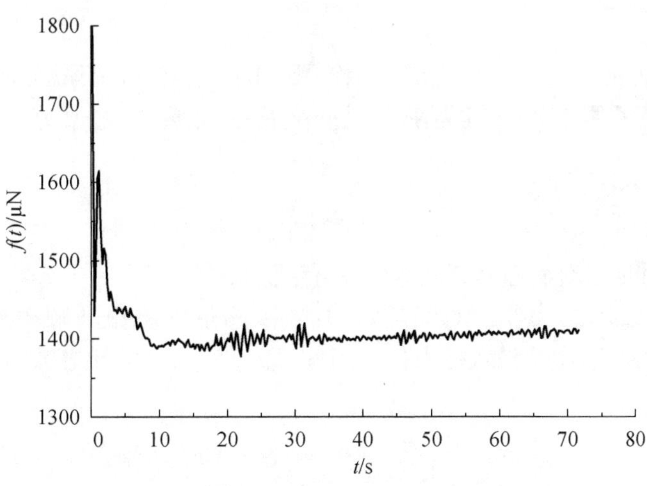

图 5-43　冷喷推力随着时间变化的曲线

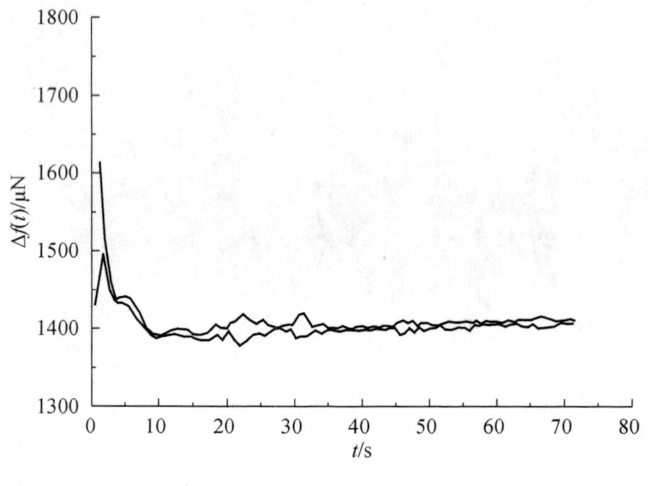

图 5-44 冷喷推力的上下包络线

5.10 推力测量系统的基本设计要求

推力测量系统设计不同于冲量测量系统设计[1]，其围绕推力测量系统的振动频率、小扭转角条件、推力量程、位移传感器量程等问题，分析和讨论推力测量系统的基本设计要求。

5.10.1 振动频率

设已知推力的作用时间 T_0，推力作用时间 T_0 与测量系统周期 T_d 的比值 $k_{T_0}=T_0/T_d$，为了能够得到推力随着时间变化的关系曲线，要求 $k_{T_0}=T_0/T_d\geqslant 1/4$，即

$$\omega_d\geqslant\frac{\pi}{2T_0} \tag{5.82}$$

因此，推力作用时间对测量系统振动频率有要求。

上述条件说明，推力作用时间越短，则要求测量系统振动频率越大，测量推力随着时间变化越困难。例如，推力作用时间 $T_0=10\text{ms}$ 时，要求测量系统的振动频率为

$$\omega_d\geqslant\frac{\pi}{2\times 10\times 10^{-3}}=\frac{\pi}{2}\times 10^2(\text{rad/s})$$

或要求测量系统振动周期 $T_d\leqslant 4\times 10^{-2}\text{s}$，也就是要求扭转刚度系数很大、转动惯量很小，这就造成位移不够大、所能搭载推力器质量迅速降低的难题。

5.10.2　小扭转角条件

在推力 $f(t)$ 作用下，理想的系统响应为

$$\theta(t)=\frac{L_f}{J\omega_d}\int_0^t f(\tau)\mathrm{e}^{-\zeta\omega_n(t-\tau)}\sin[\omega_d(t-\tau)]\mathrm{d}\tau$$

扭转角为

$$\theta(t)\propto\frac{L_f}{J\omega_d}\approx\frac{L_f}{\sqrt{kJ}} \tag{5.83}$$

显然，可通过调节扭转刚度系数与转动惯量的乘积，使得扭转角满足小扭转角条件。

5.10.3　测量系统的初步设计

设测量系统的推力量程为 $[f_d,f_u]$，在恒定力 f_0 作用下，扭摆的实际系统响应为

$$\Theta(t)=\frac{f_0L_f}{k}-\frac{f_0L_f}{k}\frac{1}{\sqrt{1-\zeta^2}}\mathrm{e}^{-\frac{\zeta}{\sqrt{1-\zeta^2}}\omega_d t}\sin(\omega_d t+\alpha)+\Delta\theta(t) \tag{5.84}$$

$$\alpha=\arctan\frac{\sqrt{1-\zeta^2}}{\zeta},\quad \theta(\infty)=\frac{f_0L_f}{J\omega_n^2}=\frac{f_0L_f}{k}$$

式中，$\Delta\theta(t)\sim N(0,\sigma^2)$ 为环境、位移传感器和推力等产生的测量噪声，设其误差限为 $\Delta\theta$。

极值点对应扭转角为

$$\theta(t_{Mi})=\frac{f_0L_f}{k}-(-1)^i\frac{f_0L_f}{k}\mathrm{e}^{-\frac{\zeta}{\sqrt{1-\zeta^2}}i\pi},\quad i=1,2,\cdots$$

初步设计时阻尼比影响忽略不计，扭转角最大值为

$$\theta(t_{M1})=\frac{2f_0L_f}{k} \tag{5.85}$$

与推力量程 $[f_d,f_u]$ 对应的扭转角最大值为

$$\theta_{\max,d}(t_{M1})=\frac{2f_dL_f}{k},\quad \theta_{\max,u}(t_{M1})=\frac{2f_uL_f}{k}$$

设恒定力作用下，推力的相对误差限为 ε，由于恒定力作用下推力的相对误差限与扭转角最大值的相对误差限相等，因此令

$$\frac{\Delta\theta}{\theta_{\max,d}}=\frac{\Delta\theta k}{2f_dL_f}\leqslant\frac{\varepsilon}{n},\quad \frac{\Delta\theta}{\theta_{\max,u}}=\frac{\Delta\theta k}{2f_uL_f}\leqslant\frac{\varepsilon}{n}$$

只要

$$\frac{\Delta\theta k}{2f_dL_f}\leqslant\frac{\varepsilon}{n} \tag{5.86}$$

式中，$n \geqslant 1$ 为裕度系数。

设位移传感器的误差限为 Δh_s，位移传感器误差造成的扭转角测量噪声误差限为$(\Delta\theta)_s$，在小扭转角条件下($\theta_{\max} \leqslant 5°$)，有

$$\frac{(\Delta\theta)_s}{\theta} \approx \frac{\Delta h_s}{h_s}, \quad \theta \approx \frac{h_s}{L_s}$$

要求位移传感器能够辨识环境造成的测量噪声，取

$$(\Delta\theta)_s = \frac{\Delta h_s}{L_s} \leqslant \frac{\Delta\theta}{5}, \quad L_s \geqslant \frac{5\Delta h_s}{\Delta\theta} \tag{5.87}$$

令 $\theta_{\max,d} < \theta_{\max,u} \leqslant 5°$，可得

$$\frac{2f_u L_f}{k} \leqslant \frac{\pi}{36} \tag{5.88}$$

由 $\theta_{\max,u} = h_{\max,u}/L_s \leqslant 5°$可得

$$h_{\max,u} \leqslant \frac{\pi}{36} L_s \tag{5.89}$$

又由 $\Delta\theta/\theta_{\max,d} \leqslant \varepsilon/n$ 和 $\theta_{\max,d} = h_{\max,d}/L_s$ 可得

$$h_{\max,d} \geqslant \frac{n\Delta\theta L_s}{\varepsilon} \tag{5.90}$$

推力作用时间 T_0 对振动频率的要求为

$$\omega_n \geqslant \frac{\pi}{2T_0} \tag{5.91}$$

设扭摆横梁的长度为 L，宽度为 a，高度为 h，密度为 ρ，则其质量为 $m = \rho ahL$，其转动惯量为

$$J = \frac{1}{12}(L^2 + a^2)m = \frac{1}{12}\rho Lah(L^2 + a^2) \tag{5.92}$$

式中，$L \geqslant L_f$ 和 $L \geqslant L_s$。

5.10.4 应用举例

待测推力变化范围为 0.5～100mN，推力作用时间 $T_0 = 50$s，位移传感器在 0～1mm 范围内的位移测量误差限为 $\Delta h_s = 20$nm，根据以往经验隔振平台的测量噪声引起的扭转角误差限为 2μrad，要求扭摆横梁长度小于 1m(力臂和测量臂小于 0.5m)，推力测量的相对误差不大于 5%，试讨论推力测量系统的初步设计方案。

1. 初步设计要求

初步设计时，推力的上下限分别为 $f_d = 5\times10^{-4}$N 和 $f_u = 10^{-1}$N，位移传感器的测量误差限 $\Delta h_s = 20$nm，扭转角误差限 $\Delta\theta = 2\mu$rad，推力测量的相对误差 $\varepsilon = 5\%$，裕度系数 $n = 2$。

(1) 根据推力的误差控制要求

$$\frac{\Delta\theta k}{2f_d L_f} \leqslant \frac{\varepsilon}{n}$$

有

$$\frac{k}{L_f} \leqslant \frac{2f_d\varepsilon}{n\Delta\theta} = \frac{2\times5\times10^{-4}\times(5\times10^{-2})}{2\times2\times10^{-6}} = 12.5$$

（2）根据小扭转角要求

$$\frac{2f_u L_f}{k} \leqslant \frac{\pi}{36}$$

有

$$\frac{k}{L_f} \geqslant \frac{36\times2f_u}{\pi} = \frac{36\times2\times10^{-1}}{\pi} = 2.291831$$

即有

$$2.291831 \leqslant \frac{k}{L_f} \leqslant 12.5$$

由于要求力臂 $L_f < 0.5\text{m}$，因此选取力臂 $L_f = 0.4\text{m}$，则有

$$0.916732 \leqslant k \leqslant 5$$

为了提高扭摆的承重能力，在枢轴的货架产品中，选择枢轴扭转刚度系数 $k = 3\text{N}\cdot\text{m/rad}$。

（3）推力作用时间 $T_0 = 50\text{s}$，对振动频率的要求为

$$\omega_n = \sqrt{\frac{k}{J}} \geqslant \frac{\pi}{2T_0}$$

对扭摆横梁转动惯量的要求为

$$J \leqslant \left(\frac{2T_0}{\pi}\right)^2 k = \left(\frac{2\times50}{\pi}\right)^2 \times 3 = 3039.6(\text{kg}\cdot\text{m}^2)$$

（4）根据位移传感器能够辨识环境造成的测量噪声的特点，有

$$L_s \geqslant \frac{5\Delta h_s}{\Delta\theta} = \frac{5\times20\times10^{-9}}{2\times10^{-6}} = 0.05(\text{m})$$

（5）根据位移传感器测量范围为 0～1mm，由

$$h_{\max,u} \leqslant \frac{\pi}{36} L_s$$

可得

$$L_s \geqslant \frac{36h_{\max,u}}{\pi} = \frac{36\times10^{-3}}{\pi} = 1.145916\times10^{-2}(\text{m})$$

（6）已知力臂 $L_f = 0.4\text{m}$，由于要求测量臂 $L_s < 0.5\text{m}$，因此选择测量臂 $L_s = 0.3\text{m}$。由

$$h_{\max,d} \geqslant \frac{n\Delta\theta L_s}{\varepsilon}$$

可得

$$h_{\max,d} \geqslant \frac{n\Delta\theta L_s}{\varepsilon} = \frac{2\times2\times10^{-6}\times0.3}{5\times10^{-2}} = 2.4\times10^{-5}\,(\mathrm{m})$$

对应的扭转角测量范围为

$$\theta_{\max,d} = \frac{h_{\max,d}}{L_s} \geqslant \frac{2.4\times10^{-5}}{0.3} = 8\times10^{-5}\,(\mathrm{rad})$$

$$\theta_{\max,u} = \frac{h_{\max,u}}{L_s} = \frac{10^{-3}}{0.3} = 3.333333\times10^{-3}\,(\mathrm{rad})$$

2. *初步设计结果*

综合以上分析结论，初步设计结果为：

(1) 选择力臂 $L_f=0.4\mathrm{m}$ 时，要求 $0.916732\leqslant k\leqslant5$，为了提高扭摆的承重能力，在枢轴的货架产品中，选择枢轴的扭转刚度系数 $k=3\mathrm{N\cdot m/rad}$。

(2) 选择测量臂 $L_s=0.3\mathrm{m}$，此时，推力量程为 0.5～100mN，推力测量的相对误差不大于 5%，位移传感器量程为 $2.4\times10^{-5}\sim1\times10^{-3}\mathrm{m}$，对应的扭转角为 80～3333μrad。

由本章的分析和讨论可知，推力测量涉及测量噪声影响、推力与误差的分析和计算方法、测量系统结构等诸多问题，基本情况如表 5-3 所示。

表 5-3　推力测量问题

推力测量	误差分析	结构设计
① 推力作用时间大于测量系统周期的四分之一时，可认为是推力测量问题 ② 根据测量系统响应，确定推力随着时间变化曲线，以及确定总冲随着时间变化曲线	① 来源：积分方程离散化的截断误差；测量噪声的噪声误差 ② 推力截断误差：由于积分方程的核是振荡函数，因此划分区间数目少时，增大推力截断误差 ③ 推力噪声误差：由于离散化线性方程组病态特性严重，因此划分区间数目多时，推力噪声误差急剧增大	① 周期：根据推力作用时间设计 ② 小扭转角条件：根据扭转刚度系数和力臂设计 ③ 测量精度：采用隔振平台减小测量噪声；采用高精度位移传感器减小位移测量误差；采用宽量程位移传感器实现推力的跨量程测量

参考文献

[1]金星，王大鹏．扭摆推力测量系统的量程设计方法[J]．测试技术学报，2016，30(3)：203-207.